レクチャーノート/ソフトウェア学

45

ソフトウェア工学の基礎 XXVI

日本ソフトウェア科学会FOSE 2019

森崎修司・大平雅雄 編

近代科学社

まえがき

プログラム共同委員長　　森崎 修司[*]　大平 雅雄[†]

本書は，日本ソフトウェア科学会「ソフトウェア工学の基礎」研究会 (FOSE:FOundation of Software Engineering) が主催する第 26 回ワークショップ (FOSE2019) の論文集です．ソフトウェア工学の基礎ワークショップは，ソフトウェア工学の基礎技術を確立することを目指し，研究者・技術者の議論の場を提供します．大きな特色は異なる組織に属する研究者・技術者が，3 日間にわたって寝食を共にしながら自由闊達な意見交換と討論を行う点にあります．第 1 回の FOSE は，1994 年に信州穂高で開催し，それ以降，日本の各地を巡りながら，毎年秋から初冬にかけて実施しており，今回で 26 回となります．本年は，岐阜県下呂温泉での開催となります．下呂温泉の歴史は古く，室町時代に万里集九が草津，有馬とともに天下三名泉として紹介したという記録が残っているそうです．温泉でのリラックスが実りの多い議論や探求につながることが期待されます．

本年もこれまでと同様に，以下の 3 つのカテゴリで論文および発表を募集しました．

1. 通常論文ではフルペーパー (10 ページ以内) とショートペーパー (6 ページ以内) の 2 種類を募集しました．投稿は，フルペーパーに 15 編，ショートペーパーに 7 編あり，それぞれ 4 名のプログラム委員による並列査読，および，プログラム委員会での厳正な審議を行いました．その結果，フルペーパーとして 7 編，ショートペーパーとして 15 編の論文を本論文集に掲載しました．
2. ライブ論文 (2 ページ以内の速報的な内容) には，22 編の応募があり，そのうち 20 編が採録となりました．ワークショップでは，論文内容についてポスター発表が行われます．
3. ポスター・デモ発表では，本論文集に掲載されない形でのポスター発表やデモンストレーションで，33 件の発表を予定しています．

なお，日本ソフトウェア科学会の学会誌「コンピュータソフトウェア」において，本ワークショップと連携した特集号が企画されています．ワークショップでの議論を経てより洗練された論文が数多く投稿されることを期待します．

招待講演では，名古屋大学の高田 広章氏により「車載組込みシステム開発の現状と動向」というタイトルで講演を予定しています．車載組込みシステムやそのソフトウェアの開発や現状，自動運転に向けた動向や安全性や信頼性への取組みを紹介いただきます．

最後に，本ワークショップのシニアプログラム委員の皆様，プログラム委員の皆様，出版委員長の天嵜 聡介氏，ソフトウェア工学の基礎研究会主査の門田 暁人氏，レクチャーノート編集委員の武市正人氏，米澤明憲氏，近代科学社編集部および関係諸氏に感謝いたします．

[*]Shuji Morisaki, 名古屋大学

[†]Masao Ohira, 和歌山大学

プログラム委員会

共同委員長

森崎修司（名古屋大学）
大平雅雄（和歌山大学）

出版委員長

天嵜 聡介（岡山県立大）

プログラム委員

青山 幹雄 （南山大学）
渥美 紀寿（京都大学）
阿萬 裕久 （愛媛大学）
飯田 元 （奈良先端科学技術大学院大学）
石尾 隆 （奈良先端科学技術大学院大学）
石川 冬樹 （国立情報学研究所）
市井 誠 （日立製作所）
伊藤 恵 （はこだて未来大学）
伊原 彰紀 （和歌山大学）
今井 健男 （Idein）
岩間 太 （日本 IBM）
上田 賀一 （茨城大学）
鵜林 尚靖 （九州大学）
上野 秀剛 （奈良高専）
大森 隆行 （立命館大学）
小笠原 秀人（千葉工業大学）
小形 真平 （信州大学）
岡野 浩三 （信州大学）
小野 康一 （日本 IBM）
尾花 将輝 （大阪工業大学）
神谷 年洋 （島根大学）
亀井 靖高 （九州大学）
岸 知二 （早稲田大学）
桑原 寛明 （南山大学）
小林 隆志 （東京工業大学）
佐伯 元司 （東京工業大学）
沢田 篤史 （南山大学）
高田 眞吾 （慶應義塾大学）
立石 孝彰 （日本 IBM）
田原 康之 （電気通信大学）
丹野 治門 （NTT）
張 漢明 （南山大学）
角田 雅照 （近畿大学）
戸田 航史 （福岡工業大学）
中川 博之（大阪大学）
中島 震 （国立情報学研究所）
名倉 正剛 （南山大学）
野呂 昌満 （南山大学）
萩原 茂樹 （東北公益文科大学）
花川 典子 （阪南大学）
林 晋平 （東京工業大学）
福田 浩章 （芝浦工業大学）
福安 直樹 （和歌山大学）
前田 芳晴 （富士通研究所）
松浦 佐江子 （芝浦工業大学）
門田 暁人 （岡山大学）
山本 晋一郎 （愛知県立大学）
吉岡 信和 （国立情報学研究所）
吉田 敦 （南山大学）
吉田 則裕 （名古屋大学）
鷲崎 弘宜 （早稲田大学）

シニアプログラム委員

鯵坂 恒夫（和歌山大学）
大西 淳（立命館大学）
権藤 克彦（東京工業大学）
杉山 安洋（日本大学）
本位田 真一（早稲田大学）

招待講演

バグ予測・自動化

人的要因・品質

要求

テスト・メトリクス

形式検証・アーキテクチャ

検証・学習支援

保守・自律適応

運用・開発プロセス

アーキテクチャ・ミドルウェア

ライブ論文

車載組込みシステム開発の現状と動向

Current status and trends in automotive embedded systems development

高田 広章 [*]

本講演では，車載組込みシステムおよびソフトウェアの現状と，自動車が大きく変わろうとする中で，それらがどのように変わりつつあるかについて，特にシステムの安全性 (safety) の観点に重点をおいて解説する。

まず，車載組込みシステム/ソフトウェアの現状 (自動運転登場前) として，車載組込みシステムの事例 (エンジン制御やブレーキ制御) を説明し，車載組込みシステムの特性や，ソフトウェア開発の特性について述べる。また，車載組込みシステム/ソフトウェアの課題と，それを解決するためのアプローチについて説明する。

次に，自動車の安全性と機能安全の考え方について解説する。安全性と機能安全の定義を説明した後，機能安全実現の最も重要な活動である安全要求分析について述べる。また，車載システムのための機能安全規格である ISO 26262 について概説する。さらに，安全性を含む広い概念として，ディペンダビリティ(総合信頼性) についても解説する。

最後に，CASE(Connected，Autonomous，Shared & Services，Electric) に代表される自動車の変化の中で，車載組込みシステムがどのような影響があるか，車載組込みシステムのアーキテクチャの変化と技術の変化の観点から解説する。また，車載組込みシステム開発の新たな課題について説明する。

[*]Hiroaki Takada, 名古屋大学 未来社会創造機構 モビリティ社会研究所／大学院情報学研究科 附属組込みシステム研究センター

他の開発者向けに構築された個人化バグ予測モデルの活用に関する提案

A Proposal of Defect Prediction Method Using Personalized Defect Prediction Models Built For Other Developers

宮本 敦哉* 阿萬 裕久† 川原 稔‡

あらまし 近年，開発者ごとにバグ予測モデルを構築する個人化バグ予測が注目されている．これによって，開発者の個人差を考慮したバグ予測が可能であるが，コミット数の少ない開発者に対してはモデルを構築できないため，そのような開発者によるコミットを対象外にせざるを得ないという問題もある．この問題に対処するため，本論文は他の開発者向けに構築された個人化バグ予測モデルを活用する手法を提案している．そして，5 つのオープンソース開発プロジェクトを用いた評価実験を通じて，提案手法の有用性を示している．

1 はじめに

ソフトウェアの開発・保守において，不具合（バグ）の混入を予測し，品質低下を未然に防ぐことは重要な課題である．従来より，コード変更から得られる特徴量（変更メトリクス）を用いてバグ混入変更の予測を行う手法が広く研究されてきている [1], [2], [3]．例えば，過去のバグ混入事例の特徴を数値化した数理モデル等があり，一定の効果が確認されている．しかしながら，ソフトウェアの開発・保守は人間の知的作業であるため，作業者の知識や経験，好みが大きく影響する場合もある．そこで，一般的な傾向だけでなく，個人差を考慮することも重要であると考えられる．近年ではバグ予測モデルを開発者ごとに分けて構築する個人化バグ予測 [4] という手法が注目されており，個人を区別しない統一的なモデルよりも高い精度でバグ予測を行えることが期待されている．

このように開発者の個人差に着目する価値はあると思われる．しかしながら，モデル構築に必要な変更データ（コミット）の分量は開発者によって大きく異なる場合があり，コミット数が少ない開発者については十分な量の変更データを収集できず，結果として個人化予測モデルを適切に構築できないという問題がある．実際，これまでの個人化バグ予測研究 [4], [5], [6] では，個人化予測モデルを構築できない開発者を対象外として扱っている．そこで本論文では，そのように“コミット数が少なく，個人化予測モデルを構築できない”開発者を対象とした，新たなバグ予測の手法を提案する．

本論文の構成は以下の通りである．2 節でバグ予測に関する先行研究を挙げ，その上で研究の動機と課題を述べる．そして，3 節で新たな手法を提案し，4 節で評価実験を通じて提案法の有効性を示す．最後に 5 節でまとめと今後の課題を述べる．

2 関連研究，研究の動機と課題

2.1 関連研究

従来より，ソフトウェア開発・保守におけるバグ混入を予測するため，コード変更メトリクスに関するさまざまな研究が行われてきている [1], [2], [3]．例えば，コード変更の規模や複雑さ，変更の目的，開発者の経験等さまざまな観点のメトリクス

*Atsuya Miyamoto, 愛媛大学大学院理工学研究科電子情報工学専攻

†Hirohisa Aman, 愛媛大学総合情報メディアセンター

‡Minoru Kawahara, 愛媛大学総合情報メディアセンター

が提案されてきている．最近では，メトリクスの提案のみならず，モデル構築におけるメトリクスの与え方も議論されている．例えば，予測対象のプロジェクトと特徴が類似している他のプロジェクトからもメトリクスを取得して使用するクロスプロジェクトバグ予測といった手法がある [7]．また，時間の経過によりコード変更の特徴が変化することを考慮するため，時間経過を追跡しながら訓練データを厳選して与えるオンライン学習アルゴリズムも提案されている [8]．

上述した先行研究では，1 つのプロジェクトに対して 1 つの予測モデルを構築するため，予測モデルにはプロジェクト開発に携わる複数の開発者の変更データが混在することになる．しかしながら，ソフトウェア開発は一般に複数人の開発者によって行われるため，開発者の知識や経験，好みが成果物の品質に影響する場面も多いと思われる．それゆえ，メトリクスの一般的な傾向だけでなく，開発者の個人差を考慮した品質管理も重要である [9]．そこで，開発者の個人差を考慮した予測モデルとして近年注目されているのが個人化バグ予測 [4][1]である．

個人化バグ予測とは，従来の予測モデルと同様，コード変更から得られたメトリクスを用いて予測モデルを構築するが，予測モデルを開発者ごとに使い分ける点が異なる．これは，リポジトリから得られる変更メトリクスを対象開発者の変更履歴のみに限定して予測モデルを構築するという意味である．そのため，コーディングスタイル，コミットの頻度，プロジェクトにおける経験といった点を反映できる．例えば，ある開発者と別の開発者の間でコードの書き方が大きく異なるようであれば，両者で共通の予測モデルを用いるよりもそれぞれの特徴に特化した予測モデルを用いる方がバグ予測の精度向上を期待できる．

2.2 研究動機

個人化バグ予測は，開発者ごとに特徴の違いを考慮することで予測精度の向上を目指すものであるが，前述したように解決すべき課題がある．即ち，個人化予測モデルを構築する際，コミット数の少ない開発者の場合にはモデル構築に使える変更データが少なく，適切な予測モデルを構築できないということである．

例として，オープンソースソフトウェア PostgreSQL の開発における各開発者のコミット数を図 1 に示す．なお，表中の “11+” はコミット数上位 10 名以外（11 位 ～ 37 位）の開発者のコミット数を合計した数値である．これから分かるように，ほとんどのコミットは一部の開発者によるものであるが，数回しかコミットを行っていない開発者も多数存在している．実際，一部の開発者がプロジェクトの大半のコミットを行っているケースは多いといわれている [10]．コミット数の少ない開発者に対して，個人化バグ予測を単純に適用しても過学習に陥るだけであり，適切な方法であるとはいえない．筆者らの知る限り，コミット数が少ない開発者に対してどのようにバグ予測を行うかについては十分に議論されていない．そこで，個人化バグ予測が適用できない開発者に対する 1 つの解決策を提案したいというのが本研究の動機である．

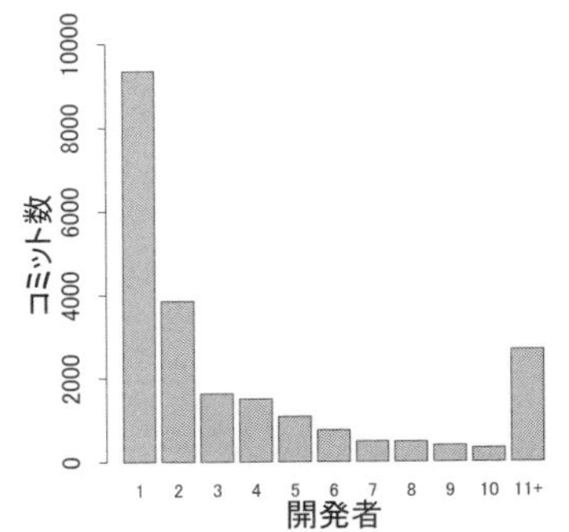

図 1 PostgreSQL における各開発者のコミット数（コミット数の降順）

2.3 研究課題

個人化バグ予測を実践する上で，コミット数の少なさ故に適切なモデル構築を行えない開発者の存在が問題になると述べた．本論文では，そのような開発者を便宜上 “マイナー開発者” と呼ぶ．これに対して，

[1]個人化不具合予測や個人化欠陥予測とも呼ばれる．

比較的多くのデータを収集可能であり，専用の予測モデルを構築可能な開発者を“メジャー開発者”と呼ぶ．

ここで，本論文で取り組む研究課題を定義する：本論文では，（個人化予測モデルを構築可能な）メジャー開発者によって行われたコミットデータを活用し，（個人化予測モデルを構築できない）マイナー開発者によって行われたコミットに対してもバグ混入予測を可能にするための手法の確立を目指す．

この課題に対する単純な対応策として，すべてのメジャー開発者のコミットデータを用いて1つの予測モデルを構築することが考えられる．これを便宜上“共通予測モデル”と呼ぶ．共通予測モデルは開発者を区別しないため，個人化そのものを行わない，いわば“従来の”モデルであるといえる．共通予測モデルはメジャー開発者の平均的なモデルではあるが，図1に示したように，プロジェクトにおけるコミットの大部分を限られた一部の開発者のみが担っている場合もあるため，そういった一部の開発者の特徴に予測モデルが大きく依存してしまうことが危惧される．

そこで，新たな対応策としてメジャー開発者の個人化予測モデルがマイナー開発者のバグ予測に活用できないかと考えた．実際，不具合予測モデルを開発者ごとに分けて構築していくと，同じ入力データに対して異なる予測結果を出力するモデルが多く作られることになるが，その多様性ゆえに，他人向けに構築したモデルであっても本人向けに構築したモデルと同程度の予測精度を持つものが登場することも考えられる [5]．そのため，構築可能なメジャー開発者の個人化予測モデルを可能な限り多く用意すれば，マイナー開発者の個人化予測モデルの代用となるものがそこに含まれる可能性も高まると考えられる．また，単一の個人化予測モデルでの代用は難しくとも，複数のモデルの結果を統合することで代用が可能になることも考えられる．そこで本論文では，メジャー開発者の個人化予測モデルを活用することで，マイナー開発者に対してもバグ予測を行うための手法を提案することにする．

ここでは，前述の共通予測モデルをベースラインとし，これよりも高いバグ予測精度を提案モデルによって達成することを目指す．

3　提案手法

本論文では，次のようにして他者の個人化予測モデルを活用することを提案する．

提案手法

対象プロジェクトにおいて n 人の開発者が少なくとも1回はコミットを行っていたとする．そして，このうちの n_0 人については個人化予測モデルを構築できた（メジャー開発者）が，残りの $n - n_0$ 人についてはコミット数の少なさからモデル構築は見送った（マイナー開発者）とする．便宜上，前者の n_0 人のメジャー開発者の集合を D_{major}，後者のマイナー開発者の集合を D_{minor} とする．そして，開発者 $d_i \in D_{major}$ について構築できたモデルを m_i とする（$i = 1, 2, \ldots, n_0$）．

マイナー開発者 $d \in D_{minor}$ によってコミットが行われた際，このコミットに対するバグ予測を次のようにして行う：いったんすべての個人化予測モデル m_i（$i = 1, 2, \ldots, n_0$）をそれぞれ用いて予測を行う．そして，そのうちの τ 個以上のモデルがバグ混入ありと出力したときに限り，そのコミットをバグ混入ありと予測する．

□

提案手法の概要を図2に示す．

本論文では，上述した閾値 τ を1つの値に固定するのではなく，パラメータのかたちで一般化したものとして提案する．そして，さまざまな閾値について評価実験を行うことで提案手法の有効性について考察する．なお便宜上，提案手法を用いて予測するモデルを“提案モデル”とする．

実際，閾値 τ の取り方によって提案モデルの解釈は変わってくる．メジャー開発者が9人（$n_0 = 9$）の場合を例としてこれを説明する．

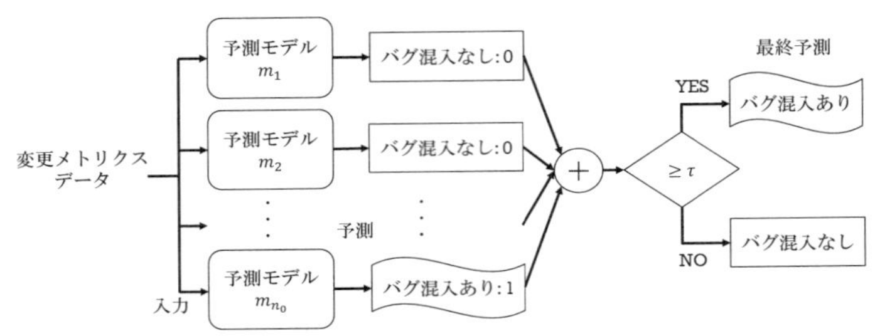

図 2　提案手法の概要

- 閾値 $\tau = 1$ とした場合：9 個の個人化予測モデル $m_1, \cdots, m_9$ のうち，少なくともいずれか 1 つが“バグ混入あり”と予測すれば提案モデルもそのように予測することになる．つまり，いずれか 1 人の視点でバグ混入の疑いがあるようであれば，そのリスクを無視せず，バグ混入の可能性ありと判断して見逃しを最大限防ぐことを目指すモデルとなる．いわばリスク重視の予測モデルである．
- 閾値 $\tau = 5$ とした場合：9 個の個人化予測モデルの中で過半数が“バグ混入あり”と予測すれば，提案モデルもそのように予測することになる．つまり，少なくとも半数を超える開発者の視点で見ることを考えたモデルである．いわば，多数決による予測モデルであるといえる．

このように，閾値 τ 次第で，他者の個人化予測モデルがどのように効いてくるのかが変わってくる．

4　評価実験

本節では，前述した研究課題について評価実験を行い，結果の分析と考察を行う．以下，4.1 節で実験の目的と実験対象のプロジェクトについて説明する．そして，4.2 節にて実験の手順を述べ，4.3 節で実験の結果を示す．続く 4.4 節で結果に対する考察を行い，最後に 4.5 節で本実験における妥当性への脅威について述べる．

4.1　目的と対象

本実験の目的は，提案モデルが共通予測モデルよりも有効に働くことを定量的に示すことである．そこで，複数のオープンソース開発プロジェクトからコミットデータを収集し，マイナー開発者によって行われたコード変更に対するバグ予測の精度をモデル間で比較することで，提案モデルの有効性を示す．

実験対象として表 1 に示す 5 つのプロジェクトのデータを用いた．これらを対象として選定した理由は以下の通りである．

(1) **主要開発言語が C または Java である**：予測モデルの構築にあたって，コミット前後でのソースコードのメトリクス値を収集する必要がある．その中には制御文に関するメトリクス（if 文の出現回数等）が含まれており，データ収集にあたって対象とするプログラミング言語を定めておく必要がある．それゆえ本実験では，広く使われている C と Java を対象とすることにした．

表 1　実験対象のプロジェクト，コミット数，開発者数及び分析に用いた期間

プロジェクト名	主要開発言語	コミット数	開発者数	分析対象期間
PostgreSQL	C	22, 543	37	1999-07-09 ∼ 2017-11-13
Xorg	C	11, 790	456	2002-12-12 ∼ 2017-05-02
Eclipse	Java	12, 893	102	2004-06-04 ∼ 2017-11-22
Lucene	Java	18, 506	111	2004-09-17 ∼ 2017-12-06
Jackrabbit	Java	4, 250	42	2007-09-17 ∼ 2017-10-24

(2) **GitHub でソースコードが公開されている**：本実験では，ソースコードとそのコミットデータの両方が必要であるため，これらを容易に取得できることが望ましい．オープンソースソフトウェアであればこれらは入手可能ではあるが，バージョン管理システムに Git を使用している場合，リポジトリのコピー（クローン）を作ることでデータ収集を特に軽量かつ容易に行える．そのため，Git のホスティングサービスである GitHub にて公開されているプロジェクトならば，対象として適当であると考えた．

(3) **複数人で開発が行われている**：プロジェクトによっては，1 人のみで開発が進められていることもあり，その場合は個人化バグ予測を複数適用することが不可能となってしまう．そのため，複数人による開発が行われているプロジェクトのみを実験対象としている．

(4) **比較的長期間の開発・保守が行われている**：本実験では，以下に示す 2 つの理由から開発期間が少なくとも 4 年を超える（結果的には 10 年以上の）プロジェクトを実験対象としている．

(i) 一般にバグの潜在期間の長さは，その内容や検出の難易度にもよるが，多くのものが 1 年程度かそれ未満といわれている [11]．したがって，最近の変更については，まだバグが見つかっていなかったり修正が完了していなかったりする可能性があり，適切に評価できない恐れがある．そのため，本実験では最新版から遡って 1 年未満のコミットは対象外とする．

(ii) 次に，プロジェクトの初期段階に対しても注意が必要である．通常，開発の初期段階ではファイルの新規作成が比較的多く，コード変更が安定せずにバグ混入変更が多くなる傾向にある [12], [13]．そのため，初期段階においては，変更の特徴がバグ混入の判別には役に立たず，予測モデルの構築に悪影響を及ぼす恐れがある．プロジェクトの発足から安定的な開発・保守に至るまでの期間の長さは，プロジェクトの内容や規模にもよると思われるが，本実験では経験的にこれを 3 年とみなし，最も古いコミットから数えて 3 年以内のコミットは対象外とする．

本実験を行うにあたり，個人化バグ予測が適用可能なメジャー開発者とそれ以外のマイナー開発者を区別する定義が必要となる．今回は Jiang ら [4] の定義に倣い，プロジェクトにおけるコミット数の上位 10 名をメジャー開発者，それ以外をマイナー開発者とする．ここでは，メジャー開発者によるコミットが予測モデル構築に使われる“訓練データ”に相当し，マイナー開発者によるコミットが予測モデルの評価に使われる“テストデータ”に相当する．上述した分析対象期間内での各プロジェクトにおける開発者数，コミット数及びコミット数の割合を表 2 に示す．

表 2 より，メジャー開発者によるコミットはプロジェクトにおいて大半を占めていることが分かる．それでもなお，マイナー開発者によるコミットが約 38% を占めるようなプロジェクトもあり，個人化バグ予測を適用できないからといって安易に無視できるような数ではないといえる．

4.2 手順

本実験の手順を以下に示す．

表 2 メジャー開発者とマイナー開発者の人数及びコミット数（訓練データとテストデータ）

	（訓練データ）メジャー開発者		（テストデータ）マイナー開発者	
プロジェクト	人数	コミット数（割合）	人数	コミット数（割合）
PostgreSQL	10	19,868 (88%)	27	2,675 (12%)
Xorg	10	7,537 (64%)	446	4,253 (36%)
Eclipse	10	9,624 (75%)	92	3,269 (25%)
Lucene	10	11,423 (62%)	101	7,083 (38%)
Jackrabbit	10	3,869 (91%)	32	381 (9%)

表 3　調査対象プロジェクトでのバグ修正キーワード（正規表現）の一覧

<table>
<tr><th>プロジェクト名</th><th>正規表現 1</th><th>正規表現 2</th></tr>
<tr><td>PostgreSQL</td><td>fix(es|ed)?</td><td>bug:?\s?(report\s)?#[0-9]+</td></tr>
<tr><td>Xorg</td><td>\bfix(es|ed)?\b</td><td>\bfix(es|ed)?:</td></tr>
<tr><td>Eclipse</td><td>\bfix(es|ed)?\b</td><td></td></tr>
<tr><td>Lucene</td><td>\bfix(es|ed)?\b</td><td>\bbugs?\b</td></tr>
<tr><td>Jackrabbit</td><td>\bfix(es|ed)?\b</td><td></td></tr>
</table>

(1) **コミットのラベル付けを行う**：まず，各コミットのメッセージ中にバグ修正に関連するキーワードが含まれるかどうかでもってそのコミットがバグ修正変更であるかどうかを判定する．なお，バグ修正キーワードはプロジェクトや開発者の特徴にも依存するため，プロジェクトごとに異なる条件（正規表現）を設定した（表 3）．
そして，バグ修正変更が行われたソースファイルにおける変更行を“直前に変更”したコミットを“バグ混入変更”であるとラベル付けする．ただし，直前の変更行が空行やコメント文のみの場合はバグ混入の可能性が無いといえるため，変更をさらに遡ることにする．

(2) **メトリクスデータを取得する**：各リポジトリから予測モデル構築に使用するためのメトリクスデータを取得する．本実験で使用するメトリクス名とそれらの説明を表 4 に示す．なお，本実験ではコミット単位でのバグ予測を行うことにする．そのため，ファイル単位の変更で取得できるメトリクスについては，そのコミットでの合計値を用いる．

(3) **開発者ごとにデータセットを分類する**：個人化予測モデルを構築するため，データセットを開発者ごとに分類する．ここで注意すべき点として，同一人物であっても異なる名義やメールアドレスでコミットを行うような開発者の存在が挙げられる．そのため本実験では，各開発者の特定にはコミットを行った開発者の名前とメールアドレスの組が両方一致，もしくは片方が一致している場合は同一開発者によるコミットと仮定し，開発者の紐付けを行う．

(4) **使用メトリクスの選定を行う**：メトリクス対に高い相関がある場合，両方のメトリクスを予測モデルの構築に用いることは望ましくない．そこでスピアマンの順位相関係数を用い，これが 0.8 より大きい場合は相関が強いと見なす．相関の強い対においては，いずれか 1 つのメトリクスを使用しないことにする．この作業を相関の強いメトリクス対が存在しなくなるまで行う．除外するメトリクスの選定にあたっては，筆者が実装したメトリクス取得プログラムにおいて，より長い計算時間を必要とする方を除外することにした．また，

表 4　使用メトリクス

メトリクス名	内容	メトリクス名	内容
NF	変更ファイル数	ND	変更ディレクトリ数†
NS	変更サブシステム数†	EXP	開発者の経験
REXP	直近の開発者の経験	SEXP	開発者の経験‡
EXPs	開発者の経験*	REXPs	直近の開発者の経験*
SEXPs	開発者の経験‡*	FIX	バグ修正か否か
HOUR	コミットを行った時刻	WEEK	コミットを行った曜日
NDEV	過去に修正を行った開発者数	AGE	直近変更からの時間
NPC	過去のコミット数	NPBC	過去のバグ混入コミット数
FA	ファイルの年齢	Nif	if 文の出現回数
Nfor	for 文の出現回数	Nwhile	while 文の出現回数
Ndo	do-while 文の出現回数	Nswitch	switch 文の出現回数
LA	追加コード行数	LD	削除コード行数
Cif	if 文の変更回数	Cfor	for 文の変更回数
Cwhile	while 文の変更回数	Cdo	do-while 文の変更回数
Cswitch	switch 文の変更回数		

*ソースファイルのみを対象として計上，　†重複を除いて計上，　‡サブシステム単位で計上

標準偏差が 0 となる（データにばらつきがない）メトリクスは分類において意味を成さない要素であるため，使用メトリクスの候補から除外する．

(5) **メジャー開発者の個人化予測モデルを構築する**：メジャー開発者 10 人それぞれのデータセットを使用して個人化予測モデルを構築する．なお，本実験における予測モデルにはすべてランダムフォレスト[2]を用いる．

(6) **共通予測モデルを構築する**：メジャー開発者 10 人分のデータセットを用いて共通予測モデルを構築する．

(7) **予測精度を算出する**： マイナー開発者の各コミットがバグ混入変更であるか否かを提案モデルと共通予測モデルそれぞれで予測する．提案モデルにおいては閾値 τ の値によって結果が異なるため，閾値ごとに予測モデルの性能を評価する．本実験では，メジャー開発者を 10 人と定義しているため，τ のとりうる値は 1 ～ 10 となる．予測精度（性能）の尺度には F 値を用いる．

4.3 結果

共通予測モデルと提案モデル（$\tau = 1 \sim 10$）それぞれを用いて，マイナー開発者によるコード変更のバグ混入予測実験を行った結果を図 3 ～ 7 に示す．図中の横軸は閾値 τ，縦軸は予測精度である F 値をそれぞれ表している．この中の棒グラフがそれぞれの閾値に対応した提案モデルの結果であり，破線は（閾値によらない）共通予測モデルの結果を示している．つまり，F 値が破線を上回る場合，その閾値での提案モデルは共通予測モデルよりも有用であることを意味する．紙面の都合上，適合率と再現度については割愛するが，いずれのプロジェクトにおいても閾値が増加すると，適合率が向上し，再現率は低下するという傾向にあった．

結果として，いずれのプロジェクトにおいても閾値 τ が 2 ～ 4 であれば，提案モデルの予測精度は共通予測モデルと同等以上になるという傾向が見られた．これらの閾値を用いた提案モデルについて，共通予測モデルとの F 値の比較を表 5 に示す．表中では，プロジェクトごとに F 値の最大値を太字にして強調してある．括弧書きの “増減” は，共通予測モデルの F 値に対して提案モデルの F 値がどの程度増減しているか，その割合を示している．

平均的には，閾値 $\tau = 2$ の提案モデルが最も高い精度であった（表 5）．ただし，

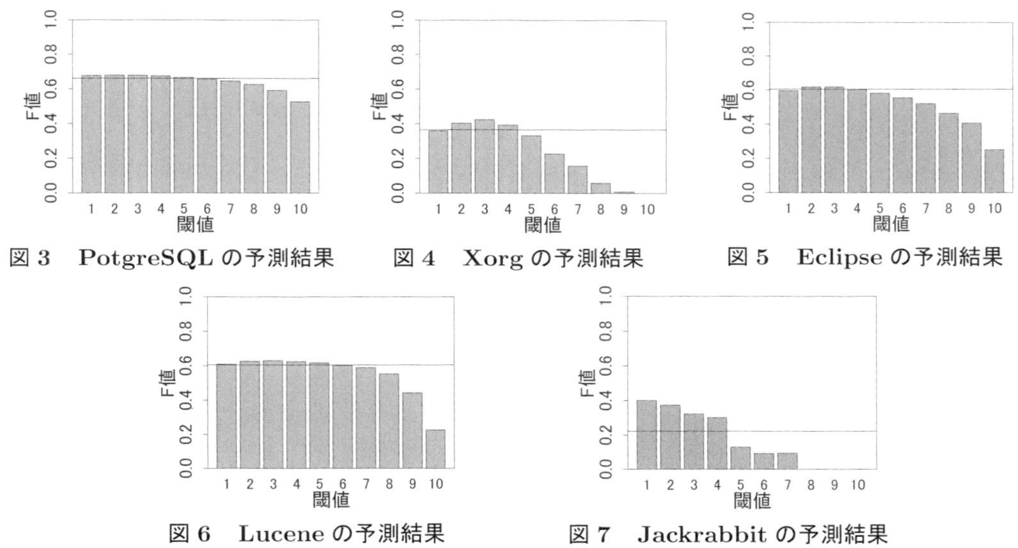

図 3　PotgreSQL の予測結果

図 4　Xorg の予測結果

図 5　Eclipse の予測結果

図 6　Lucene の予測結果

図 7　Jackrabbit の予測結果

[2]R の randomForest パッケージを利用した．なお，パラメータはデフォルト値を用いた．

表 5　各プロジェクトにおける予測モデルの F 値

プロジェクト	共通予測モデル	提案モデル					
		$\tau = 2$	(増減)	$\tau = 3$	(増減)	$\tau = 4$	(増減)
PostgreSQL	0.660	**0.679**	(+2.7%)	0.677	(+2.5%)	0.674	(+2.1%)
Xorg	0.365	0.402	(+10.3%)	**0.423**	(+16.0%)	0.392	(+7.5%)
Eclipse	0.605	**0.618**	(+2.2%)	**0.618**	(+2.2%)	0.603	(−0.4%)
Lucene	0.605	0.626	(+3.6%)	**0.630**	(+4.2%)	0.624	(+3.2%)
Jackrabbit	0.222	**0.373**	(+68.0%)	0.322	(+45.1%)	0.301	(+35.8%)
平均	0.491	**0.540**	(+17.3%)	0.534	(+14.0%)	0.519	(+9.6%)

常に $\tau = 2$ が最適というわけではなく，プロジェクト Xorg や Lucene の場合は $\tau = 3$ における予測精度の方が高くなっている．また，F 値の増加に着目すると，Jackrabbit における提案モデルの性能向上が他に比べて特に大きい結果となった．

4.4　考察

図 3 ∼ 7 より，提案モデルにおける閾値と予測精度の間には線形性は見られず，閾値が一定値を超えると共通予測モデルよりも予測性能が低下していく傾向にあった．

この要因として，(提案モデルが参照する) 10 個の個人化予測モデルにおける多様性が考えられる．つまり，あるコード変更に対して，10 個の個人化予測モデルそれぞれの予測結果にばらつきがあると，“τ 個以上のモデルがバグ混入ありと予測” するようなケースが極端に少なくなると思われる．この点について，10 個の個人化予測モデルのうち，n 個が同時に “バグ混入あり” と予測したコード変更の個数を表 6 に示す ($n = 1, \ldots, 10$)．表 6 より，プロジェクト Xorg や Jackrabbit では多くの個人化予測モデルが “同時に” バグ混入ありと予測するケースが少なかったことが分かる．特に，10 個すべてのモデルがバグ混入ありと予測した個数は 0 であった．このことからも各開発者に合わせた個人化予測モデルの特徴にはばらつきがあることが分かる．それゆえ，一部の主要な開発者の特徴に大きく依存しやすい共通予測モデルに比べて，提案モデルの方が高い予測精度を生み出せたと考えられる．

逆に，プロジェクト PostgreSQL ではすべてのモデルがバグ混入ありと予測する個数が比較的多く，プロジェクト内でメジャー開発者の特徴に差があまり存在していないことを意味する．そのため，共通予測モデルからの大幅な予測性能向上には至らなかったと思われる．

次に，10 個の個人化予測モデルそれぞれがバグ混入ありと予測したコード変更の総数を表 7 に示す．表 7 からも，コード変更に対する各予測モデルの予測結果にはばらつきが大きいといえる．例えば，プロジェクト Xorg においては，予測モデル m_7 や m_8 はバグ混入ありと予測した個数が 48 や 41 であるのに対して，m_{10} は 1,000 を超えている．このように，比較的コミット数の多いメジャー開発者であっても，バグ混入予測モデルの間には無視できない程度の個人差が存在すると考えられる．そのため，これらを利用することで，モデルを構築できていないマイナー開発者に対しても，完全とはいかないまでもある程度は特徴をカバーできていることが期待され，結果として $\tau = 2 \sim 4$，即ち，10 名中 2 ∼ 4 名のメジャー開発者向けの予測モデルでバグ混入ありと予測されるようなコード変更であれば，その意見を採用することでマイナー開発者のバグ混入予測が可能なのではないかと思われる．

表 6　n 個の個人化予測モデルが同時にバグ混入ありと予測したコード変更の個数 ($n = 1, \ldots, 10$)

プロジェクト	n									
	1	2	3	4	5	6	7	8	9	10
PostgreSQL	194	105	91	68	62	67	83	96	143	506
Xorg	494	442	115	97	77	51	44	19	4	0
Eclipse	501	332	268	203	168	145	143	173	208	212
Lucene	746	384	306	364	306	298	370	509	702	398
Jackrabbit	15	13	9	7	3	1	2	0	0	0

表 7　各個人化予測モデルがバグ混入ありと予測したコード変更の総数

プロジェクト	個人化バグ予測モデル									
	m_1	m_2	m_3	m_4	m_5	m_6	m_7	m_8	m_9	m_{10}
PostgreSQL	1,020	986	1,141	706	866	1,018	1,025	968	627	1,000
Xorg	926	92	176	283	85	371	48	41	186	1,090
Eclipse	1,733	1,034	637	753	1,047	2,119	1,185	535	881	944
Lucene	4,105	3,123	3,180	2,170	3,260	2,118	1,890	482	1,358	2,480
Jackrabbit	1	16	8	27	48	1	14	1	12	3

少なくとも今回の評価実験を通じて，共通予測モデルを用いるよりは安定して高い予測精度を実現できており，提案モデルの有用性を示すことができたと考えられる．

4.5　妥当性への脅威

4.5.1　内的妥当性への脅威

実験データの収集において，バグ修正変更を判定するラベル付けに正規表現を用いた．しかし，コミットメッセージに，バグ修正に関するコメントを記述するかどうかや，どういう形式で書くかは開発者に依存するところが大きい．そのため，完全なラベル付けとは言い難いが，コミットメッセージ中のバグ修正キーワードを用いる手法自体はソフトウェア工学分野において広く使われているため，一定の有用性はあると考える．この点についてより信頼性を高めるには，バグ管理システムとの連携やコード変更内容のより詳細な解析について検討する必要がある．

本実験では，調査対象として表 4 に示す 29 種類のメトリクスを使用した．しかし，他にも多くのメトリクスが提案されており，あくまで本実験ではその一部を使用したに過ぎない．そのため，各コード変更の特徴を網羅的に定量化して予測モデルを構築できたとは断言し難い．さらに多くの種類のメトリクスを取得して，評価実験を行うことが今後の課題の 1 つである．

データ収集において，開発者の同定には氏名またはメールアドレスの完全一致に基づいた同値関係を用いている．それゆえ，同一人物であっても，異なる表記法（イニシャルの使用やミドルネームの省略等）を使ったコミットが混在していた場合，メールアドレスが同じでない限り，それらを別人によるコミットとして見誤ってしまっている恐れがある．これについては，さまざまな可能性を考慮した，より包括的な同定方法を検討する必要がある．

予測モデルの構築に使用するメトリクスの選定にあたって，スピアマンの順位相関係数が 0.8 を超えれば相関が強いと判断した．ただし，順位相関係数の閾値に関しては一意な基準は定められていないため，これでもって適切にメトリクスの取捨選択を行えているという保証はなく，他の観点からも検討する必要はあると考える．

Just-in-Time バグ予測モデルの構築において，訓練データ内でのバグ混入データの比率が予測モデルの性能に影響するという報告がある [11]．そこでは，時間の経過とともにプロジェクト内でのコード変更の特徴やバグ混入の頻度も変化するため，開発の時系列を追跡しながら適切なデータセットのサンプリングが必要であるといわれている．本実験では，データセットの特徴の変化は考慮できていないため，この点が結果に影響している可能性もある．

4.5.2　外的妥当性への脅威

本実験では，5 つのプロジェクトを対象として，研究課題に関する検討を行った．どのプロジェクトにおいても，比較的長期間の開発・保守が行われているため，本実験の一般性が大きく損なわれることはないと考える．しかし，プロジェクト固有の特性が影響している可能性もあり，さらに多くのプロジェクトを調査対象にすることで，一般性をより高めていく必要があると考えられる．

本実験では先行研究に倣い，全プロジェクトでそれぞれコミット数の多い上位 10 名の開発者について個人化予測モデルを構築した．しかしながら，実際にはプロジェクトによって開発期間やコミット数が異なり，どの程度の開発経験がある開発者を個人化予測モデル構築対象者（メジャー開発者）とするのがよいのかは明確になっていない．また，プロジェクト自体の歴史が浅く，開発経験豊富な開発者が少ない場合には提案手法を適用できないため，また別の対策が必要となる．

5 まとめと今後の課題

本論文では，個人化バグ予測を適用できないマイナー開発者への対策を課題として取り上げ，他者の個人化バグ予測モデルを活用する手法を提案した．具体的には，各プロジェクトにおけるコミット数の上位 10 名をメジャー開発者として，まずはメジャー開発者向けの個人化予測モデルを構築した．そして，マイナー開発者の変更がバグ混入変更であるか否かをメジャー開発者用の個人化バグ予測モデルによって予測し，そのうちの τ 個以上のモデルが "バグ混入である" と予測すればそれを採用する（バグ混入と予測する）という手法を提案した．

提案手法の有効性を検証するため，5 つのオープンソース開発プロジェクトを対象に評価実験を行った．評価実験では，個人化を行わずに予測する共通予測モデルとの精度比較を行った．その結果，閾値 τ を $2 \sim 4$ に設定した提案モデルの予測精度は共通予測モデルと常に同等以上になることを確認した．実際，メジャー開発者といってもやはり個人差は見られ，それらによる多様な予測結果を活用することで，マイナー開発者に対するバグ混入予測もある程度可能であると考えられる．

今後の課題として，個人化バグ予測の適用対象となるメジャー開発者の判断基準を定量的に考察する必要がある．本実験では先行研究に倣い，コミット数の上位 10 名をメジャー開発者と判断したが，それが妥当な判断であるかどうかは疑問が残る．また，各プロジェクトで適切な閾値が異なるため，その要因をより詳細に分析していくことも重要であると考える．

参考文献

[1] J. Czerwonka, R. Das, N. Nagappan, A. Tarvo, and A. Teterev. CRANE: Failure prediction, change analysis and test prioritization in practice – experiences from windows. In *Proc. 4th Int. Conf. Softw. Testing, V. & V.*, pp. 357–366, Mar. 2011.

[2] 畑秀明, 水野修, 菊野亨. 不具合予測に関するメトリクスについての研究論文の系統的レビュー. コンピュータソフトウェア, Vol. 29, No. 1, pp. 106–117, 2012.

[3] 阿萬裕久, 野中誠, 水野修. ソフトウェアメトリクスとデータ分析の基礎. コンピュータソフトウェア, Vol. 28, No. 3, pp. 12–28, 2011.

[4] T. Jiang, L. Tan, and S. Kim. Personalized defect prediction. In *Proc. 28th Int. Con. Automated Softw. Eng.*, pp. 279–289, Nov. 2013.

[5] X. Xia, D. Lo, X. Wang, and X. Yang. Collective personalized change classification with multiobjective search. *IEEE Trans. Rel.*, Vol. 65, No. 4, pp. 1810–1829, Dec. 2016.

[6] Beyza Eken. Assessing personalized software defect predictors. In *Proc. 40th Int. Conf. Softw. Eng.*, pp. 488–491, May 2018.

[7] C. Liu, D. Yang, X. Xia, M. Yan, and X. Zhang. Cross-project change-proneness prediction. In *Proc. 42nd Annual Comp. Softw. & App. Conf.*, Vol. 01, pp. 64–73, July 2018.

[8] Ming Tan, Lin Tan, Sashank Dara, and Caleb Mayeux. Online defect prediction for imbalanced data. In *Proc. 37th IEEE Int. Conf. Softw. Eng.*, Vol. 2, pp. 99–108. May 2015.

[9] Thomas J. Ostrand, Elaine J. Weyuker, and Robert M. Bell. Programmer-based fault prediction. In *Proc. 6th Int. Conf. Predictive Models in Softw. Eng.*, pp. 19:1–19:10, 2010.

[10] Kazuhiro Yamashita, Shane McIntosh, Yasutaka Kamei, Ahmed E. Hassan, and Naoyasu Ubayashi. Revisiting the applicability of the pareto principle to core development teams in open source software projects. In *Proc. 14th Int. Workshop on Principles of Softw. Evolution*, pp. 46–55, 2015.

[11] George G. Cabral, Leandro L. Minku, Emad Shihab, and Suhaib Mujahid. Class imbalance evolution and verification latency in just-in-time software defect prediction. In *Proc. 41st Int. Conf. Softw. Eng.*, pp. 666–676, May 2019.

[12] S. Kim, Jr. E. J. Whitehead, and Y. Zhang. Classifying software changes: Clean or buggy? *IEEE Trans. Softw. Eng.*, Vol. 34, No. 2, pp. 181–196, Mar. 2008.

[13] A. E. Hassan and R. C. Holt. The top ten list: dynamic fault prediction. In *Proc. 21st Int. Conf. Softw. Maintenance*, pp. 263–272, Sep. 2005.

ソフトウェア開発プロジェクトの完了時期予測のためのチケット自動修正方法

Automated Ticket Data Correction Method to Predict the Project Completion Date

堀 旭宏* 市井 誠† 川上 真澄‡

あらまし ソフトウェア開発プロジェクトにおける納期遅延を防ぐため，プロジェクト進行中にプロジェクト完了時期予測が行われる．しかし，タスク情報を元にした予測手法では，元のタスク情報に誤りが含まれる場合，正しく予測することができない．そこで，本論文ではタスク情報と成果物リポジトリデータとの突合せにより正しいタスク情報を推測し，誤ったタスク情報を自動補正する手法を提案する．提案手法を実製品のソフト開発プロジェクトデータに適用した結果，プロジェクト完了時期予測の誤差率は8.6%であり，本技術が実用的な水準であることが確認できた．

1 はじめに

ソフトウェア開発では，工数が想定以上に増大することでソフトウェアの納期遅延が発生する．それを防ぐための一手法として，プロジェクト完了時期を早期に予測することで納期遅延を早期に察知し，即座にプロジェクトマネージャが対策を講じるというものがある．このとき，プロジェクト完了時期の予測手法の1つとしてEarned Value Management (以下，EVMと略す．) がある．これはプロジェクトの進捗や作業のパフォーマンスを出来高の価値によって定量化し，プロジェクトの現在および今後の状況を評価する手法である [1].

EVMはチケット駆動開発と呼ばれる開発方式を採用しているプロジェクトと相性が良い．しかし，チケットに誤ったデータが含まれる場合やあるべきチケットが抜け落ちている場合はプロジェクト完了時期を正確に予測することができない．実際の開発現場では，次々と発生するタスクに対して開発者がチケット記入を怠り，プロジェクトマネージャによる手作業での補正が必要となることも多い．また，OSS(Open Source Software) 開発においても，Bachmannら [2] らが複数の開発プロジェクトに対して行った調査では，チケット駆動開発の原則である「No ticket, no commit」を満たすコミットの割合は最も多いプロジェクトでも34.37%であり，低いことが問題視されている．

そこで，本論文ではEVMによるプロジェクト完了時期予測を正確に行うために，誤ったチケットデータを自動補正する手法を提案する．自動補正は，チケットデータと成果物リポジトリデータとの突合せにより，正しいチケットデータを類推することによって行う．また，提案手法を実製品のソフト開発プロジェクトデータに適用し有用性を確認する．

2 EVMによるプロジェクト完了時期予測

本章では，プロジェクトが完了すると予測される時点 (以下，プロジェクト完了予測時と呼ぶ．) をEVMを用いて求める手順について [3] を元に簡単に説明する．

前提として，下記5つの値が得られているものとする．

- PV (Planned Value)：計画時のコスト見積り

*Akihiro Hori, 日立製作所

†Makoto Ichii, 日立製作所

‡Masumi Kawakami, 日立製作所

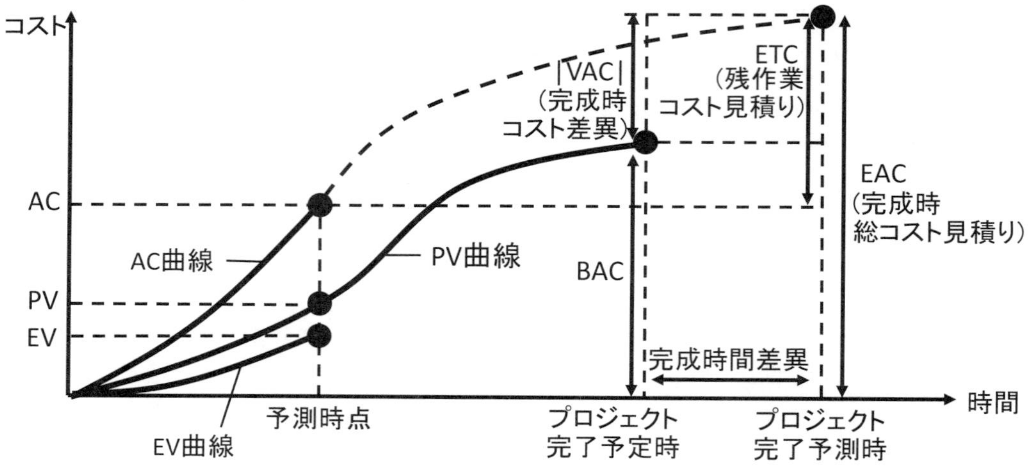

図 1　**EVM** を用いたプロジェクト完了日予測

- AC (Actual Cost)：実際に投入したコスト
- EV (Earned Value)：完成した作業の見積り換算のコスト (出来高)
- プロジェクト完了予定時：計画時のプロジェクト完了予定日
- BAC (Budget At Completion)：プロジェクトの総予算

上記 5 つの値を縦軸とし，時間軸を横軸とすることで図 1 の実線に示すようなグラフを作成することが出来る．

ただし，上記 5 つの値を得るには，下記の条件を満たす必要がある．

a). プロジェクトを遂行する上でのタスクが管理されている (前提)
b). 各タスクのコスト見積りが管理されている (PV を得るために必要)
c). 各タスクのコスト実績が管理されている (AC を得るために必要)
d). 各タスクの進捗率が管理されている (EV を得るために必要)

これらの条件は後述するチケット駆動開発の運用によって満たすことが可能である．

ここから，図 1 における「プロジェクト完了予測時」を求める流れを下記に示す．

1. EAC (Estimate At Completion, 完成時総コスト見積り) を求める．[1]
2. VAC (Variance At Completion, 完成時コスト差異) を，EAC と BAC の差から求める．
3. 完成時間差異を，VAC を時間換算することで求める
4. プロジェクト完了予測時を，プロジェクト完了予定時に完成時間差異を加えることで求める

以上のように，EVM を用いてプロジェクト完了時期を予測することが出来る．

3　チケット駆動開発

3.1　チケット駆動開発とは

チケット駆動開発とはプログラム開発手法の一種で，作業をタスクに分割しバグ管理システムのチケットに割り当てて管理を行う開発スタイルである．[2]

[1] EAC の算出方法はプロジェクト状況に応じて異なるが，ここでは ETC (Estimate To Completion, 残作業コスト見積り) を各タスクのコスト見積り及びコスト実績からボトムアップに集計し，ETC と AC の和を EAC とする方式を採用する

[2] ここでは，ウォーターフォールやアジャイルなどの開発モデル・開発手法を問わず，上記の開発スタイルを満たすものはチケット駆動開発とみなす．

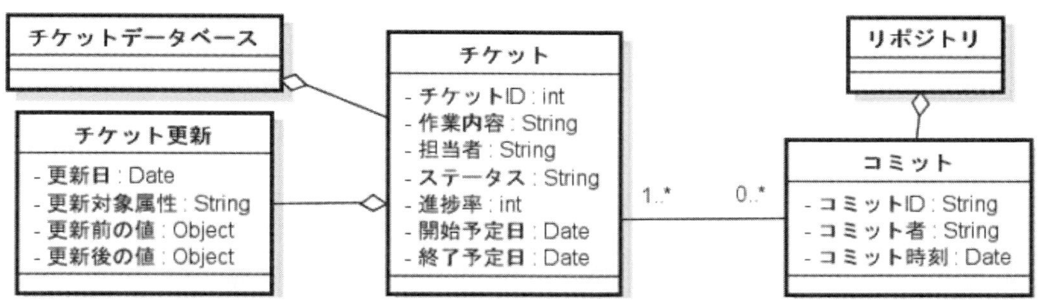

図 2 一般的なチケット駆動開発の運用モデル

チケット行動開発の基本的なルールとして,「No ticket, no commit」「作業をチケットで管理する」という 2 つのルールがある [4]. これらを満たすには,チケット管理システムとバージョン管理システムを導入する必要がある. その上で,チケット駆動開発の一般的な進め方を下記に示す.

1. プロジェクトマネージャはプロジェクト計画に基づき,一つ一つのタスクをチケット管理システムのチケットとして起票する
2. 作業者はチケットを作業指示書とみなして作業を行う
3. 作業者は成果物ファイルをバージョン管理システムにコミットする. 同時に,コミットに関連するチケットの識別子をバージョン管理システムに記録する [3]
4. 作業者はチケットを更新する
5. 作業者は 3 と 4 を繰り返し,チケット完了条件を満たした時点でチケットをクローズする

2 章で示したとおり,EVM の対象プロジェクトは a)〜d) の 4 つの条件を満たす必要がある. これらはチケット駆動開発の運用によって満たすことが出来る. a) はチケット駆動開発のルールに含まれているため,チケット駆動開発に基づいてタスクをチケットとして管理することで満たされる. b), c), d) は,たとえばチケットの入力項目として下記に示す 3 点を設けることで満たされる.

(i) 開始予定日
(ii) 終了予定日
(iii) 進捗率

b) のコスト見積りは,i) 開始予定日から ii) 終了予定日までの期間に対し人月単価を用いて費用換算することで求められる. c) のコスト実績は,チケット変更履歴において進捗率が 0 でなくなった時点から進捗率が 100 になった時点までの期間を求め,それに対し人月単価により費用換算することで求められる. d) の進捗率は iii) 進捗率によって満たされる.

3.2 チケット駆動開発の運用モデル

本研究ではチケット駆動開発を図 2 に示す通りにモデル化した. これは [4] に示されるような一般的なチケット駆動開発および,社内の複数の事業部門の開発標準を抽象化したものである. 本研究では図 2 に示した運用モデルをベースにチケットデータ自動補正手法を提案する.

4 チケットデータ自動補正手法

本章ではまずチケットデータの誤りについて述べた後,チケットデータ自動補正手法 (提案手法) の手順について述べる. 本手法ではコミット履歴とチケットデータ

[3] チケット識別子の記録方法として,コミット時のコメントにチケット ID を手動で入力する方法が一般的である

表 1　チケット駆動開発における必須手順と誤りパターン

フェーズ	必須手順	ガイドワード	ID	誤りパターン
Opening	チケットの作成	を行わない	O1	チケットの作成を行わない
Initializing	作業内容の入力	を行わない	I1	作業内容の入力を行わない
		間違った	I2	作業内容の間違った入力
	担当者の入力	を行わない	I3	担当者の入力を行わない
		間違った	I4	担当者の間違った入力
	開始予定日の入力	を行わない	I5	開始予定日の入力を行わない
		間違った	I6	開始予定日の間違った入力
	終了予定日の入力	を行わない	I7	終了予定日の入力を行わない
		間違った	I8	終了予定日の間違った入力
Updating	ステータスの更新	を行わない	U1	ステータスの更新を行わない
		間違った	U2	ステータスの間違った更新
	進捗率の更新	を行わない	U3	進捗率の更新を行わない
		間違った	U4	進捗率の間違った更新
Closing	チケットの更新	を行わない	C1	チケットのクローズを行わない
		間違った	C2	チケットの間違ったクローズ

の関連を利用することで，正しいチケットデータを予測する．これは，チケットの属性の多くが手動による入力を必要とするため誤りが存在するのに対し，コミットの属性はいずれもバージョン管理システムにより自動的に付与されるため誤りが存在しないという考え方に基づく．

4.1　チケット駆動開発におけるチケットデータ誤り

チケット駆動開発におけるチケットデータ誤りをパターン化することを目的とし，本研究ではチケット駆動開発を採用している複数の実製品のソフト開発プロジェクトの開発手順を調査した．その結果，表 1 に示す 4 個のフェーズに対し，いずれのプロジェクトにも共通する手順 (必須手順と呼ぶ) が 8 個得られた．

チケット駆動開発におけるチケットデータ誤りを整理するため，8 個の必須手順に対し，チケットデータ誤りをパターン化した．その際，必須手順に対し下記の 2 つのガイドワードを適用することで網羅的にパターンを作成した．

- 「を行わない」: 必須手順を実施しない
- 「間違った」:必須手順は実施されているものの，実施内容に間違いがある

その結果，表 1 に示す 15 個の誤りパターンが得られた．必須手順を遂行する上で発生するチケットデータ誤りは，上記 15 個のいずれかに該当する．

なお,「チケットの作成」という必須手順において，ガイドワード「を行わない」に対応する誤りパターンは存在しない．そのような誤りパターンは誤りパターン I2, I4，I6，I8 の組合せによって網羅されるためである．

4.2　本研究の対象となるチケットデータ誤りパターン

本研究では，EVM によるプロジェクト完了時期の正確な予測を阻害するチケットデータ誤りパターンに対し，チケットデータを自動補正することを目指す．そこで，2 章で述べた，EVM を適用するためにチケットに最低限必要な 3 つの入力項目 i) 開始予定日，ii) 終了予定日，iii) 進捗率 に関する 7 つの誤りパターン : O1, I5, I6, I7, I8, U3, U4 を自動補正の対象とする．

4.3　チケットデータ自動補正の手順

本提案手法では，チケット駆動開発を採用するソフトウェア開発プロジェクトでは一つの作業に対し同一人物による時系列上のひと続きのコミットが発生するという想定に基づき，実作業単位という概念を新たに定義し，これに基づいてチケット自動補正を行う．本節ではその手順の詳細を例を用いて述べる．例として表 2 に示

表 2　チケットデータ自動補正手法の説明で用いる補正前チケットデータの例

チケット ID	担当者	進捗率	開始予定日	終了予定日	チケット更新
#1	Andy	100%			18/06/15 進捗率 0%→ 20% 18/07/21 進捗率 20%→ 100%
#2	Andy	0%			
#3	Andy	0%			
#4	Chris	0%	18/06/10	18/07/10	
#70	David	10%			18/11/01 進捗率 0%→ 10%

表 3　チケットデータ自動補正手法の説明で用いるコミット履歴の例

コミット ID	コミット者	コミット時	関連するチケットのチケット ID
r001	Andy	18/06/10	#1, #2
r002	Andy	18/06/12	#3
r003	Bob	18/06/14	
r004	Bob	18/06/15	
r005	Chris	18/06/16	#4
r099	David	18/11/01	#70
r100	David	18/11/07	#70

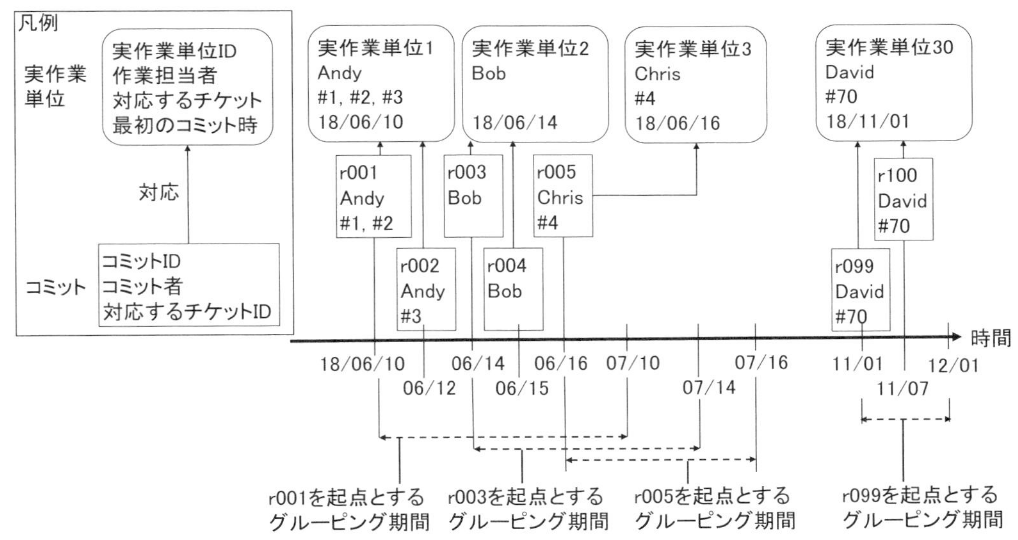

図 3　コミットをグルーピングし実作業単位とする手続きの説明

すチケットデータ，表 3 に示すコミット履歴を用いる．

表 2，表 3 において，空白のセルはデータが存在しないことを示す．また，図 2 にも示したとおり，表 2 には本来「作業内容」と「ステータス」の列が存在するが，スペースの都合上省略している．表 3 では図 2 のコミットに示した属性に加え，コミットに関連するチケットのチケット ID を記す列が存在する．これは，今回の例ではコミットクラスが関連するチケットのチケット ID を持っていることを表す．なお，本節の例の前提として，現在，18/11/22 であるとする．

チケットデータ自動補正の手順は以下である．

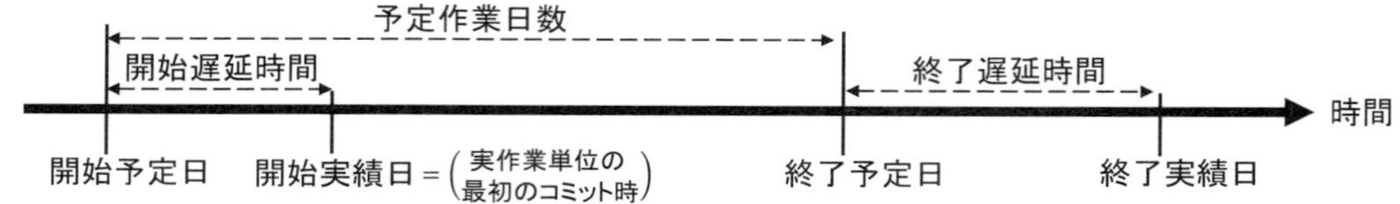

図 4　開始予定日・終了予定日・終了実績日を算出する手続きの説明

1. 同一人物による時系列上のひと続きのコミットをひとつのグループ (実作業単位) にまとめる．時系列上のひと続きのコミットを定義するため,「グルーピング期間」というパラメータを設定する．そして,「グループ内の最初のコミットのコミット日からグルーピング期間内にコミットされたコミットは同一グループに属す」というルールのもと，グルーピングを行う．このとき，グルーピング期間を長くすると，より多くのコミットがひと続きの作業とみなされるため，最終的に同じ値で補正されるチケットの数が多くなる．一方，グルーピング期間を短くした場合は，最終的に別々の値で補正されるチケットの数が多くなる．
   【例】グルーピング期間を 30 日とする．表 3 に対し本手順を実施した結果を図 3 に示す．図 3 では 7 個のコミットに対しグルーピングを実施することで 4 個の実作業単位が定義されている
2. 手順 1 の結果に対し，チケットとコミットの関連情報を用いてチケット識別子を付加することで，実作業単位とチケットの関連付けを行う．
   【例】実作業単位 1 には r001 と r002 のコミットが含まれる．r001 はチケット #1,#2 と関連しており，r002 はチケット #3 と関連している．そのため，実作業単位 1 に関連するチケットは図 3 に示すように #1, #2, #3 となる．
3. 実作業単位の最初のコミット時を開始実績日とみなし，図 4 に示す「開始遅延時間」「予定作業日数」「終了遅延時間」というパラメータを用いて，実作業単位の開始予定日・終了予定日・終了実績日を算出する．これらのパラメータはプロジェクト内の正しく入力されたチケットにおける平均値や中央値を元にあらかじめ定めておく．
   【例】開始遅延時間を 2 日，終了遅延時間を 8 日，予定作業日数を 34 日とする．すると，実作業単位 1 の開始予定日は実作業単位 1 の最初のコミット時 (18/06/10) の 2 日前の 18/06/08 となり，終了予定日はそれから 34 日後の 18/07/12 となり，終了実績日はそれから 8 日後の 18/07/20 となる．
4. 開始実績日から終了実績日までの間，進捗率が線形に変化すると仮定し，実作業単位の開始実績日から現在までの進捗率の変遷を算出する．
   【例】進捗率が 20%変わる日を算出するものとする．すると，実作業単位 1 の進捗率が 0%から 20%に変わる日は開始実績日である 18/06/10 であり，進捗率が 80%から 100%に変わる日は終了実績日の 18/07/20 である．それらの間を線形に埋めることで，進捗率の変遷は表 4 のチケット ID #1, #2, #3 の行の，チケット更新の列に位置するセルのようになる．
5. 手順 3 および手順 4 によって算出された値でもって，チケット管理システム上で，チケットの開始予定日・終了予定日・進捗率の現在の値を更新する．ただし，実作業単位に関連するチケットが 1 つもない場合は，新しいチケットを作成したうえで変更を行う．また，手順 4 によって算出された値でもって，チケット管理システムのチケット更新履歴を変更する．ただし，システム上の値を直接変更することが好ましくない場合は，チケット管理システムを EVM 算出用にクローンし，クローン先のチケット管理システムの値を変更する等の措置を取る．
   【例】補正後のチケットデータは表 4 のようになる．なお，チケット #999 は実作業単位 2 に関連するチケットが存在しなかったために新たに作成されたチ

表 4 チケットデータ自動補正手法の説明で用いる補正後チケットデータの例．各行は実作業単位に紐づく

チケット ID	担当者	進捗率	開始予定日	終了予定日	チケット更新
#1, #2, #3	Andy	100%	18/06/08	18/07/12	18/06/10 進捗率 0%→ 20% 18/06/20 進捗率 20%→ 40% 18/06/30 進捗率 40%→ 60% 18/07/10 進捗率 60%→ 80% 18/07/20 進捗率 80%→ 100%
#4	Chris	100%	18/06/14	18/07/18	18/06/16 進捗率 0%→ 20% 18/06/26 進捗率 20%→ 40% 18/07/06 進捗率 40%→ 60% 18/07/16 進捗率 60%→ 80% 18/07/26 進捗率 80%→ 100%
#70	David	60%	18/10/30	18/12/04	18/11/01 進捗率 0%→ 20% 18/11/11 進捗率 20%→ 40% 18/11/21 進捗率 40%→ 60%
#999	Bob	100%	18/06/12	18/07/16	18/06/14 進捗率 0%→ 20% 18/06/24 進捗率 20%→ 40% 18/07/04 進捗率 40%→ 60% 18/07/14 進捗率 60%→ 80% 18/07/24 進捗率 80%→ 100%

ケットである．

5 ケーススタディ

本研究では実製品ソフト開発プロジェクト 1 件のプロジェクトデータに対し提案手法を適用し，下記 2 種類を評価した．

- 提案手法による自動補正後のチケットデータを用いた際の，EVM によるプロジェクト完了時期予測の予測精度
- 提案手法によるチケット自動補正の補正精度

前者は，本研究の目的である「EVM によるプロジェクト完了時期予測を正確に行う」を提案手法によって達成することが出来るかを測るためのものである．後者は，本研究の提案手法の補正精度を直接測るためのものである．

なお，本ケーススタディでは表 1 に示す誤りパターンのいずれにも該当しないチケットを，正しく記入されたチケットと呼ぶ．

5.1 対象プロジェクト

対象プロジェクトは社内の大規模組込みソフトウェア開発プロジェクトである．本プロジェクトではチケットによってタスクを管理しているが，チケット記入漏れが多く存在する．そのため，プロジェクトマネージャはプロジェクト完了日を予測するために定期的にチケット手動補正を行っており，他のマネジメント業務に支障が出ている．特に，18/03/25 から 18/04/05 までの間に行われたチケット手動補正では，正しく記入されたチケットの数が 548 個中 196 個から 242 個にまで増加した．

5.2 EVM 予測精度の評価

本節では，「提案手法による自動補正後のチケットデータを用いた際の，EVM によるプロジェクト完了時期予測の予測精度」の評価について述べる．

5.2.1 評価の方法

本評価では，EVM により求めたプロジェクト完了予測時を「予測日付」とする．特に，手動補正後のチケットデータを用いて求めた予測日付を正解日付とする．そして，下記の通り定義される誤差率を計測する．

誤差率 = | 正解日付 − 予測日付 | ÷ | 正解日付 − 予測時点日付 |

このとき，予測日付として，補正前のチケットデータを用いて求めたものと，提案手法による自動補正後のチケットデータを用いて求めたもののそれぞれを用いる．ここで，補正期間として対象プロジェクトでは補正が何度か行われているが，そのうち 18/03/25 から 18/04/05 の期間を選ぶ．これは，この期間で最も多くのチケットが手動補正されており予測への影響も多いためである．また，開発終盤に差し掛かり正確な予測が必要となるためである．したがって，18/03/25 のスナップショットが補正前のチケットデータ，18/04/05 のスナップショットが手動補正後のチケットデータ，18/03/25 のスナップショットに提案手法を適用したものが自動補正後のチケットデータとなる．

5.2.2 結果と考察

EVM によるプロジェクト完了時期予測結果として，特に AC を示すグラフを図 5 に示す．自動補正後チケットデータ，補正前チケットデータのそれぞれを用いてプロジェクト完了時期を予測した際の正解日付に対する誤差率を表 5 に示す．

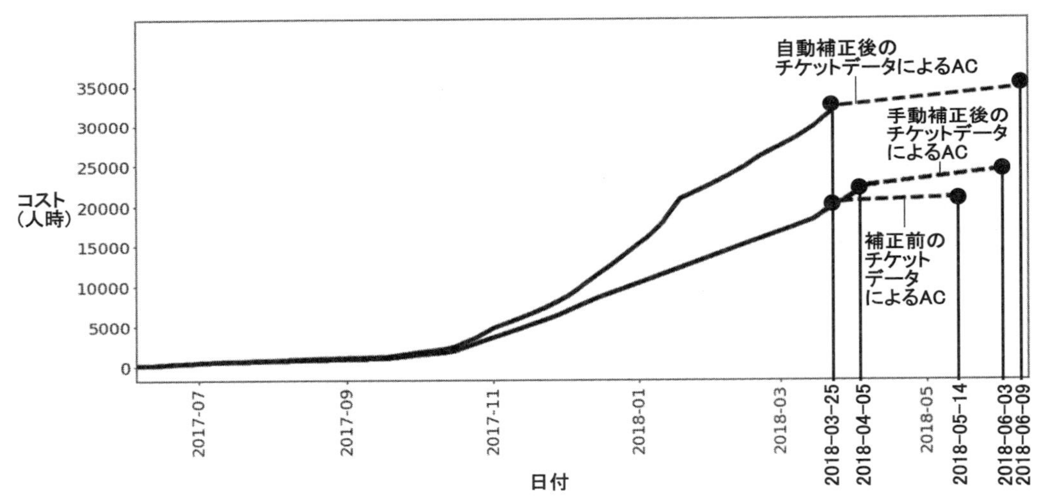

図 5　EVM によるプロジェクト完了時期予測結果

表 5　プロジェクト完了時期予測の誤差率

チケットデータ	予測時点日付	予測日付	正解日付との差	誤差率
自動補正後	18/03/25	18/06/09	6	8.6%
手動補正後	18/04/05	18/06/03(=正解日付)	-	-
補正前	18/03/25	18/05/14	20	28.6%

表 5 において，提案手法の誤差率は 8.6%であった．対象プロジェクトでは予測の誤差率を 10%以内に抑えることを目標としており，本提案手法はそれを満足した．一方，補正前チケットデータを用いて予測した際の誤差率は 28.6%であった．これは，実際には未完了の作業が多く残っているにもかかわらず，それらがチケット化

表6 紐付くディレクトリに基づく自動作成チケットと手動作成チケットの比較

	自動作成された チケットに紐付く	自動作成された チケットに紐付かない	合計
手動作成された チケットに紐付く	7	8	15
手動作成された チケットに紐付かない	27	-	27
合計	34	8	42

されておらず，プロジェクト完了時期予測の際に無視されたためである．

図5では，提案手法のACが手動補正のACよりも大きくなっていることが分かる．このことから，提案手法による自動補正では手動補正よりも多くのチケットの実績値を補正したことが分かる．これにより，自動補正後のチケットデータによる予測日付は正解日付よりも遅くなった．

5.3 チケット自動補正精度の評価

本節では「提案手法によるチケット自動補正の補正精度」の評価について述べる．

5.3.1 評価方法

本評価では手動補正時に作成されたチケットと，提案手法によって自動作成されたチケットを比較することで，補正精度を測る．しかし，手動補正時に作成されたチケットと自動作成されたチケットは，その作業内容の粒度が異なる可能性があるため直接比較することが難しい．そこで，チケットそのものの再現率を求める代わりに，チケットに紐付くファイルの再現率を求める．提案手法によって自動的に作成されたチケットについて，自動作成の根拠となったコミットの対象ファイルのファイルパスをすべて取得する．また，手動補正によって作成されたチケットについても，チケットの説明欄に記載された対象ファイルのファイルパスをすべて取得する．そして，両者の取得結果をディレクトリ名の単位で比較する．

ディレクトリ名のみを用いる理由は，今回の評価対象プロジェクトでは，ファイル名が頻繁に変更され追跡困難であるのに対して，ディレクトリが工程や機能により細分化されており，同時に複数のチケットでディレクトリが共有されることが稀であるためである．

5.3.2 結果と考察

チケット自動補正精度の結果を表6に示す．提案手法によって自動作成されたチケットに紐付くディレクトリの数は34個であった．一方，自動作成されたチケットおよび手動作成されたチケットのいずれかに紐付くディレクトリの数は合計42個であった．本評価では，自動作成されたチケットにのみ紐付くディレクトリについて，「No Ticket, No Commit」の原則より，手動補正時にプロジェクトマネージャが見落としたものであるとみなす．そのため，再現率は下記の通り求められる: $Recall = 34 \div 42 \times 100 = 81\%$ ．ここで，手動補正チケットにのみ紐付いた8ディレクトリは，補正対象外の既存チケットに紐付けるべきであるディレクトリであることが確認できた．言い換えれば，同じチケットを誤って重複して作成してしまっていたことを意味するため，提案手法で紐付けられていないことに実用上の問題は無いと考えられる．

5.4 妥当性への脅威

- 予測精度の評価における正解日付の定義方法:
  誤差率が対象プロジェクトの目標である10％に収まったことをもって提案手法

の有用性を示したが，手動補正後のチケットデータを元に予測された日付を正解日付としたため，手動補正自体の精度が低い場合には，提案手法を用いた場合の見積りも現場要求を満たせていない可能性がある．

- チケット補正精度の評価における再現率計測の単位:
  チケット単位ではなく，それに紐付くディレクトリ単位で再現率を計測したが，複数のチケットが同一ディレクトリに紐付く場合もあるため再現率が高めに計測されている可能性がある．

6 関連研究

Nguyen ら [5] はテキスト情報およびソースコード情報を用いてコミットとチケットの関係を復元する方法を提案している．また，Rath らの手法 [6] および Sun らの手法 [7] では機械学習を用いた復元を行っている．これに対して，提案手法では，日付情報やユーザ情報を用いたヒューリスティクスによりコミットとチケットの関係を復元しているため，学習データが質的および量的に整わないうちから適用可能である．すなわち，提案手法が必要とするパラメータを設定するのに必要なデータ量は彼らの手法におけるそれよりも小さい．また，提案手法はコミットログの記載やコーディングに前提をおかないため，彼らの手法よりも適用領域が広い．さらに，提案手法では見積り精度向上を目的とし，チケットの日付の補正やチケットそのものの生成を行っている．

7 まとめ

本報告ではチケットデータと成果物リポジトリデータとの突合せにより，誤ったタスク情報を自動補正する手法を提案した．提案手法を実製品のソフト開発プロジェクトデータに適用した結果，本技術が実用的な水準であることが確認できた．今後は他のプロジェクトに対しても提案手法を適用し評価することで，その有用性を確認したい．また，予定管理ツールなど他の情報を利用することによる，より高精度なチケット自動補正についても検討したい．

参考文献

[1] 情報処理振興事業協会. 平成 14 年度情報技術・市場評価基盤構築事業 EVM 活用型プロジェクト・マネジメント導入ガイドライン, 2003.

[2] Adrian Bachmann and Abraham Bernstein. Software process data quality and characteristics - a historical view on open and closed source projects. *International Workshop on Principles of Software Evolution (IWPSE)*, 08 2009.

[3] Project Management Institute. プロジェクトマネジメント知識体系ガイド（PMBOK ガイド）第 5 版. 2013.

[4] 小川明彦, 阪井誠. Redmine によるタスクマネジメント実践技法. 翔泳社, 2010.

[5] Anh Tuan Nguyen, Tung Thanh Nguyen, Hoan Anh Nguyen, and Tien N. Nguyen. Multi-layered approach for recovering links between bug reports and fixes. In *Proceedings of the ACM SIGSOFT 20th International Symposium on the Foundations of Software Engineering*, FSE '12, pp. 63:1–63:11, 2012.

[6] Michael Rath, Jacob Rendall, Jin L. C. Guo, Jane Cleland-Huang, and Patrick Mäder. Traceability in the wild: Automatically augmenting incomplete trace links. In *Proceedings of the 40th International Conference on Software Engineering*, ICSE '18, pp. 834–845, 2018.

[7] Y. Sun, C. Chen, Q. Wang, and B. Boehm. Improving missing issue-commit link recovery using positive and unlabeled data. In *2017 32nd IEEE/ACM International Conference on Automated Software Engineering (ASE)*, pp. 147–152, 2017.

ソースコード修正履歴が自動バグ修正の結果に与える影響の分析

The Impact of Source Code Change Histories on the Performance of Automatic Program Repair Techniques

首藤 巧 * 亀井 靖高 † 鵜林 尚靖 ‡ 佐藤 亮介 §

あらまし 自動バグ修正において，版管理システムのソースコード修正履歴を機械学習手法によって学習し修正に利用することで，修正結果を開発者の行うような修正に近付けるための手法がある．同一の修正対象のバグであっても学習したソースコード修正履歴によって修正結果は異なってくることが予想されるが，どの程度影響があるのか実証的な実験はなされていない．本研究では，学習に用いるソースコード修正履歴がバグの修正結果にもたらす影響を複数の学習データセットでバグの自動修正を行い，実験結果の比較をすることで調査を行った．実験にはC言語のOSSプロジェクトに存在するバグを対象に実験を行い，学習データセットに利用する修正履歴を修正対象と同一のOSSから収集することによって，Prophetの正しい修正パッチの生成能力が向上することが判明した．また，学習データセットを修正パターンによって分類し，一つの修正パターンに絞って学習を行うことで，その修正パターンに合致したバグに対する修正能力が向上することが判明した．

1 はじめに

ソフトウェア開発においてバグ修正は重要であり，多くのコストが費やされる．Gazzolaらによると，デバッグ作業がソフトウェア製品の開発コスト全体の約50％を占めることが多いと報告されている[1]．通常バグの修正は一部ツールを利用しながらも開発者自身が手動で行っており，バグ修正の作業を自動化することによって開発者の負担を大きく軽減することが期待できる．

現在提案されている自動バグ修正手法は，バグを含むソースコードとテストスイートを元にバグの修正パッチ（修正パッチはプログラムのソースコードとそれに対する編集操作）を生成する．これらの手法ではバグの修正結果はテストケースに依存する可能性が高く，テストケースには全て通るものの，開発者に受け入れられるような修正とはかけ離れた無意味な修正パッチを生成する可能性がある．

自動バグ修正のテストケースへの依存による無意味な修正パッチを生成する問題を解決するため，Longらは版管理システムにある過去のバグ修正履歴から機械学習によって確率モデルを生成し，パッチ生成に利用する自動バグ修正手法であるProphetを提案した[2]．この手法では開発者が行うようなバグの修正パッチを生成することによって正しいパッチ（開発者が実際に行うような修正内容を反映した修正パッチ）が生成できるという考えのもと，過去の開発者のパッチと類似度の高いパッチを優先的に生成する設計になっている．

このように開発者の行った修正履歴を利用する手法では，学習データセットによって修正結果は異なってくると考えられる．正しい修正パッチを生成するためには，適した学習データセットを用意しなくてはならず，そのための学習データセットの選択基準として選定元のOSSプロジェクトの種類や，修正パッチそのものの特徴などが挙げられる．本研究では版管理システムのバグ修正履歴を利用した自動バグ修

*Takumi Shuto, 九州大学

†Kamei Yasutaka, 九州大学

‡Naoyasu Ubayashi, 九州大学

§Ryosuke Sato, 九州大学

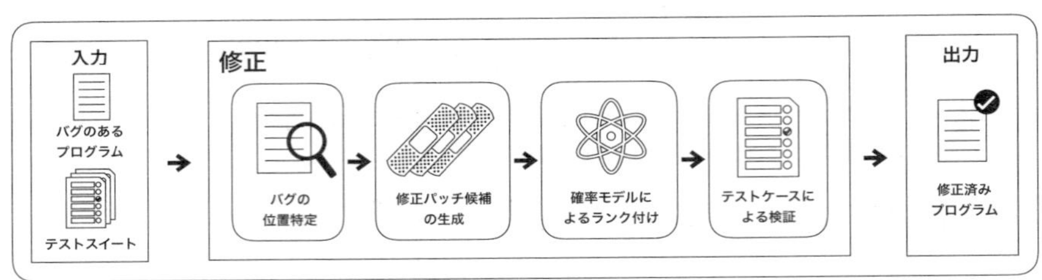

図 1　Prophet の修正過程

正手法の修正結果への学習データセットの影響を明らかにし，正しい修正履歴を生成するための学習データセットの選定の基準について知見を得るために，以下の 2 つの Research Question (RQ) を設けて調査を行った．

RQ1：修正対象のバグと学習データの OSS が同一の場合に修正結果にどのような影響を与えるのか

RQ2：学習データセットの修正パターンが修正結果に変化を与えるのか

これらの調査から，様々なバグに適した学習用の修正パッチのパターンが分かれば，事前に修正対象のバグに適した学習データセットを用意し，より精度の高いバグの自動修正を行えることが期待できる．以降，2 章では本研究の背景について説明する．3 章では調査において使用するデータセットについて説明をする．4 章では RQ についてのアプローチと実験結果について説明をする．5 章では妥当性への脅威について述べ，6 章で結論と今後の課題を述べる．

2　研究背景

2.1　自動バグ修正

近年ソフトウェア工学において自動バグ修正の分野は盛んに研究が行われている．自動バグ修正の実現によってソフトウェア開発におけるデバッグ作業が大幅に減ることが期待できるため様々な手法が研究者によって提案されている．

自動バグ修正手法における代表的な手法として GenProg [3] がある．この手法はバグを含むプログラムとそのバグを検出することを目的としたテストケースの集合体であるテストスイートを入力とし，バグを修正したプログラムを出力とする．GenProg は欠陥位置特定アルゴリズムによって推定された欠陥位置に対して遺伝的プログラミングに基づいてコードの変更を行なっていく．最終的に入力として与えられたテストケースに全て通過したプログラムを修正済みのプログラムとして GenProg は出力する．しかし多くの開発者はテストケースには記載されていないプログラムの動作も想定した上でバグの修正を行う [4]．したがって開発者が実際に行うような修正内容に対応した修正プログラムが生成されない場合が多い．このような問題を解決するために実際に開発者が行った修正を自動バグ修正に利用する Prophet と呼ばれる手法を Long らは提案した．

2.2　Prophet

Prophet は過去の開発者のバグ修正履歴から機械学習により確率モデルを生成してプログラムの修復に利用する自動バグ修正手法である．Prophet はバグを含む実行可能な C 言語で記述されたプログラム及びバグの検出を目的としたテストケースの集合であるテストスイートを入力として受け取り，プログラムの自動修正を行う．Prophet の修正過程について図 1 に示した．出力は入力として与えられたテストスイートに含まれるテストケースを全て通過したプログラムである．Prophet が修正を行う際に必要とする確率モデルを生成するための機械学習と実際の修正を行う段階について次節から詳しく説明をする．

2.2.1 機械学習

学習データセット：Prophet は Git や Subversion といったソースコードの版管理システムから開発者が OSS ソフトウェアに行った修正を学習データセットとして利用する．この際，学習する修正パッチは Prophet が生成可能な修正パッチの集合である修正空間に含まれている必要がある．

特徴抽出：収集したそれぞれの修正パッチについて Prophet は特徴の抽出を行う．特徴にはプログラムの値の特徴と変更の特徴の二つがある．プログラムの値の特徴とはプログラムの修正前と修正後で変数や定数がどのように使用されているかをまとめたものであり，変更の特徴とは修正の際に行われた変更の種類とその修正が行われた箇所の付近のステートメントの関係性をまとめたものである．Prophet はこれらの特徴を約 3500 次元の一つの特徴ベクトルに変換し学習に利用する．

機械学習：Prophet は特徴抽出により得られた特徴ベクトルから機械学習によって確率モデルを生成する．確率モデルは Prophet の修正空間に含まれる修正パッチ候補に対し確率を割り当てる．この確率はその修正パッチ候補が正しい可能性，つまり開発者が行うような修正である可能性を示す．

2.2.2 修正パッチ生成

欠陥位置特定：Prophet の欠陥位置特定アルゴリズムはテストケースを入力したプログラムの実行トレースの分析を行い，欠陥位置を優先度付きのリストとして出力する．ネガティブテストケース（不正な出力によってバグを検出したテストケース）を入力として与えた場合の実行頻度が高く，ポジティブテストケース（正常な出力を行ったテストケース）を入力として与えた場合の実行頻度が低いようなプログラム文を, 欠陥位置としての優先度を高く設定する．

修正パッチ候補生成と特徴抽出：欠陥位置特定アルゴリズムによって算出された位置に対して Prophet は修正空間内の修正操作を全て適用してパッチ候補の生成を行う．Prophet の修正空間は Long らの先行研究である SPR [5] と呼ばれる自動バグ修正手法と同様のものである，Prophet は各修正パッチ候補に対して，学習対象の修正パッチに行ったものと同様の特徴抽出を行う．

修正パッチ候補の順位付けと検証：Prophet は学習済みの確率モデルと各修正パッチ候補の特徴ベクトルから確率スコアを算出する．Prophet は確率スコアによって修正パッチ候補をソートし，スコアの高い修正パッチ候補からテストケースを実行する．全テストケースを通過した修正パッチ候補を修正パッチとして出力する．

2.3 本研究の着眼点

Long らが行った Prophet の評価実験では SPR や GenProg といった他の自動バグ修正手法の評価にも用いられたベンチマークに対して修正を行った．SPR は Prophet のベースとなった自動バグ修正手法であるが，Prophet がバグ修正履歴を学習することによって SPR よりも良い修正結果を残した．

この評価実験で学習に利用するために収集されたバグ修正履歴は，総コミット数の高いリポジトリから各バグ修正履歴が Prophet の修正空間に含まれている物を順に集めたものに過ぎず，収集元である OSS のアプリケーションの種類や各バグ修正の特徴などは考慮されていない．そこで本研究では学習データセットと修正結果に着目した研究を行う．

2.4 関連研究

Yang らは自動バグ修正においてテストケースにオーバーフィットした修正パッチが生成される問題を解決するためにそのような修正パッチを検出し除外するフレームワークを提案した [6]．結果として GenProg や SPR が使用したベンチマークの 45

表 1 学習データセット及びベンチマーク

プロジェクト	学習に用いられた修正履歴	ベンチマークに用いられた修正履歴
libtiff	11	23
apr	12	-
curl	53	-
httpd	75	-
wireshark	85	7
python	114	11
php	187	44
subversion	240	-

個のバグにおいて 75.2%のオーバーフィットパッチを除外した．

Kong らは様々な自動バグ修正手法に関してテストスイート，修正対象のプログラムが自動バグ修正の効果や効率にどのように影響するのかについて，異なるテストスイートとバグのあるプログラムにそれぞれの自動バグ修正手法を 3000 回以上適用することによって調査した [7]．結果として小規模のプログラムで有効に働く自動バグ修正手法は中規模のプログラムに適用すると多大なコストがかかることや修正が有効に働かなくなることが判明した．また，テストの通過率と，修正の成功率や時間効率の関係についても明らかにした．

本研究では，自動バグ修正手法の性能を調査するために，データセットとしてテストケースではなく学習データについての調査を行ったという点で新規性がある．

3 データセット

本章では修正対象であるベンチマークのバグデータセットと，学習に利用した修正パッチのデータセットについて述べる．

学習データ：Long らの Prophet の提案論文での評価実験に用いられた学習データセットを利用する．表 1 に示す 8 つの OSS プロジェクトから構成されており，GitHub 上に存在する C 言語のプロジェクトである．OSS に着目した実験を行うにあたって十分な種類の OSS プロジェクトから構成されているため本研究ではこの学習データセットを利用した．

ベンチマーク：Long らの Prophet の評価実験や SPR, Kali [8], GenProg, AE [9] の評価にも利用された 8 つの OSS プロジェクトのバグから構成されるベンチマークのうち，本研究の学習データセットにも含まれる 4 つのプロジェクト (libtiff, wireshark, python, php) を用いた．表 1 の 3 列目に示す，合計 85 件のソースコード修正に関するデータセットによって構成されており，ベンチマーク中のいずれのデータセットもネガティブテストケースとポジティブテストケースを含んでいる．

4 (RQ1) 修正対象のバグと学習データの OSS が同一の場合に修正結果にどのような影響を与えるのか

4.1 動機

ベンチマークのデータセットにはプログラミング言語や画像操作ライブラリなど様々な OSS プロジェクトが含まれている．これらのベンチマークの OSS プロジェクトと学習データセットに利用する OSS プロジェクトの関係性がバグの修正結果に与える影響が判明すれば学習データセットを収集する際の指針として役立つと考えられる．例として，修正対象と同一の OSS プロジェクトによる学習が有効的であると判明した場合，長期間開発が行われる OSS プロジェクトのバグを修正する際にはその OSS プロジェクトの過去の開発履歴から収集した修正履歴によって学習データセットを構築する方が良い，といった場合が挙げられる．

表 2 RQ1 実験結果

プロジェクト	LOC	テスト数	件数	概要	修正パッチを生成したバグの件数	
					Within	Cross
php	1,046k	8,471	44	プログラム言語 (Web)	14	17
libtiff	77k	78	23	画像操作ライブラリ	10	11
python	407k	355	11	汎用プログラム言語	6	6
wireshark	2,814k	63	7	パケットアナライザ	4	4

```
    le->refcount++;
+   if (!(1))
      (*stream)->rsrc_id =
        zend_register_resource();
```

図 2 Prophet が生成した修正パッチ

```
+   if (index == -1) {
      le->refcount++;
      (*stream)->rsrc_id =
        zend_register_resouce();
+   } else {
+     regentry->refcount++;
+     (*stream)->rsrc_id = index;
+   }
```

図 3 開発者が実際に行った修正

本研究ではバグを修正する際に利用する確率モデルを生成するための学習データセットを，修正対象と同一の OSS から収集した修正履歴と，異なる OSS から収集した修正履歴の二種類を用意し実験結果を比較する．

4.2 アプローチ

本調査では libtiff，wireshark，python，php の四つの OSS プロジェクトの修正を行う際にそれぞれ二種類ずつの学習データセットを用意し実験を行う．

一種類目は表 1 の OSS の内，修正対象の OSS と同一の OSS の修正パッチで構成されたデータセット（以後 Within データセットと呼称する）である．もう一方のデータセットは学習データセット全体の内，Within データセットの OSS 以外の OSS 全てから構成されるデータセット（以後 Cross データセットと呼称する）である．例として libtiff のバグを修正する際に用意する学習データセットは libtiff から収集した修正パッチのみから構成される Within データセットと，apr, curl, httpd, wireshark, python, php, subversion の 7 つの OSS から収集された修正パッチから構成される Cross データセットの二つの学習データセットである．これらの二種類のデータセットによって修正パッチを生成できたベンチマークのバグの件数について比較する．

4.3 実験結果

表 2 には各 OSS ごとに修正パッチを生成できた件数を示した．python 及び wireshark については両データセットも修正パッチ生成数は変わらず, php と libtiff については Within データセットよりも Cross データセットの方が修正パッチ生成数が多いという結果になった．Cross データセットで修正パッチを生成し，Within データセットでは修正パッチを生成できなかった 4 件について，Cross データセットが生成した修正パッチについて詳しく調査を行った．それら 4 件の内，php の 2 件と libtiff の 1 件については Cross データセットによって生成された修正パッチは文の条件式を恒偽にするなど，開発者の修正履歴と比較しても明らかに無意味な修正を行っていることが判明した．今回確認された無意味な修正の一つを図 2 に示す．また，図 3 は同じバグに対して開発者が行った修正である．

また，2.2.2 項で示した，確率モデルが修正パッチ候補に割り当てる優先順位に着

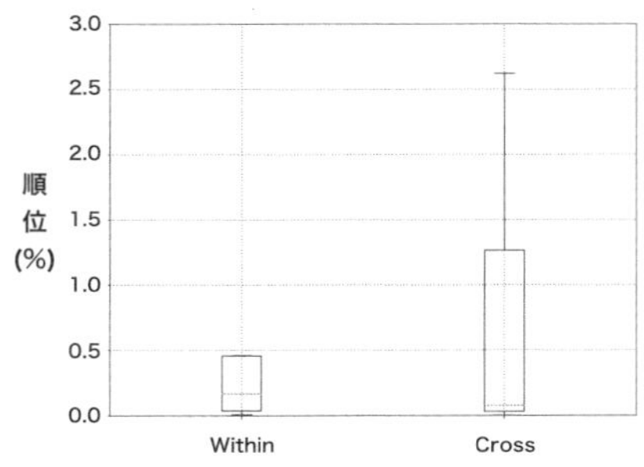

図 4　正しいパッチに割り当てられた優先順位の分布

表 3　学習データセットによる正解パッチの順位比較

バグ	全パッチ候補数	正解パッチ順位/順位百分率 (%)	
		Within データセット	Cross データセット
php-307562-307561	22,881	104/0.455	600/2.622
php-307846-307853	17,610	918/5.213	6,936/39.387
php-307914-307915	30,838	8/0.026	1/0.003
php-308262-308315	70,879	135/0.190	55/0.078
php-308734-308761	10,645	1,221/11.470	1,415/13.293
php-309111-309159	41,554	59/0.142	338/0.813
php-309516-309535	21,016	1,446/6.880	6,050/28.788
php-309579-309580	40,152	3/0.007	11/0.027
php-309688-309716	45,647	54/0.118	44/0.096
php-309892-309910	27,437	54/0.197	14/0.051
php-310011-310050	52,498	242/0.461	18/0.034
php-310991-310999	69,387	5/0.007	26/0.037
php-311346-311348	5,099	14/0.275	14/0.275
libtiff-ee2ce5b7-b5691a5a	67,2413	29/0.04	13/0.019
libtiff-d13be72c-ccadf48a	71,876	75/0.104	54/0.075
libtiff-5b02179-3dfb33b	157,153	13/0.008	40/0.025

目した実験も行った．表 3 には本研究のベンチマークのうち Long らによって開発者が実際に行った修正内容と一致するような正しい修正パッチを Prophet が生成できることが確認されているバグ 16 件について，全ての修正パッチ候補の中での正しい修正パッチの順位を各データセットごとに示したものである．また，順位百分率を図 4.3 に箱ひげ図としてプロットしたところ，Within データセットにより割り当てられた順位の方が全体として上位に分布していた．

よって二つのデータセットによって修正パッチが生成されたバグの数は実質的に同等だが，正しい修正パッチに割り当てた優先順位は Within データセットの方が高かった為，Within データセットにより生成された確率モデルの方が良い性能を示したと言える．

以上の結果より，プロジェクトごとに固有のバグの特徴及びバグに対する修正の特徴が存在する可能性がある．プロジェクトごとのバグの特徴が判明すれば学習データセット構築の指針になると考えられるため，OSS プロジェクトごとのバグの傾向について分析していくことが期待される．

修正対象と同一の OSS から収集した学習データセットに利用することでテストケースに通過するだけの無意味な修正パッチの生成数を減らし，正しい修正パッチに割り当てる優先順位を向上させた．よって OSS プロジェクトごとに固有のバグの特徴が存在する可能性がある．

5 (RQ2) 学習データセットの修正パターンが修正結果に変化を与えるのか

5.1 動機

学習データセットにおける修正パターンの特徴と修正結果の間に因果関係があれば，学習データセット作成の為の指針になることが考えられる．

本研究では修正対象のバグと学習データセットの修正パターンが自動バグ修正の修正結果に与える変化を明らかにするために，学習データセットの修正操作のパターンを分類し，修正パターンごとに学習データセットを構築して自動バグ修正を行う．

5.2 アプローチ

Sobreira らは Java の OSS 修正パッチとテストスイートを収集したデータセットである Defects4j [10] に含まれる修正操作を，修正前と修正後の差分を元に頻出する修正パターンに基づいて分類を行った [11]．その修正パターンによる分類を本研究のデータセットにも適用する．

表 4 はその分類の一覧である．Sobreira の分類した詳細修正パターンの内，本研究のデータセットで分類されなかった項目については表 4 から除外している．

また，修正パターンの分類結果に従って学習データセットを分割しバグ修正を行う．表 4 の一列目に示した修正パターンの内，Other パターンを除いた四つの修正パターンごとに，その修正パターンに分類された修正パッチのみで構成された学習データセットを構築する．こうして構築した四つの学習データセットによって表 1 に示したベンチマークに対して自動バグ修正を行い，結果を分析する．

表 4 修正パターン

修正パターン名	詳細修正パターン名	説明
Conditional Block	Conditional block addition	if ブロックの追加
	Addition with return statement	return 文を含んだ if ブロックの追加
	Addition with exception throwing	例外送出を含んだ if ブロックの追加
	Conditional block removal	if ブロックの削除
Expression Fix	Logic expression expansion	論理式の拡張
	Logic expression reduction	論理式の削減
	Logic expression modification	論理式の変更
	Arithmetic expression modification	算術式の変更
Wraps-with /Unwraps-from	Wraps-with if statement	if 文により囲む
	Wraps-with if-else statement	if-else 文により囲む
	Wraps-with else statement	else 文により囲む
	Wraps-with loop	while 文などのループにより囲む
	Unwraps-from if-else statement	if-else 文による囲みの削除
Wrong Reference	Variable	変数への参照の変更
	Method	関数の呼び出しの変更
Other	Constant Change	定数の変更
	Not classfied	未分類

表 5　修正パターンごとの学習データセットによって生成された修正パッチ分類

学習データセットの修正パターン	修正件数	生成された修正パッチの分類結果 (%)			
		CB	EF	WW	WR
Conditional Block	13	0.15	0.00	✓0.77	0.00
Expression Fix	25	0.12	✓0.56	0.08	0.16
Wraps-with	25	0.20	0.04	✓0.48	0.24
Wrong Reference	23	0.17	0.35	0.00	✓0.39

5.3　実験結果

表 1 に示した学習データセットを表 4 に示した五つの修正パターンに従って分類を行い，Other パターンを除いた 4 つの学習データセットを構築した．本実験で用いた学習データセットは RQ1 における Cross データセットである．

RQ1 において表 2 で示したベンチマークのバグに対して，構築した 4 つ学習データセットによってバグ修正を行い，生成された修正パッチの修正パターンの分類を行った．表 5 に実験結果をまとめた．

表 5 について，二列目はそれぞれの学習データセットによって修正パッチが生成されたベンチマークのバグの件数を示し．三列目から六列目は生成された修正パッチ全体の分類結果を割合で示した．また，修正パッチの分類において最も高い割合を占めた修正パターンには ✓ を記した．

表 5 より，Expresson Fix パターン，Wraps-with パターン，Wrong Reference パターンの学習データセットによって生成された修正パッチでは，いずれも学習データセットと同一の修正パターンの修正が最も多く行われていた．このことから，Prophet では学習に用いるデータセットの修正パッチを特定の修正パターンに限定することによって，その修正パターンに特化したバグの修正を行えると考えられる．

Conditional Block パターンによって生成された修正パッチの修正パターンにおいては Conditional Block パターンの占める割合が二番目に高いものとなったが，最も高かった Wraps-with パターンが Conditional Block と同様に if 文の追加削除に関する修正であることが原因として挙げられる．また，Wrong Reference パターンの学習データセットによって生成された修正パッチにおいて Wrong Reference パターンと Expression Fix パターンの占める割合にほとんど差が見られなかった．これは学習データセットにおいて Wrong Reference パターンにおける参照変数の変更操作が，if 文の条件式中の変更と重複しているものが多かったためだと考えられる．よって Expression Fix パターンと Wrong Reference パターンについては修正パターンが重複していない修正履歴をより多く集めて実験を再度行う必要性があると考えられる．

以上の結果より，自動バグ修正によって生成された修正パッチの修正パターンは，学習に利用した修正パッチの修正パターンの傾向と一致しやすいことが判明した．適用したい修正パターンに合わせた学習データセットを選択することによって，正しい修正パッチを生成できる可能性が高くなると考えられるが，バグを修正する前に修正内容の修正内容の修正パターンを予測するのは困難である．発生したバグの種類や欠陥位置特定の結果によって各バグごとに有効な修正パターンを絞り込むようなことが今後の研究で可能になれば，学習データセットの修正パターンの選別が無意味な修正パッチの生成を防ぐことができると考えられる．

自動バグ修正の生成した修正パッチの修正パターンは，学習に利用した修正パッチの修正パターンの傾向と一致しやすいことが判明した．今後の研究によって，バグごと有効な修正パターンを絞り込むことが可能になれば，学習データセットに利用する修正パターンを限定することで無意味な修正パッチの生成を防ぐことができると考えられる．

6 妥当性への脅威

RQ1 の調査環境における脅威として修正結果がテストケースに品質の影響を大きく受けるという点があげられる．テストケースの品質が悪い場合，修正空間に多数のオーバーフィットパッチが存在する可能性があり，バグの修正可否に学習データセットが与える影響が低下すると考えられる．

また，RQ1 における他の脅威として，Prophet の修正空間が OSS ごとのバグの傾向を反映するほど大きくない可能性がある．Prophet は複数箇所への複雑な修正を行うことはできない．

RQ2 における脅威として分類した修正パターンごとに構築した学習データセットそれぞれに含まれる修正パッチの数が少ないことが挙げられる．学習データセットに含まれる修正パッチ数の変動が実験結果に影響を与える可能性が考えられる．

7 まとめ

本研究では，版管理システムのバグ修正履歴を利用した自動バグ修正手法の修正結果への学習データセットの影響について二つの Research Questions (RQ) を基に調査を行った．修正対象のバグと学習データの OSS の関係が修正結果にどのような影響を与えるのかという RQ について調査した結果，学習データセットに利用する修正履歴を修正対象と同一の OSS から収集することによって，テストケースに通過するだけの無意味な修正パッチの生成数を減らし，正しい修正パッチに割り当てる優先順位を向上させた．

学習データセットの修正パターンが修正結果に影響を及ぼすのかという RQ について調査を行った結果，学習データセットを修正パターンを分類し，一つの修正パターンに絞って学習を行うことで，その修正パターンに合致したバグに対する修正能力が向上した．

謝辞 本研究の成果の一部は，JSPS 科研費 JP18H04097 の助成を受けた．

参考文献

[1] Luca Gazzola, Daniela Micucci, and Leonardo Mariani. Automatic software repair: A survey. *IEEE Transactions on Software Engineering*, Vol. 45, pp. 34–67, 2017.

[2] Fan Long and Martin Rinard. Automatic patch generation by learning correct code. *ACM SIGPLAN Notices*, Vol. 51, No. 1, pp. 298–312, 2016.

[3] Westley Weimer, ThanhVu Nguyen, Claire Le Goues, and Stephanie Forrest. Automatically finding patches using genetic programming. In *Proceedings of the 31st International Conference on Software Engineering*, pp. 364–374, 2009.

[4] Yalin Ke, Kathryn T Stolee, Claire Le Goues, and Yuriy Brun. Repairing programs with semantic code search (t). In *Proceedings of the 30th International Conference on Automated Software Engineering (ASE)*, pp. 295–306, 2015.

[5] Fan Long and Martin Rinard. Staged program repair with condition synthesis. In *Proceedings of the 10th Joint Meeting on Foundations of Software Engineering*, pp. 166–178, 2015.

[6] Jinqiu Yang, Alexey Zhikhartsev, Yuefei Liu, and Lin Tan. Better test cases for better automated program repair. In *Proceedings of the 11th Joint Meeting on Foundations of Software Engineering*, pp. 831–841, 2017.

[7] Xianglong Kong, Lingming Zhang, W Eric Wong, and Bixin Li. Experience report: how do techniques, programs, and tests impact automated program repair? In *Proceedings of*

the 26th International Symposium on Software Reliability Engineering (ISSRE), pp. 194–204, 2015.

[8] Zichao Qi, Fan Long, Sara Achour, and Martin Rinard. An analysis of patch plausibility and correctness for generate-and-validate patch generation systems. In *Proceedings of the International Symposium on Software Testing and Analysis*, pp. 24–36, 2015.

[9] Westley Weimer, Zachary P Fry, and Stephanie Forrest. Leveraging program equivalence for adaptive program repair: Models and first results. In *Proceedings of the 28th International Conference on Automated Software Engineering (ASE)*, pp. 356–366, 2013.

[10] René Just, Darioush Jalali, and Michael D Ernst. Defects4J: A database of existing faults to enable controlled testing studies for java programs. In *Proceedings of the International Symposium on Software Testing and Analysis*, pp. 437–440, 2014.

[11] Victor Sobreira, Thomas Durieux, Fernanda Madeiral, Martin Monperrus, and Marcelo de Almeida Maia. Dissection of a bug dataset: Anatomy of 395 patches from Defects4J. In *Proceedings of the 25th International Conference on Software Analysis, Evolution and Reengineering (SANER)*, pp. 130–140, 2018.

テストケースが自動バグ修正に与える影響の調査

Investigating the Impact of Test Cases on the Performance of Automated Program Repair

松田 直也 * **丸山 勝久** †

あらまし 近年，自動でバグを修正する技術の研究が活発に行われており，さまざまな技法が提案されている．その一方で，テストケースを活用した探索ベースの自動バグ修正では，あらかじめ用意するテストケースが自動修正の成功の鍵を握っているにもかかわらず，テストケースと修正対象のバグの関係について十分な調査が行われているとはいえない．そこで，本論文では，5 種類のバグパターンを含むプログラムに対して，テストケースを変化させて自動バグ修正を実行することで，パッチの生成数およびパッチ生成に費やす時間がどのように変化するのかを調査した結果を示す．調査の結果，バグの種類によって，用意するテストケースを増加させる方が良い場合と悪い場合があることを確認した．

1 はじめに

ソフトウェア開発において，デバッグは難しい作業である．デバッグによる開発者への負担を減らすため，さまざまなデバッグ手法が研究されてきた．たとえば，Zeller は，観測される障害とその原因を効率的に特定する Delta Debugging を提唱している [1]．さらに，近年では GenProg [2] をはじめとする自動バグ修正 (APR: Automated Program Repair) 技術の研究も盛んである [3]．

自動バグ修正とは，欠陥のあるプログラムとその動作に関する正解（オラクル）を与えて，欠陥を修正するパッチを出力することである．この技術は，大きく探索ベース (search-based) 技法と合成ベース (synthesis-based) 技法に分けられる．探索ベース技法では，欠陥を含むプログラムに対して，それを修正する可能性のあるパッチ候補を自動的に生成し，与えられたテストケースを満たすかどうかを検証する [2] [4] [5]．修正パッチがすべてのテストケースを満たした場合，自動バグ修正が成功したとみなす．これに対して，合成ベース技法では，記号実行などの技法を用いて，修正対象のプログラムが満たすべき制約に基づきプログラムを変換することで，仕様を満たすプログラムを作り出していく [6]．

本論文では，テストケースを活用した探索ベースの自動バグ修正（Test-Based Repair）に着目し（以下，TBR と呼ぶ），あらかじめ用意するテストケースがバグ修正の効果（生成数，生成の正しさ，実行時間）にどのような影響を与えるのかを調査した結果を示す．ここで，TBR における修正結果がテストケースの質に大きく依存することは，すでに報告されている [7]．たとえば，Qi らは，多くのプロジェクトにおいて十分なテストケースが存在しないことを指摘している [8]．このような状況で TBR を適用すると，たとえ修正プログラムがすべてのテストケースを満たしたとしても，もとの機能要求を満たす修正が実施されたとは言い切れない．さらに，テストケースの数が少ない，あるいは，偏っていると，それらに過剰適合した修正プログラムが出力される可能性が高まる．このようなプログラムは，テストケースで検査されていない実行において障害を発生させる恐れがある．

このような問題を解決あるいは回避するために，テストケースを改善することで，TBR における修正パッチの生成精度を向上させる手法が提案されている [9]．さらに，修正に用いるテストケースによって，生成される修正パッチがどの程度過剰に適合するのかの調査も実施されている [10]．しかしながら，現時点において，テス

*Matsuda Naoya, 立命館大学大学院情報理工学研究科

†Katsuhisa Maruyama, 立命館大学情報理工学部

表 1　修正対象プログラムに埋め込むバグのパターン

バグパターン	正	誤	説明
Condition	`if(l <= a && a <= r)`	`if(a <= r)`	条件式の不足
Method	`obj.method1(a)`	`obj.method2(a)`	呼出しメソッドの誤り
Overload	`obj.method(a)`	`obj.method(a,b)`	引数の個数の誤り
Parameter	`obj.method(a)`	`obj.method(b)`	引数の誤り
Null	`if(obj != null)`	なし	null チェックの不足

表 2　kGenProg のオプションの設定

オプション	基本調査	追加調査
変異操作によって 1 つの世代に生成する個体の数	100	100
交叉操作によって 1 つの世代に生成する個体の数	100	100
選択操作によって 1 世代に残される個体の最大数	100	100
世代数	100	100
実行を打ち切る時間（秒）	180	360
各個体のビルド&テストを打ち切る時間（秒）	30	60

トケースと修正対象のバグの関係については，十分な調査が行われているとはいえない．そこで，本論文では，以下の研究課題を設定した．

RQ: TBR において，用意するテストケースと自動修正可能なバグの種類にはどのような関係があるか?

上記の RQ に回答するために，我々の調査では，5 種類のバグパターンを含むプログラムをそれぞれ用意した．これらのプログラムに対して，テストケースを変化させて自動バグ修正を実行し，パッチの生成数およびパッチ生成に費やす時間を観測した．我々の調査結果では，成功するテストと失敗するテストの両方の数を単調に増加させても修正パッチの生成に有効ではないことが分かった．基本的には，成功するテストに対して重点的にその数を増やすことで，より多くの正しいパッチが生成できることが確認された．その一方で，特定のバグパターンについては，成功するテストの数を増やすことで，パッチの生成が阻害されることも確認できた．

調査における自動バグ修正には，kGenProg [11] を利用した．kGenProg は，自動バグ修正システムである GenProg [2] の実装であり，遺伝的プログラミングの基づき、Java プログラムを修正することができる．バグ箇所の特定には Ochiai アルゴリズム [12] を採用している．このため．調査結果は kGenProg のバグ修正能力に大きく依存している．

バグパターンとテストケースの変化との関係が明らかになることで，TBR で用いるテストケースを効果的に選択する方針が得られる可能性がある．また，テストケースの変化に対する生成パッチを観測することで，プログラムに含まれるバグのパターンが推測できる可能性がある．

2　調査

ここでは，実施した調査の内容と結果を述べる．調査に用いたプログラムやテストケース，生成したパッチは `https://github.com/noy72/Impact-of-Test-Cases` で公開している．

2.1　準備

TBR によるパッチ生成を実施するためには，修正対象となるプログラムとテストケースが必要である．そこで，まず，85 行からなる Java プログラム（正解プログラムと呼ぶ）を第一著者が作成した．この正解プログラムにバグがないことは，筆者らがレビューで確認した．

次に，正解プログラムのコピーのそれぞれに対して，1 つのバグを埋め込むこと

表 3 平均パッチ生成時間（秒）

バグ パターン	1:1	失敗のみ増加			成功のみ増加			両方増加		
		1:5	1:10	1:20	5:1	10:1	20:1	5:5	10:10	20:20
Condition	65.9	79.4	53.1	47.8	99.8	82.4	66.0	28.1	34.1	85.4
Method	36.9	60.3	76.6	63.6	41.1	31.8	24.9	54.2	50.9	43.5
Overload	55.0	61.1	45.4	55.8	47.8	37.9	48.3	40.4	40.1	40.4
Parameter	73.3	59.8	48.1	58.8	62.8	62.0	41.7	41.0	24.1	34.9
Null	78.2	54.4	60.7	51.3	67.8	66.0	70.9	37.4	39.7	40.4

表 4 パッチ生成数

バグ パターン	1:1	失敗のみ増加			成功のみ増加			両方増加		
		1:5	1:10	1:20	5:1	10:1	20:1	5:5	10:10	20:20
Condition	12,12	31,31	28,28	28,28	27,27	28,28	28,28	36,36	38,38	36,36
Method	81,38	65,63	66,66	62,62	94,94	91,91	93,93	85,83	85,84	77,77
Overload	75,71	72,72	74,74	81,81	83,83	80,80	91,85	88,88	92,92	86,86
Parameter	64,64	54,52	55,53	59,57	77,77	83,83	85,85	55,55	60,60	85,85
Null	77,29	87,20	69,34	74,30	51,48	34,30	30,28	80,77	79,79	85,85

で，修正対象となるプログラム（バグありプログラムと呼ぶ）を用意した．埋め込むバグは頻出のバグパターン [4] を参考に決定した．バグの概要を表 1 に示す．

さらに，バグありプログラムのひとつずつに対して，成功するテストケースと失敗するテストケースを 20 個（追加調査では 100 個）ランダムに生成した．テストケースは，第一著者が作成したテストケース生成プログラムを用いて自動で生成した．テストの成功と失敗を判定するためのオラクルは，正解プログラムの入出力である．

2.2 内容

以下に示す 2 つの調査を行った．

基本調査 自動バグ修正に用いるテストケースの数を変化させながら，バグを含むプログラムの自動修正を繰り返し適用し，パッチの生成数およびパッチ生成にかかる時間を計測した．

追加調査 基本調査の結果から，成功するテストケースの影響を大きく受けるとみなされる Null パターンと，その比較としてパッチ生成数の多い Overload パターンに対して，追加調査を行なった．追加調査では，成功するテストケースがパッチの生成に悪影響を及ぼすかどうかを調査するため，成功するテストケースの数を大きく増加させてパッチの生成を行なった．追加したテストケースは基本調査と同様にランダムに生成した．また，テストケースの数の増加による実行時間の増加を考慮した上で，実行を打ち切る時間と各個体のビルド&テストを打ち切る時間を設定した，

基本調査および追加調査において，設定したオプションの値を表2に示す．調査には，1.4GHz Intel Core i7 と 16GB メモリを搭載した MacBook（Mac OS 10.14.5）を用いた．

この調査では，修正後のプログラムが要求される機能の一部を満たしていない場合に，それがテストケースに過剰適合していると判断した．この判断は，第一著者が各パッチを目視して行い，第二著者のレビューを通して最終的に確定した．

2.3 結果

基本調査の結果を表 3 と表 4，また，追加調査の結果を表 5 と表 6 に示す．表において，1 行目の「X:Y」の X は成功するテストケースの数，Y は失敗するテストケースの数を指す．

表 3 および表 5 は異なるシードの値を用いた 100 回の試行について，パッチの生成までにかかった時間の平均を示す．実行が打ち切られることでパッチの生成に失

表 5　追加調査における平均パッチ生成時間（秒）

バグパターン	10:5	40:5	70:5	100:5
Overload	62.1	62.7	65.8	59.0
Null	104.9	86.3	84.3	105.6

表 6　追加調査における正しいパッチ生成数

バグパターン	10:5	40:5	70:5	100:5
Overload	88	86	91	81
Null	77	53	33	33

敗した試行は，実行時間の平均の算出から省いた．

表 4 および表 6 は，異なるシード値を用いた 100 回の試行について生成されたパッチ数を表す．表 4 において，2 行目以降の「X,Y」の X はパッチの生成数，Y は X から過剰適合したパッチを除いたパッチ生成数を指す．打ち切られたパッチ数は，100 から X を引いた数である．追加調査において，過剰適合したパッチは生成されなかった．

3　議論

本章では，2.3 で示した調査結果から，バグパターンとテストケースの変化について考察することで，TBR による自動修正の可能性について議論する．以下，バグパターンごとに知見を述べる．

3.1　Condition

パッチの生成数が他のバグパターンに比べて少ない．このことより，試行回数を増やすことが重要であるといえる．その一方，生成されたパッチのすべてが正しいとみなされ，過剰適合は発生していない．

正しいパッチをもっとも多く生成した場合のテストケースの数は「10:10」のときである．また，実行時間がもっとも短い場合のテストケースの数は「5:5」である．成功するテストケースの数と失敗するテストケースの数に偏りがあっても結果に大きな差は出なかった．このため，このバグパターンに対しては，成功するテストケースと失敗するテストケースの両方を増加させることでバグ修正の効果が高まるといえる．ただし，テストケースの数が「20:20」の場合，「5:5」や「10:10」に比べて実行時間が 2 倍以上となっていた．修正パッチの種類が限られている場合，単純にテストケースの数を増加させても，生成される正しいパッチの数が増えず，実行時間だけが増加する恐れがある．

一般的に，条件式の書き換えはプログラムの実行パスを変えることがある．実行パスの変化を意識しない探索ベースの自動バグ修正では，単純にテストケースを増やす方が修正に有利であるという結果は妥当といえる．

3.2　Method

このバグパターンでは，成功するテストケースが多いほど正しいパッチの生成数が多くなり，さらには平均実行時間も短くなる傾向が見られた．一方で，失敗するテストケースのみの増加は，パッチの生成数や平均実行時間の改善には繋がらなかった．また，成功と失敗の両方のテストケースを増加した場合，パッチの生成数は増加したが，成功するテストケースのみを増加させた場合より劣る結果となった．このことから，このバグパターンでは成功するテストのみ重点的に増やすことで，バグ修正の効果が高まると予測できる．

呼び出すメソッドを修正するようなコード断片の書き換えは，プログラムの振る舞いを大きく変える可能性がある．よって，同一のテストケースに対して，その成功および失敗が切り替わる可能性が高い．このような修正には，テストケースの数が多い方が有利であることは容易に予測できる．特定のメソッドを呼び出すことでテストが成功することを考慮すれば，成功するテストケースがバグ修正により貢献するという結果にも納得できる．この調査は，当たり前のことを裏付ける結果となった．

3.3 Overload

このバグパターンでは，失敗するテストケースのみが多い場合のパッチ生成数はやや少ない．また，バグパターン Condition と同様に，テストケースの偏りによる結果への影響は小さく，成功するテストケースと失敗するテストケースの両方を増加させることで正しいパッチの生成数が増えた．

このバグパターンについては，テストケースの偏りによる結果を調べるために，成功するテストケースのみを増加させる追加調査を行った．

表 6 を見ると，成功するテストケースの数のみを極端に増やした場合，パッチ生成数がもっとも多かったのはテストケース数が「70:5」のときである．その数は 91 個であり，「10:10」のときの 92 個に及ばない．さらに，テストケースの数を「100:5」としても，パッチの生成数がかえって減少している（81 個）．このバグパターンの修正では，テストケースを単純に増加させるという戦略を避けることも重要である．

3.4 Parameter

テストケースの数が「20:20」の場合を除けば，正しいテストケースのみが多い場合の方が少ない場合に比べ，正しいパッチを数多く生成した．さらに，両方のテストケースを増加させた場合，実行時間が短くなるという傾向が見られた．

実行時間に関する結果については，注意が必要である．このバグパターンの修正では，10 通りの試行において，テストケースの数が「5:5」，「10:10」，「20:20」の 3 通りで，実行時間の制限により修正が打ち切られた．また，その他の 7 通りでも，世代数 100 への到達によって修正が打ち切られた．成功および失敗の両方のテストケースを増加させた場合に実行時間が短くなったのは，探索が効率的に行われず，時間をかけても正しいパッチを生成できなかったことによる．これは，テストケースの数を増加させても，探索が効率的に実行できるとは限らないことを示している．

3.5 Null

バグパターン Method とは対象的に，成功するテストケースのみを増加させると，パッチ生成数が少なくなり，実行時間も長くなる傾向が見られる．

一般的なプログラムにおいて，null 例外が発生する場面は null 例外が発生しない場面に比べて圧倒的に少ない．特に，成功するテストケースの多くは，null 例外を発生させない．また，null チェックを担うコード断片は，正常な実行パス上に追加されるのが一般的である．このような状況において，成功するテストケースの数のみを一方的に増加させると，本来 null チェックを挿入すべき実行パス上にバグが存在する可能性が低く見積もられる．いいかえると，成功するテストを実施すればするほど，null チェックのためのコード断片を挿入する必要性が低下する．このことが，結果的に正しいパッチの生成を阻害する．表 6 に示す追加調査の結果を見ても，成功するテストケースの増加が，このバグパターンの修正に悪影響を与えていることが分かる．

3.6 RQ に対する回答

以上の議論をまとめると，用意するテストケースと自動修正可能なバグの種類について，以下のことがいえる．

- テストケースの数を増加させても，自動修正の効果が高まらないことがある．今回の調査では，バグの種類によって，成功するテストケースを増加させる方が良い場合と悪い場合があった．

- バグパターン null のように，成功するテストケースと失敗するテストケースの実行パスが似ている場合，成功するテストケースがパッチ生成を阻害することがある．
- 成功するテストケースと失敗するテストケースの実行パスが異なるバグパターン Method では，成功するテストケースを増加させることでパッチ生成数や実行時間が改善される．
- テストケースを増やしすぎると，パッチ生成が阻害される恐れがある．

4 おわりに

本論文では，テストケースを活用した探索ベースの自動バグ修正において，テストケースと修正可能なバグの種類との関係を調査した結果を示した．ここの結果から，テストケースの数を単純に増やすだけではなく，成功するテストケースと失敗するテストケースの割合を考慮したテストケース選択が，自動バグ修正の効果を高める際に重要であるといえる．

今回の調査では，用意したプログラムは一つであり，挿入したバグの種類も限られている．よって，3.6 で述べた回答の妥当性には疑問が残る．今後は，実世界で開発されたソフトウェアに含まれるバグでも同様の傾向があるのかどうかを調べるため，さらなる調査を行う．さらに，調査によって得られた知見を，自動バグ修正技術への改善につなげる仕組みの確立に取り組む予定である．

参考文献

[1] Andreas Zeller. Why Programs Fail: A Guide to Systematic Debugging. *Morgan Kaufmann*, 2009.

[2] Westley Weimer, ThanhVu Nguyen, Claire Le Goues, and Stephanie Forrest. Automatically finding patches using genetic programming. In *Proc. of International Conference on Software Engineering*, pp.364–374, 2009.

[3] Rijnard van Tonder, Claire Le Goues. Static automated program repair for heap properties. In *Proc. of International Conference on Software Engineering*, pp.151–162, 2018.

[4] Dongsun Kim, Jaechang Nam, Jaewoo Song, and Sunghun Kim. Automatic patch generation learned from human-written patches. In *Proc. of International Conference on Software Engineering*, pp.802–811, 2013.

[5] Xuan Bach D. Le, David Lo, and Claire Le Goues. History driven program repair. In *Proc. of International Conference on Software Analysis, Evolution, and Reengineering (SANER)*, pp.213–224, 2016.

[6] Hoang Duong Thien Nguyen, Dawei Qi, Abhik Roychoudhury, Satish Chandra. SemFix: program repair via semantic analysis. In *Proc. of International Conference on Software Engineering*, pp.772–781, 2013.

[7] Yuzhen Liu, Long Zhang, Zhenyu Zhang. Survey of test based automatic program repair. *Journal of Software*, vol.13, no.8, pp.437–452, 2018.

[8] Zichao Qi, Fan Long, Sara Achour, and Martin C. Rinard. An analysis of patch plausibility and correctness for generate-and-validate patch generation systems. In *Proc. of International Symposium on Software Testing and Analysis*, pp.24–36, 2015.

[9] Jinqiu Yang, Alexey Zhikhartsev, Yuefei Liu, Lin Tan. Better test cases for better automated program repair In *Proc. of Foundations of Software Engineering*, pp.831–841, 2017.

[10] Xuan Bach D. Le, Ferdian Thung, David Lo, Claire Le Goues. Overfitting in semantics-based automated program repair. *Empirical Software Engineering*, vol.23, no.5, pp.3007–3033, 2018.

[11] Yoshiki Higo, Shinsuke Matsumoto, Ryo Arima, Akito Tanikado, Keigo Naitou, Junnosuke Matsumoto, Yuya Tomida, and Shinji Kusumoto. kGenProg: A high-performance, high-extensibility and high-portability APR System. In *Proc. of Asia-Pacific Software Engineering Conference*, pp.697–698, 2018.

[12] Rui Abreu, Peter Zoeteweij, and Arjan J.C. van Gemund. An evaluation of similarity coefficients for software fault localization. In *Proc. of International Symposium on Dependable Computing*, pp.39–46, 2006.

ソフトウェア開発における性別とプログラム読解速度との関係

The Relationship between Gender and Code Reading Speed in Software Development

高塚 由利子 [1]　村上 優佳紗 [2]　角田 雅照 [3]　中村匡秀 [4]

あらまし　女性のIT人材を増やすためには，女性に関する先入観の影響を抑え，女子学生の進路の選択肢を増やすことなどが挙げられる．そこで本研究では，そのような先入観に対処するために，プログラム理解速度と性別との関係について分析する．分析では，理解のために記憶力を多く必要とするプログラムを読む場合，性別により理解速度が変化するのかなどを実験により確かめた．

1　はじめに

近年，IT人材の不足が指摘されている．例えば，総務省の情報通信白書では，情報セキュリティ関連，ビジネス創出人材，データサイエンティスト等の人手不足が深刻化する見通しであると述べられている[12]．人材不足を解消する一つの方法は，女性のIT技術者を増やすことであるが，現状は男性技術者のほうが多い．情報処理推進機構のIT人材白書2018[9]によると，約70%の企業では，女性のIT人材が20%以下となっており，女性IT人材を活用する余地があると考えられる．さらに，女性IT人材が増えることは，男性，女性双方にとってメリットがある．例えばHoogendoornら[7]の研究では，性別に偏りがないビジスネチームでは，そうでないチームと比較してより高い利益をあげられることが示されている．

女性のIT人材を増やすためには，科学技術が男性に向いているなどの先入観の影響を抑え，女子学生の進路の選択肢を増やすこと[3]や，女性のキャリアの障壁を減らすことなどが重要な要素として挙げられる．例えば後者については，フォーチュン1000の企業に勤務する女性の46%が，性別に基づく能力に関する先入観が障壁となると指摘している[5]．このような問題に対処する一つの方法は，定量的な証拠を示すことである．例えば医学分野では，そのような目的のために，男性医師と女性医師による手術後の患者の予後を比較し，後者のほうが優れていることを示されている[14]．

そこで本研究では，上述のような先入観に対処するために，プログラミング関連の技能の重要な能力のひとつであるプログラム理解速度と，性別との関係について分析する．プログラムの読解には記憶力が必要とされる場合があるが，男性と女性では一般に記憶力の能力に違いがあると指摘されており，いくつかの研究成果も存在する（[10]など）．分析では，理解のために記憶力をより多く必要とするプログラムを女性が読む場合，そ

1 Yuriko Takatsuka，近畿大学
2 Yukasa Murakami，近畿大学
3 Masateru Tsunoda，近畿大学
4 Masahide Nakamura，神戸大学

うでないプログラムと比較して理解速度が低下しにくいかどうかなどを実験により確かめる．

あるプログラムが，理解のためにどの程度記憶力を必要とするかを定量的に計測するために，本研究では文献[8][11]において提案されているプログラム理解容易性評価尺度を用いる．これらの尺度はプログラムの理解容易性を，プログラムの複雑度などではなく，理解に必要とする記憶力の多寡に基づいて評価している，すなわち，これらの尺度により理解が容易でないと評価されるプログラムは，理解のために記憶力がより多く必要であることを示している．

本研究と同様に，女性をサポートする目的で性別に着目して分析した研究はいくつか存在する．例えば Terrell ら[13]は，性別に着目して GitHub におけるプルリクエストの採択される割合を分析し，性別が不明な場合は女性が採択される割合が高く，性別が明らかな場合は逆の結果となったことを示している．また，ソフトウェアのユーザインタフェースを女性が使いやすくするために，性別によりソフトウェアの操作が異なるかを分析した研究もいくつか存在する[1][4]．さらに，コンピュータサイエンスを専攻する女子学生が減少している原因を明らかにするために，男子学生と女子学生のコンピュータサイエンスに対する認識の違いを分析した研究[2]も存在する．ただし，我々の知る限り，（先入観を払拭することを目的として）性別によるソースコード読解速度の比較を実験的に行った研究は存在しない．

2 実験

2.1 概要

実験の目的は，理解のために記憶力を多く必要とするプログラムを読む場合，性別により速度が異なるかどうかを確かめることである．そのために，必要とする記憶力が異なる，複数のプログラムを用意し，男女の被験者がコードを理解するために掛かった時間を計測した．開発者の能力には様々な側面が存在するが，本実験では総合的な能力の評価を目的としておらず，特に記憶力のみに着目している．

必要とする記憶量の異なるプログラムは，石黒らの研究[8]で示されているもの 4 つ（a0, a1, b0, b1）を利用した．各プログラムは 20 行から 30 行の規模である．あらかじめ指定された変数の値が，プログラム実行後にどうなるかプログラムを読んで答え，それが正しかった場合，プログラムを理解できたとした．例えばプログラム a0 の場合，プログラム実行後の変数 i の値を答えさせた．プログラムの理解はメンタルシミュレーションにより行うこととし，メモなどは利用させないようにした．

各プログラムで理解のために必要とする記憶力の多寡については，先行研究[8][11] で提案されている 6 つのメトリクス（ASSIGN, RCL, BT_CONST, BT_VAR, SUM_UPD, VAR_UPD）に基づき評価した．紙面の都合上詳細は省略するが，プログラム b0, b1 を理解するためには，比較的記憶力が必要とされるといえる．用いたプログラムは現実のプログラムで用いられない単純化されたものであるが，実験結果に影響する要因を明確にして絞り込むためには，そのようなプログラムを用いる必要がある．

被験者を男性グループと女性グループに分け，それぞれのグループの回答時間の平均値や中央値などを算出し比較した．被験者は，近畿大学理工学部情報学科に所属する学部生 16 名（男性 8 名，女性 8 名）である．被験者の経験年数などの基本統計量を表 1 に示す．男性グループの経験年数が 1 年長いが，これは経験年数が 7 年以上の被験者が 2 人含まれるためであり，それ以外の被験者の経験年数は，男女とも 2～4 年であった．

プログラムを読む順番が実験結果に影響することを避けるために，4 つのプログラムを読む順番を被験者ごとに変更した．例えばある被験者ではプログラムを a0, a1, b0, b1

表 1　被験者の経験年数などの基本統計量

		Avg.	Med.	S.D.
男性	年齢	21.3	21.0	0.5
	経験年数	4.3	3.0	2.2
女性	年齢	22.2	22.0	1.5
	経験年数	3.0	3.0	0.8

表 2　各グループのプログラム別回答時間（秒）

		a0	a1	b0	b1
男性	Avg.	51.4	93.6	90.5	156.4
	Med.	38.5	89.5	71.0	87.0
	S.D.	25.5	48.2	55.4	141.4
女性	Avg.	57.4	98.5	160.6	120.1
	Med.	54.5	86.0	133.5	110.0
	S.D.	18.8	58.3	114.7	37.6

の順に読むとし，別の被験者では b1, a0, b0, a1 の順に読むなどとした．

分析の目的を明確にするために，以下のリサーチクエスチョンを設定した．

- RQ1: 女性グループと男性グループでは，どちらがプログラムを理解する速度が速いのか?
- RQ2: 理解のために記憶力を必要とするプログラムの場合，女性グループのほうがプログラムを理解する速度が速いのか?
- RQ3: 女性グループは，記憶力を必要とするプログラムとそうでないプログラムの理解速度の差が小さいのか?

3　結果

3.1　回答時間の分析

表 3 に男性，女性各グループのプログラム別の回答時間の平均値，中央値，標準偏差を示す．時間が短いグループのセルをグレーで表している．プログラム a0，b0（b0，b1 が記憶力を必要とする）では，平均値，中央値とも男性グループのほうが小さかったが，プログラム a1 では女性グループの中央値が小さく，b1 では平均値が女性グループのほうが小さかった．すなわち，プログラムによって結果が異なり，必ずしも一方のグループの時間が短いとはいえない．

それぞれのグループの回答時間の分布を，箱ひげ図を用いて図 1 から図 4 に示す．a0 では箱の位置は両グループで差がないが，男性グループの中央値のほうが低い．a1 では箱の位置，中央値ともほとんど差がない．b0 では男性グループの箱の位置，中央値とも低かった．b1 では中央値は若干男性の方が低かったが，箱の大きさは男性の方が大きかった．図からもどちらかのグループが常に時間が短いとはいえない．

全てのプログラムの回答時間を区別せずに集計した場合の基本統計量を表 3 に示す．プログラムにより結果が大きく異なるため参考にとどめるべきであるが，男性のほうが 10%ほど時間（平均値，中央値）が短く，女性のほうがデータのばらつき（標準偏差）が若干小さかった（表の「女性 / 男性」の列参照）．

これらの結果より，RQ1 に対する答えは「プログラムによって傾向が異なり，必ずしも一方が速いとはいえない」，RQ2 に対する答えは「プログラムによって傾向が異なり，女性グループのほうが速いとはいえない」となる．

次に，RQ3 に答えるために，比較的記憶力を必要としないプログラム a0 と比べ，何倍の回答時間が掛かっているかを調べた．具体的には，プログラム a0 以外の回答時間÷プログラム a0 の回答時間を求めた．この値が大きいほど，a0 と比較して回答時間が多く掛かっていることを示す．なお a0 の回答時間を基準とすることにより，個人間の能力差をある程度平均化することができる（a0 を基準値として，個人ごとに基準値との差を分析

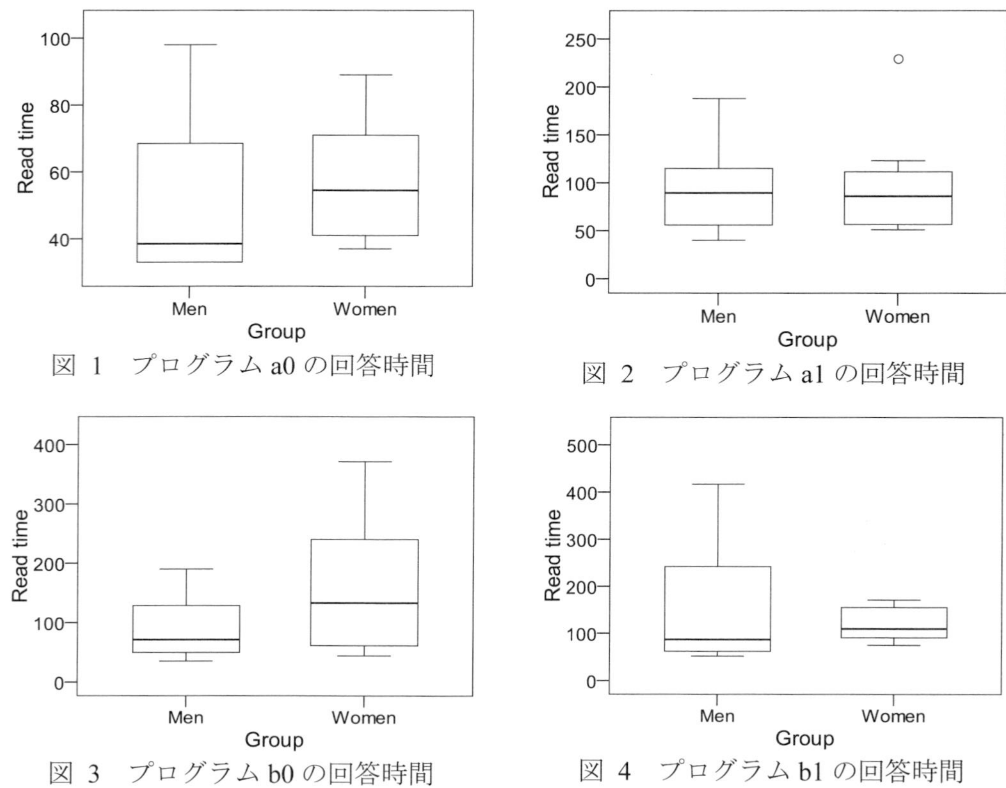

図 1　プログラム a0 の回答時間

図 2　プログラム a1 の回答時間

図 3　プログラム b0 の回答時間

図 4　プログラム b1 の回答時間

できる）．結果を表 4 に示す．プログラム a1，b1 では，女性グループのほうが比の平均値，中央値とも小さかったが，プログラム b0 では男性グループのほうが小さかった．すなわち，回答時間の相対的な変化に着目した場合でも，プログラムによって結果が異なり，どちらかのグループの時間が短いとはいえなかった．

全プログラムの回答時間の比を区別せずに集計した場合の基本統計量を表 5 に示す．この場合，各グループによる回答時間の比にほとんど差がなかった．これらから，RQ3 に対する答えは「プログラムによって傾向が異なり，差が小さいとはいえない」となる．

RQ に関する分析を別の観点で行うために，被験者ごとに回答時間を正規化して比較した．正規化は(回答時間 − 最小回答時間)÷(最大回答時間 − 最小回答時間)により行った．箱ひげ図を図 5，図 6 に示す．正規化を行うと，各被験者に最も速かった場合が 0，最も遅かった場合が 1 になる．すなわち，男性グループでは，プログラム b1 が最も遅い

表 3　各グループの回答時間の集計値（秒）

	男性	女性	女性 / 男性
Avg.	98.0	109.2	111.4%
Med.	73.0	86.0	117.8%
S.D.	85.7	74.7	87.2%

表 4　プログラム a0 との回答時間の比

		a1 / a0	b0 / a0	b1 / a0
男性	Avg.	1.83	1.68	2.61
	Med.	1.97	1.83	2.29
	S.D.	0.45	0.31	1.03
女性	Avg.	1.63	2.51	2.11
	Med.	1.52	2.47	2.10
	S.D.	0.40	1.11	0.17

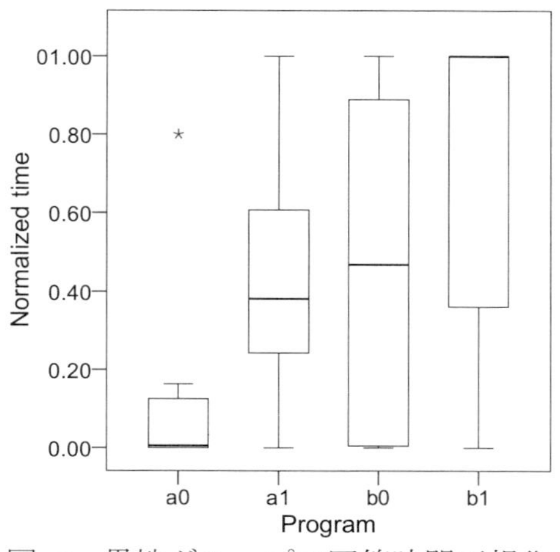

図 5　男性グループの回答時間正規化

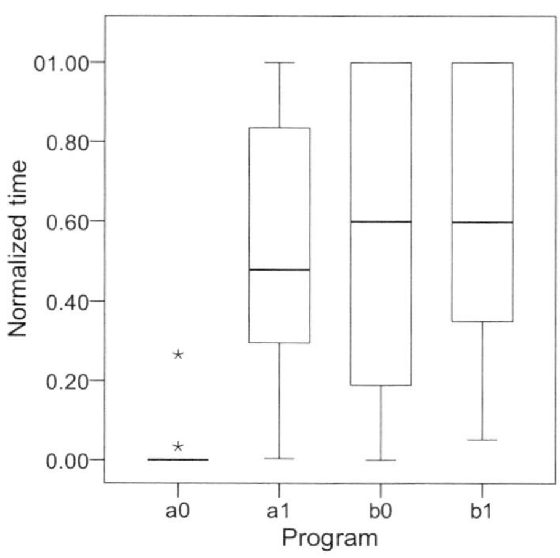

図 6　女性グループの回答時間正規化

場合が多く，女性グループでは a0 が最も速かった．女性グループは a0 を除き，分布は比較的似ており（均等に広い），被験者による傾向の違いが比較的大きいといえるが，特にリサーチクエスチョンに関連して，着目すべき特徴は見られなかった．

誤回答数の基本統計量を表 6 に示す．プログラム b0 については男性グループの誤回答数が多く，b1 では女性グループの誤回答数が多かったが，これらはそれぞれのグループで回答時間が長いプログラムであり，難易度がそのまま反映されていると考えられる．女性グループでは，a0 を除き中央値が 1 を超えていた．このことから，誤回答の傾向は両グループで特に大きな差はないが，少なくとも女性グループの誤回答数が少ない傾向にあるとはいえない．

4　おわりに

本研究では，性別による先入観を抑え，女性 IT 人材の増加をゴールとして，ソースコード理解速度と性別との関係を分析した．分析では，女性の方が記憶力が優れていると仮定し，理解のために記憶力を必要とするプログラムとそうでないプログラムについて，女性の方が前者のプログラムの理解速度が速いかなどを実験により確かめた．実験の結果より，以下が示唆された．

- プログラムを理解する速度は，男性グループと女性グループのどちらかが速いとはいえない．
- 理解のために記憶力を必要とするプログラムに関して，男性グループと女性グル

表 5　各グループの回答時間の比の集計値（秒）

	男性	女性	女性 / 男性
Avg.	2.04	2.08	102%
Med.	1.92	1.98	103%
S.D.	0.77	0.75	98%

表 6　誤回答数の基本統計量

		a0	a1	b0	b1
男性	Avg.	0.38	0.50	0.38	1.88
	Med.	0.00	0.00	0.00	0.50
	S.D.	0.74	1.07	0.74	3.00
女性	Avg.	0.38	1.13	1.63	1.13
	Med.	0.00	1.00	1.00	1.00
	S.D.	0.52	1.64	1.85	1.36

ープのどちらかが速いとはいえない．

- 女性グループに関して，記憶力を必要とするプログラムでは，そうでないプログラムと比較して理解速度が低下しにくいとはいえない．

この結果を要約すると，教育水準（教育を受けている大学）とプログラミングの経験が同等の場合，対象プログラムの記憶力の必要性に関わらず，性別によるコード理解速度のアドバンテージはほとんどないということになる．今後の予定は，被験者をに増やして，開発者の性別とコード理解速度との関連の分析結果の信頼性を高めることである．

謝辞 本研究の一部は，日本学術振興会科学研究費補助金（基盤 A：課題番号 17H00731）による助成を受けた．

5 参考文献

[1] Beckwith, L., Burnett, M., Wiedenbeck, S., Cook, C., Sorte, S. and Hastings, M.: Effectiveness of end-user debugging software features: are there gender issues? Proc. of SIGCHI Conference on Human Factors in Computing Systems (CHI), pp.869-878 (2005).

[2] Beyer, S., Rynes, K., Perrault, J., Hay, K., and Haller, S.: Gender differences in computer science students, Proc. of 34th SIGCSE technical symposium on Computer science education (SIGCSE), pp.49-53 (2003)

[3] Borsotti, V.: Barriers to gender diversity in software development education: actionable insights from a danish case study, Proc. of International Conference on Software Engineering: Software Engineering Education and Training (ICSE-SEET), pp.146-152 (2018).

[4] Burnett, M., Fleming, S., Iqbal, S., Venolia, G., Rajaram, V., Farooq, U., Grigoreanu, V., and Czerwinski, M.: Gender differences and programming environments: across programming populations, Proc. of International Symposium on Empirical Software Engineering and Measurement (ESEM), article 28, 10 pages (2010).

[5] Catalyst: Women in U.S. Corporate Leadership: 2003 (2003).

[6] Dunsmore, A., Roper, M. and Wood, M.: The role of comprehension in software inspection, Journal of Systems and Software, vol.52, no.2–3, pp.121-129 (2000).

[7] Hoogendoorn, S., Oosterbeek, H., and Praag, M.: The Impact of Gender Diversity on the Performance of Business Teams: Evidence from a Field Experiment, Management Science, vol.59, no.7, pp.1514-1528 (2013).

[8] 石黒誉久，井垣宏，中村匡秀，門田暁人，松本健一：変数更新の回数と分散に基づくプログラムのメンタルシミュレーションコスト評価，電子情報通信学会技術報告，SS2004-32，pp.37-42(2004).

[9] 情報処理推進機構：IT 人材白書 2018，情報処理推進機構 (2018).

[10] Loprinzi, P. and Frith, E.: The Role of Sex in Memory Function: Considerations and Recommendations in the Context of Exercise, Journal of Clinical Medicine, vol.7, no.6, article 132 (2018).

[11] Nakamura, M., Monden, A., Satoh, H., Itoh, T., Matsumoto, K., and Kanzaki, Y.: Queue-based Cost Evaluation of Mental Simulation Process in Program Comprehension, Proc. of International Software Metrics Symposium, pp.351-360 (2003).

[12] 総務省：平成 29 年版 情報通信白書，総務省 (2017).

[13] Terrell, J., Kofink, A., Middleton, J., Rainear, C., Murphy-Hill, E., Parnin, C., and Stallings, J.: Gender differences and bias in open source: pull request acceptance of women versus men, PeerJ Computer Science, 3:e111 (2017).

[14] Tsugawa, Y., Jena, A., Figueroa, J., Orav, E., Blumenthal, D., and Jha, A.: Comparison of Hospital Mortality and Readmission Rates for Medicare Patients Treated by Male vs Female Physicians, Journal of the American Medical Association, vol.177, no.2, pp.206–213 (2017).

ソフトウェアバグ予測の費用対効果に基づくアソシエーションルールの優先順位付け

Prioritizing Association Rules Based on Cost Effectiveness of Defect Prediction

笠木 健希 * 門田 暁人 † Zeynep Yücel ‡

あらまし 本稿では，バグを含むモジュールの予測にアソシエーションルールを用いる場面を想定し，抽出された各アソシエーションルールの評価尺度として，バグ予測の費用対効果の尺度を提案する．提案尺度は，投入可能なテスト工数（またはテストケース数）に対し，アソシエーションルールに合致するモジュール群から発見可能なバグ数の期待値として定義される．テスト工数に応じた発見バグ数の期待値の算出には，指数型ソフトウェア信頼度成長モデル (SRGM) を拡張したモデル [3] を用いる．提案尺度の有効性を評価するために，mylyn プロジェクトのバグデータセットを用いて，ルールの抽出，および，提案尺度に基づくルールの優先順位付けを行い，従来の尺度である信頼度による優先順位付けとの比較を行った．その結果，信頼度よりも提案尺度の方がバグ発見効果の大きいルールを選定できることが示された．提案尺度は，投入可能なテスト工数が限られている場合において，最もテストの効果が高くなりそうなモジュール群を選定するのに特に有用であると考えられる．

1 はじめに

アソシエーションルールマイニングは幅広い分野で用いられており，ソフトウェアバグに関するルールの発見にも利用されている [2] [5] [6] [9] [10]．例えば，fault-prone モジュール（バグを含む可能性の高いモジュール）の予測や理解を目的として,「ファンアウト数 > 5 & 最大ネスト数 > 3 $\Rightarrow$ $faulty$(バグあり)」といったアソシエーションルールが抽出される [10]．このルールは，ソフトウェアモジュールのファンアウト数が 5 より大きく，最大ネスト数が 3 より大きい場合に，当該モジュールがバグを含む可能性が高いことを表す．このようなルールを過去のソフトウェア開発データから抽出し，現在進行中のプロジェクトに適用することで，テストを重点的に行うべきモジュールを特定することが可能となる [2] [5]．

アソシエーションルールマイニングを利用するにあたっての課題の 1 つは，抽出されるアソシエーションルールの数が多くのケースで多すぎるため，どのルールに着目してよいか分からないということである [5]．この課題を解決するために，従来，ルールの支持度，信頼度，リフト値といった尺度を用いてルールの優先順位付けを行うことが一般に行われている．また，それらを改良した尺度も提案されている [10]．

ただし，従来の尺度では，各ルールがどの程度確からしいかを知ることはできても，ルールの費用対効果は不明確である．つまり，各ルールを採用し，ルールに基づいて何らかのアクションを行ったときに,（ルールを用いない場合と比べて）どの程度の利益が見込めるのかは明らかでない．バグ予測の場合についていえば，テストを重点的に行うモジュールをルールに基づいて選定した場合に，ソフトウェアの品質向上がどの程度見込めるのかが明らかでない．一般に，費用対効果が明らかでない場合，企業においては技術の導入が進みにくいため，大きな問題となる．

そこで，本稿では，アソシエーションルールの費用対効果の尺度を提案する．本提案において，費用対効果における「費用」は，投入可能なテスト工数（もしくは

*Takeki Kasagi, 岡山大学工学部情報系学科

†Akito Monden, 岡山大学大学院自然科学研究科

‡Zeynep Yücel, 岡山大学大学院自然科学研究科

テストケース数）である．また,「効果」は，各アソシエーションルールの条件部に合致するモジュールを全てテストした場合の発見バグ数の期待値である．本提案によって，ソフトウェア開発現場では，投入可能なテスト工数に応じて，より多くのバグ発見が見込まれるルールを選定することが可能となる．特に，ソフトウェアの出荷直前などの場面において，投入可能なテスト工数が限られている場合，最もテストの効果が高くなりそうな少数のモジュール群をアソシエーションルールにより選定するのに本提案が有用であると期待される．

なお，提案尺度は，従来の代表的な尺度である「信頼度」とは本質的に異なる．たとえ信頼度の高いルールであっても，ルールに合致するモジュールの数や規模が大きすぎる場合には，投入可能なテスト工数によってはバグの発見をほとんど期待できず，費用対効果が低いということもあり得る．逆に，ルールの信頼度が低い場合であっても，ルールに合致するモジュール群が，少ない工数でテストできるような小さなものである場合，費用対効果は高くなることもあり得る．

提案尺度の評価においては，オープンソースソフトウェアプロジェクトである mylyn バージョン 1.0 のバグデータを用いてアソシエーションルールの抽出を行い，提案尺度に基づいてその優先順位付けを行う．また，従来の尺度である信頼度を用いた優先順位付けとの比較を行う．比較においては，バージョン間バグ予測を行うことを想定し，mylyn バージョン 2.0 のデータにおいて期待発見バグ数の算出を行い，優先順位付けの効果を評価する．

以降，2 章では，関連研究として，アソシエーションルールとそのバグ予測への適用事例や改善への取り組みについて述べる．3 章では，費用対効果の尺度を提案する．4 章は，提案尺度の評価実験について述べる．5 章は実験結果を述べる．6 章はまとめと今後の課題である．

2 関連研究

アソシエーションルールマイニングは，Agrawal ら [1] によって提案されたデータ分析手法であり，対象データから共起関係のある組み合わせを網羅的に抽出できる．質的変数 $C_k(1 \leq k \leq m, m$ は変数の数$)$ の値を $V_k = \{v_{1k}, \ldots, v_{ik}, \ldots, v_{nk}\}(1 \leq i \leq n, n$ は個体数$)$，対象データ中の個体（本論文ではソフトウェアモジュール）を $P_i = \{p_{i1}, \ldots, p_{ik}, \ldots, p_{im}\}, (p_{ik} \in V_k)$ とするとき，複数の P_i において共起する質的変数の値をアソシエーションルールとして抽出する．アソシエーションルールは $A \Rightarrow B$ の形式で表現し，A が現れた時，B も高い頻度で現れることを表す．A を前提部，B を結論部と呼ぶ．A は $(C_x = v_{xp})$ の 1 つ以上の連結，B は $(C_z = v_{zq})$(ただし，$x \neq z)$ である．2 つ以上の連結は，$(C_x = v_{xp})\&(C_y = v_{yp})$(ただし，$x \neq y)$ のように & で結んで表記する．アソシエーションルールマイニングの利点として，他の分析方法と比べて得られるルールが平易で理解しやすいことが挙げられる．

アソシエーションルールを選定するための指標として，次の尺度が知られている．なお,trans(X) は対象 (X) のトランザクション数を表す.trans(U) とは、全トランザクション数のことを指す．

$$\text{支持度:support}(\mathrm{A} \Rightarrow \mathrm{B}) = \frac{|\mathrm{trans}(\mathrm{A} \cap \mathrm{B})|}{\mathrm{trans}(\mathrm{U})}$$

$$\text{信頼度:confidence}(\mathrm{A} \Rightarrow \mathrm{B}) = \frac{|\mathrm{trans}(\mathrm{A} \cap \mathrm{B})|}{|\mathrm{trans}(\mathrm{A})|}$$

$$\text{リフト値:lift}(\mathrm{A} \Rightarrow \mathrm{B}) = \frac{|\mathrm{confidence}(\mathrm{A} \Rightarrow \mathrm{B}) \times \mathrm{trans}(\mathrm{U})\ |}{|\mathrm{trans}(\mathrm{B})|}$$

支持度が大きいほどよく起こる事象を表す．信頼度，リフト値は A と B の関連の強さを表す．一般に，アソシエーションルールマイニングを行うと大量のルールが得られることから，支持度及び信頼度, またはリフト値に下限値を設けてルールを絞り込むことがよく行われる．

3 提案尺度

提案する費用対効果の尺度 $Cp(r,t)$ は，$A \Rightarrow faulty$(バグあり) という形式のアソシエーションルール r，および，投入可能なテスト工数（またはテストケース数）t を入力として，次のように定義する．

$Cp(r,t) =$ ルール r の条件部 A に合致するモジュール集合 M にテストケース数 t を投入したときの総発見バグ数の期待値

ここで，右辺における「ルール r の条件部 A に合致するモジュール集合 M」は，ルール r の抽出元となったデータセットから選択するものとする．また，$M = \{m_1, \ldots, m_n\}$(n はルール r の条件部 A に合致するモジュールの数) とする．また，本稿では，t の単位として「テストケース数」を採用する．

モジュール $m_1, \ldots, m_n$ のそれぞれに対して，テストケース数 t をどのように配分するかについては，モジュールの規模に比例させて配分することとする．つまり，モジュール m_i の規模（行数）を s_i とすると，モジュール m_i に割り当てるテストケース数 t_i は，$t_i = t \cdot s_i / \sum_{j=1}^{n} s_j$ である．

また，モジュール集合 M の総行数を S とすると，M にテストケース数 t を投入したときの総発見バグ数の期待値 $\hat{H}(t)$ は，指数型ソフトウェア信頼度成長モデル（SRGM）にモジュール規模のパラメータを追加して拡張した文献 [3] の手法に従い，次式により算出する．

$$\hat{H}(t) = a[1 - exp(-bt)] \tag{1}$$

$$b = \frac{b_0}{S} \tag{2}$$

b：テストケース数あたりのバグの検出確率
a：M に含まれるバグ数
S：M のソースコード行数
t：テストケース数
b_0：定数

定数 b_0 については，本稿では $b_0 = 6.932$ を採用する．これは，単体テストを想定し，1000 行あたり 100 件のテストケースを投入した場合（すなわち，$S/t = 10$）に，全バグの 50%を検出できる（すなわち，$\hat{H}(t)/a = 0.5$）と仮定し，式 (1) より $b_0 = -(S/t) \cdot log(1 - \hat{H}(t)/a)$ により求めた値である．1000 行あたり 100 件のテストケースを投入すると仮定する根拠は，単体テストにおけるテスト密度として，ある大規模ソフトウェア開発企業における単体テストケース密度の基準値として 100 件／1000 行を用いている [8] ことや，ある中規模組み込みソフトウェア企業において，1000 行あたり平均で 99.31 件のテストケースを投入している [4] ことに基づいている．また，このような条件において全バグの 50%を検出できると仮定する根拠は，文献 [4] の単体テストの事例において平均 50%のバグを検出していることに基づいている．

本稿では，ルール r の条件部 A に合致するモジュール集合 M に対する $\hat{H}(t)$ の値

表 1: mylyn データセットの概要

バージョン	モジュール数	バグモジュール数	バグモジュール率
1.0	1023	425	41.5%
2.0	1262	663	52.5%

が $Cp(r,t)$ となる．

本提案により，与えられたデータセットから多数のアソシエーションルールを抽出し，各ルールについて $Cp(r,t)$ を算出することで，費用対効果に基づくルールの優先順位付けが可能となる．本稿では，$Cp(r,t)$ の大きい順にルールを並べ，その上位にあるルールを利用することを想定した評価実験について次章で述べる．

4 評価実験

4.1 データセット

本実験では，mylyn のバージョン 1.0 と 2.0 のデータセットを使用する．mylyn は統合開発環境 (IDE) である Eclipse におけるタスク管理に特化したプラグインである．各バージョンのモジュール数，バグモジュール数，バグモジュール率を表 1 に示す．本稿における 1 つのモジュールとは，1 つのソースファイルを指す．
データセットに含まれるメトリクスについては, 関連研究 [5] と同様のものを用いている．

4.2 アソシエーションルールの抽出

アソシエーションルールマイニングツール NEEDLE [7] を用いて，mylyn のバージョン 1.0 のデータセットから，$A \Rightarrow faulty$(バグあり) という形式のアソシエーションルール群を抽出する．ルールを抽出する際には，最大結合数 2，最小支持度 0.005，最小信頼度 0.6 という条件を設定した．最大結合数とは，ルールの前提部の&の数を表す．例えば．A & B & C $\Rightarrow faulty$ というルールの結合数は 2 である．結果として，418 個のルールが得られた．

4.3 提案尺度の算出とルールの優先順位付け

投入可能なテストケース数 t の値として，100 件を設定した．それぞれの t について，3 章の方法に基づいて各ルールの費用対効果の尺度 $Cp(r,t)$ を算出した．$Cp(r,t)$ の値の大きい順にルールの優先順位付けを行った．以降，各ルールの優先順位を「ランク」として表す（$Cp(r,t)$ の値が n 番目に大きなルールのランクは n である）．同順位となるルールがある場合，信頼度が大きい方に小さなランク値を割り当てた．
比較のために，各ルールの信頼度に基づいたルールの優先順位付けも行った．同順位のルールがある場合，支持度が大きい方に小さなランク値を割り当てた．

4.4 優先順位付けの効果の評価

前節によるルールの優先順位付けに基づいて，mylyn2.0 における fault-prone モジュールの選定を行う．ここでは，ランク 1 から n までのルールを採用することを想定し，ルールの条件部に合致するモジュール群の選定を行い，選定したモジュール群にテストケース t を投入したときの期待発見バグ数を算出する．期待発見バグ数が大きいほど，優先順位付けが優れていると判断する．ただし，期待発見バグ数は n の値に依存するため，n を 1 から 418（ルールの個数）まで変化させたときの期待発見バグ数の変化を求め，評価を行う．

ここで，ルールに基づくモジュール群の選定について詳しく述べる．ランク i のルールを r_i と表記することとし，ルール r_i の条件部に合致するモジュール集合を M_i と記す．ランク 1 から n までのルールを採用した場合，選定するモジュール群

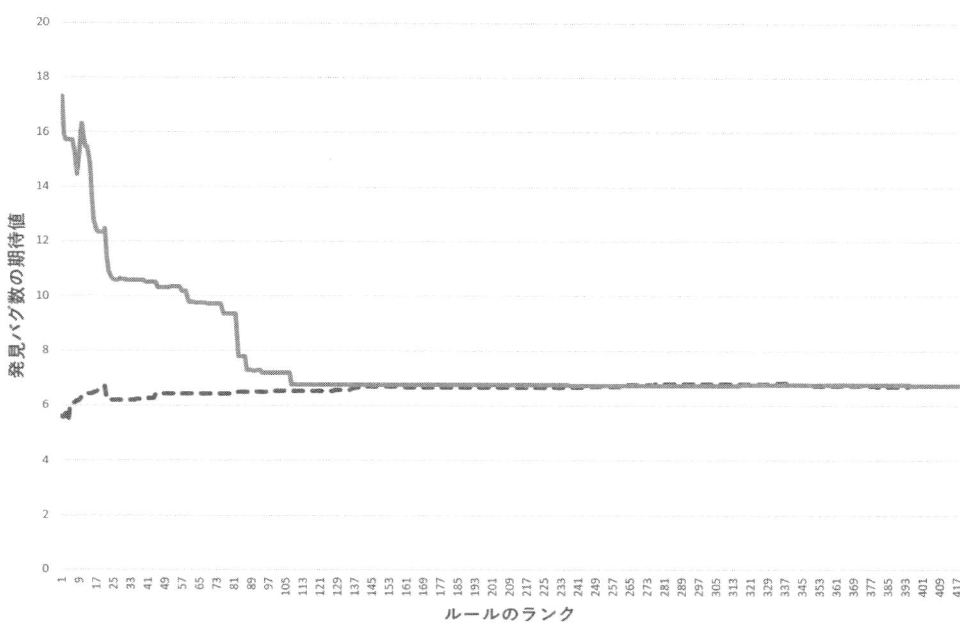

図 1: テストケース数 $t = 100$ における発見バグ数の期待値

は，$\bigcup_{i=1}^{n} M_i$ となる．

次に，選定したモジュール群にテストケース t を投入したときの発見バグ数を算出する．本来は実際にテストを行い，発見バグ数を算出することが望ましいが，本稿では，3 章の式 (1) の SRGM によって算出される期待発見バグ数を用いる．

算出方法は，3 章と同様に，選定した各モジュール $m_1, \ldots, m_k$ のそれぞれに対して，モジュールの規模に比例させてテストケース t を配分する．次に，同じく 3 章の方法を用いて，各モジュールの期待発見バグ数を算出し，その和を「選定したモジュール群における期待発見バグ数」とする．

5 結果と考察

信頼度順にルールを優先順位付けした場合と，提案尺度に基づいてルールを優先順位付けした場合の，選定したモジュール群における期待発見バグ数（$t = 100$ の場合）のグラフを図 1 に示す．図 1 の X 軸はルールのランクを表し，Y 軸は，ランク 1 から X 軸で示されるランクまでのルールを採用したときの期待発見バグ数である．

図 1 より，提案尺度に基づいてルールの優先順位付けを行った場合の方が、信頼度の大きい順にルールを並べた場合よりも発見バグ数の期待値が全体を通して上回っていることがわかる．特に，X の値が小さいほど，提案尺度の効果は大きいことが見て取れる．これは，より少数のルールに着目し，テスト対象のモジュールを絞り込んだ場合に，より多くのバグの発見が期待されることを示している．図 1 では，投入可能なテストケース数 $t = 100$ と少ないため，多数のモジュールをまんべんなくテストしてもバグの発見は期待できず，より少数のモジュール群に絞ってテストする方が期待発見バグ数が大きくなったと考えられる．

また，図 1 より，信頼度によって優先順位付けされたルールを用いた場合，たとえ少数のルールのみを用いた場合においても，期待発見バグ数は低い値にとどまっている．これは，信頼度の高いルールは，巨大なモジュールが対象となることが多く（巨大であるからバグを含むのはある意味で当然である），そのような巨大なモジュールは100件程度のテストケースではバグ発見が期待できないことを示している．これらの結果より，従来尺度である信頼度を用いるよりも，提案尺度を用いた場合の方が，費用対効果の面で役立つルールを選定できているといえる．

6 まとめ

本稿では、アソシエーションルールによバグ予測を行う場面を想定し，アソシエーションルールの費用対効果の尺度を提案した．

評価実験では，mylyn プロジェクトのバグデータセットを用いて，ルールの抽出，および，提案尺度に基づくルールの優先順位付けを行い，従来の尺度である信頼度による優先順位付けとの比較を行った．その結果，信頼度よりも提案尺度の方がバグ発見効果の大きいルールを選定できることが示された．特に，投入可能なテスト工数が小さい場合には，信頼度と比較した提案尺度の効果が大きくなった．

以上の結果より，提案尺度は，投入可能なテスト工数が限られている場合において，より多くのバグ発見が見込まれるルールを選定するのに特に有用であると考えられる．

今後は，より多くのデータを用いた評価実験を行うことや，実際のテスト現場での評価を行うことが課題となる．

参考文献

[1] R. Agrawal, T. Imielinski, and A. Swami, “Mining association rules between sets of items in large databases,” Proc. ACM SIGMOD International Conference on Management of Data (SIGMOD ’93), pp.207-216, June 1993.

[2] Y. Kamei, A. Monden, S. Morisaki, and K. Matsumoto, “A hybrid faulty module prediction using association rule mining and logistic regression analysis,” Proc. 2nd ACM-IEEE International Symposium on Empirical Software Engineering and Measurement, (ESEM ’08), pp.279-281, 2008.

[3] A.Monden, T.Hayashi, S.Shinoda, K.Shirai, J.Yoshida, M.Barker, and K. Matsumoto, ”Assessing the cost effectiveness of fault prediction in acceptance testing,” IEEE Transactions on Software Engineering, Vol. 39, No. 10, pp. 1345-1357, 2013.

[4] A. Monden, M. Tsunoda, M. Barker, and K. Matsumoto, “Examining software engineering beliefs about system testing defects,” IT Professional, no. 2, pp. 58-64, 2017.

[5] A. Monden, J. Keung, S. Morisaki, Y. Kamei, and K. Matsumoto, “A heuristic rule reduction approach to software fault-proneness prediction,” Proc. 19th IEEE Asia-Pacific Software Engineering Conference (APSEC2012), pp.838-847, Dec 2012.

[6] S. Morisaki, A. Monden, T. Matsumura, H. Tamada, and K. Matsumoto, “Defect data analysis based on extended association rule mining,” Proc. 4th InternationalWorkshop on Mining Software Repositories (MSR ’07), pp.17-24, May 2007.

[7] S. Morisaki, A. Monden, H. Tamada, T. Matsumura, and K. Matsumoto, “Mining quantitative rules in a software project data set,” IPSJ Journal, Vol.48, No.8, pp.2725-2734, 2007.

[8] 奈良 隆正, ”ソフトウェア品質保証，評価技術の勘所,” JaSST’09 Kansai, 2009.

[9] Q. Song, M. Shepperd, M. Cartwright, and C. Mair, “Software defect association mining and defect correction effort prediction,” IEEE Transactions on Software Engineering, Col.32, No.2, pp.69-82, Feb. 2006.

[10] T. Watanabe, A. Monden, Z. Yücel, Y. Kamei, and S. Morisaki, ”Cross-validation-based association rule prioritization metric for software defect characterization,” IEICE Transactions on Information and Systems, Vol.E101-D, No.9, pp.2269-2278, Sep. 2018

質問者が満足する回答を得るためのコミュニケーションテンプレートの作成手法の提案

Proposal of a communication-templates creation method by which a questioner can obtain satisfactory answers

菅原 茉莉子 [*]　吉岡 信和 [†]

あらまし　ソフトウェア開発の現場では技術質問サイトやインシデント管理システムなど, 問題共有の手段としてテキストベースのコミュニケーションツールが広く利用されている. その際に, 問題そのものの共有がスムーズに行われないことが頻繁に起きている. この課題に対し, 本稿では, 要求工学におけるゴール指向分析手法の一つである i^*を用いて, 質問サイトの実例をモデル化することで, 質問者が満足する回答を得るというゴールを達成する責務は質問者自身にあることを明確にする. 更に, i^*のリソースについて定性的な条件を付与した「ソフトなリソース」という概念を導入し, 質問者のためのテンプレートとして作成する手法を提案する.

1　はじめに

ソフトウェア開発における問題共有を行う手段として, Stack Overflow などの技術質問サイト, GitHub の issue や Redmine のチケットに相当するものなど, テキストベースのコミュニケーションツールが広く採用されている. その際, 問題提起者（質問者）と回答者で構成されるメンバー間に知識バックグラウンドや経験の差がある場合が往々にしてあり, 経験の少ない側が提起した問題をメンバー間でうまく共有できないといったことが起きている. その要因の一つとして, 質問する側がどのように質問すれば効率的に問題共有できるかを知らないことがあげられる. そこで本稿では, 問題共有を効率的に行うためのガイドラインとなるような, 質問者のためのコミュニケーションテンプレートの作成方法を提案する.

従来, 質問に記述すべき項目をマニュアルもしくはフォーマットとして用意するというやり方 (例えば [1]) があるが, 埋めることが目的になりがちであり, 欲しい回答を得るために質問者自身が質問文の作成に責任をもつという意識を持つことは少ない. そこで本研究では, 質問者の知りたいことを回答者が理解し, 質問者が納得する回答を得ることをゴールと定義し, そのゴールを達成するために必要なタスクを洗い出し, 各タスクに対する責任を質問する側, 回答する側のどちらが持つのかをコミュニケーションのモデル化を通して分析する. モデル化手法としては要求工学のうちゴール指向分析で用いられる i^*を採用し, 更に, i^*のリソースについて定性的な条件を付与した「ソフトなリソース」という概念を導入することで, 質問に必要な要素をテンプレートとして作成する手法を提案する.

2 章では関連研究について述べ, 本研究の立ち位置を明確にする. 3 章では, コミュニケーションの解析手法について述べる. 4 章ではテンプレートの作成方法を示し、5 章で 4 章に基づいて Stack Overflow を題材としてテンプレートを作成する. 6 章で作成したテンプレートを評価し, 7 章で結果についての議論を行い, 最後にまとめとする。

2　関連研究

Christoph ら [2] は, Stack Overflow（SO）でランダムに採取した 300 件の質問 (Q) について, “how-to” や “error” などの種類に分類し, どのカテゴリの質問に

[*]Mariko Sugawara, 富士通研究所

[†]Nobukazu Yoshioka, 国立情報学研究所

Accepted(質問者が満足した回答に対して与える承認) が付与される回答 (A) が行われやすいかを評価した．また, Muhammad ら [3] は, SO で回答のつかない質問の特性を定性的に調査し, 抽出した特性から回答がいつつくかの予測モデルを作成している．これら 2 つの関連研究は, SO が提供する仕組みを使ってコミュニケーションの質を評価している点で本研究が参考とすべきものである．一方で, 質問者の知りたいことを要求獲得と捉え, 質問者のためのテンプレートを提供する, という視点の研究ではない．

3 コミュニケーションの解析手法

ソフトウェア開発における初期の要求獲得で使われることが多い [4] i^*(アイスター) [5] でコミュニケーションのモデル化とコミュニケーションテンプレートの作成を行うこととした．これは, i^*がゴールを達成するために必要なタスクやリソースなどの要素を整理する場面において, それぞれの要素と複数のアクター間の依存関係を記述できるという性質を有しており,「質問者と回答者」という 2 つのアクター間のコミュニケーションをシンプルに整理する手法として適していると考えたからである．また, i^* を用いることで, ゴールを達成するための責務が誰にあるのかが明確に表現されるため, 質問者のテンプレートとして用いた場合に質問者自身の責任を視覚的に認識できるというメリットがあると考えている．

4 コミュニケーションテンプレートの作成手法

テンプレートの作成概要を図 1 に示す．**Step1** では, 解析対象とするコミュニケーションの選定と質問の種類の分類を行う．**Step2** では, 解析対象のコミュニケーションの i^*によるモデル化を行う．**Step1** で分類した種類ごとに何点か実例を選び, コミュニケーションが成功した例と失敗した例の観察を行い, 成功するために必要な要素を抽出する．**Step3** では, コミュニケーションテンプレートを i^*で作成する．**Step2** で抽出した要素を使って, 質問の種類ごとに一般化する．ここで, 提供するリソースに定性的な条件を付加した「ソフトなリソース」を導入する．これにより, リソースはただ提供されれば良いのではなく制約があることが明示できる．**Step4** では,「ソフトなリソース」を定量的な条件に変換する．例えば質問文を構成する単語数など, 過去の統計情報を収集し, コミュニケーションの成功に寄与する因子を探す．

次章では, SO を題材とした場合の作成事例について説明する．

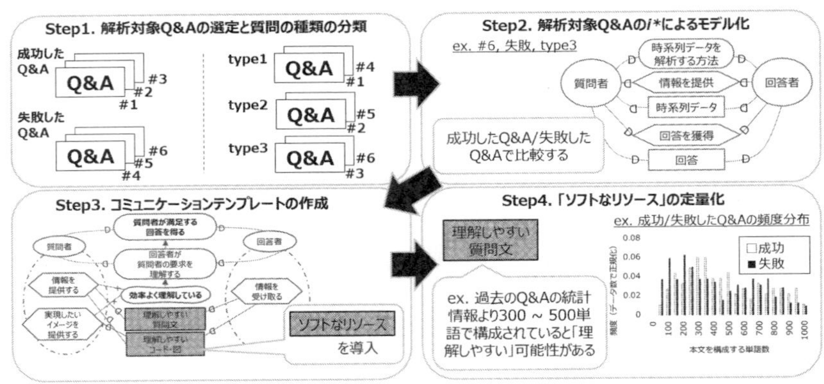

図 1: 質問者のためのコミュニケーションテンプレートの作成方法

5 Stack Overflow を題材としたコミュニケーションテンプレートの作成

5.1 コミュニケーションを観察するための題材

Stack Overflow(SO) は, 質疑応答サイトという特質上, 質問者と回答者の知識レベルや経験に差がある場合が多く, 実際のプロジェクトの状況に近いと考え, 題材として選択した. 以降では, ひとつの質問とそれに対する複数の回答の組をひとつのコミュニケーションとみなし, Q&A と呼ぶことにする.

5.1.1 Stack Overflow における「成功したコミュニケーション」の定義

SO の仕組みとして, 質問者は一つの回答に対し Accepted を付与することができる. ここで, Accepted は必ずしも大多数が満足した回答（Vote が多い回答）が選ばれるとは限らない. 本稿では, 質問者が自分の目的を達成できた, すなわち, 質問者の要求獲得に成功した回答に対して Accepted がつけられていると考え, Accepted がつけられた A の存在する Q&A を「成功したコミュニケーション」と定義する.

5.2 テンプレートの作成例

5.2.1 Step1. 解析対象 Q&A の選定と質問の種類の分類

2018/10/12 時点の直近 505 件の Q&A について調査したところ, Accept された A を持つ Q&A は約 33%であった. この 505 件から回答者の信頼度が比較的高い 32 件について, 質問を 3 種類 (type1: コードの実行結果についての質問, type2: 言語の仕様についての質問, type3: type1, 2 以外のやりたいことを実現するための質問) に分類した. 各種質問の特徴と, 当てはまる質問の id(question id) 例を表 1 に示す. この中の数例について, i^*によるモデル化を次の Step で行う.

表 1: Stack Overflow における観測した質問の種類の大別とその特徴および例

type	質問の種類	質問あるいは質問者の特徴	例（question id）
1	コードの実行結果についての質問	・結果の期待値がある ・実行結果（エラーなど）がある	52749710, 52750143, 52749711, 52750178
2	言語の仕様についての質問	・質問者に別の言語の知識がある	52749559, 52749597, 52749850, 52749225
3	やりたいことを実現するための質問	・途中まで作成したコードがある ・得たい結果のイメージがある	52750077, 52749972, 52749501, 52749605

5.2.2 Step2. 解析対象 Q&A の i^*によるモデル化

図 2 に i^*の SD モデルによるモデル化の概要を示す. アクター_1 の質問者が知りたいことを回答として得る, ということを最上位のゴールとすると, ゴールの依存の向きはアクター_2 の回答者を向く. ゴール達成のための回答を貰う, というタスクとリソースは図のように表現できる. このように Step1 で収集した Q&A をモデル化して, 成功するコミュニケーションと失敗するものの違いを明らかにしていく.

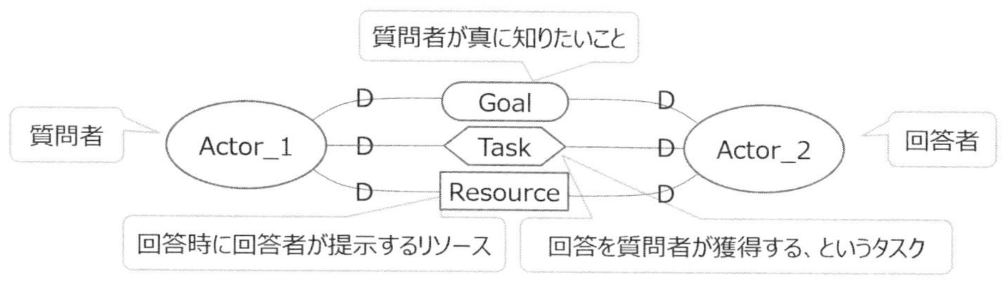

図 2: i^*による Q&A のモデル化

Accept された Q&A とされなかった Q&A の比較

図 3 に type1 における Accept された Q&A(図 3(a)) とされなかった Q&A(図 3(b)) の例を示す．2 つのモデル図を比較すると, 質問者と回答者が提供するタスクとリソースは同じである．しかしながら, 質問文の構造を詳細に解析したところ, Accept されなかった方は質問文が顕著に長いということが判明した．同様のモデル化を type2, type3 についても行い, 解析した結果をまとめる．まず, 質問の種類によって必要なタスクとリソースは異なり, 更に, Accept された Q&A とされなかった Q&A とで, 同じタスクやリソースで構成されているとしても, 質問文の長さなど質問文の特性に差があることが判明した．この質問の特性については, 5.2.4 で詳細を述べる．

ここで得られたもう一つの重要な知見は, 問題共有の成功には, 質問を作成する最初の段階で質問者の責務においてタスクやリソースの提供が行われる必要がある, ということである．図 3 では, タスクが上から下の順で実行されるとすると, 回答者が記述方法を回答する前に, 質問者の責務で実行コードと結果を提供する必要があることを示している．

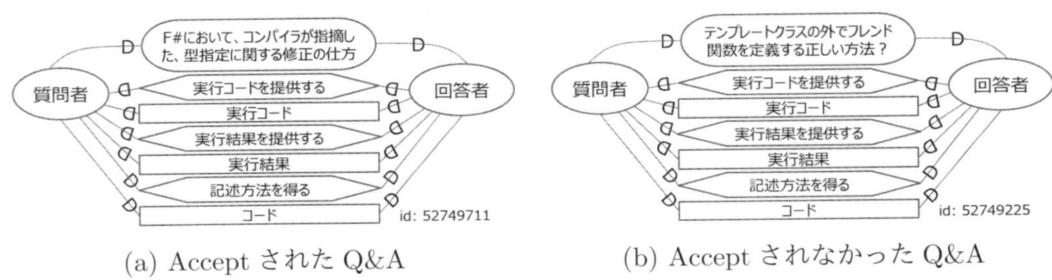

(a) Accept された Q&A　　(b) Accept されなかった Q&A

図 3: type1 の Q&A のモデル化例

5.2.3 Step3. コミュニケーションテンプレートの作成

Step2 で整理した Q&A のモデルを質問の種類毎に一般化し, i^* の SR モデルで記述したものを質問者のためのコミュニケーションテンプレートとする．図 4 に示すように, 最上位のゴール「質問者が満足する回答を得る」 を実現するには, 「回答者が質問者の要求を理解する」というゴールを質問者の責務で達成する必要があることを表している．さらにこのサブゴール実現には, 「効率よく理解している」というソフトゴールが必要である．そのためには, 「情報を提供する」というタスクで提供されるリソースが「理解しやすい」必要がある．理解しやすい, という条件付きのリソースを「ソフトなリソース」と呼び, 図 4 中では網掛けで表示した．次の Step ではこの「ソフトなリソース」を定量化していく．

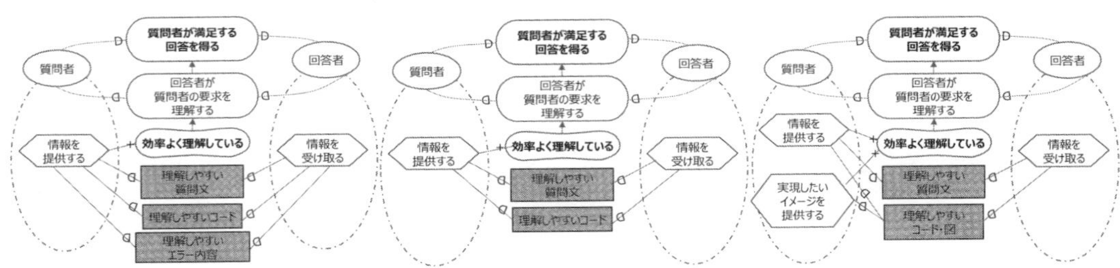

(a) type1: コードの実行結果についての質問　(b) type2: 言語の仕様についての質問　(c) type3: やりたいことの実現のための質問

図 4: 質問者のためのコミュニケーションテンプレート

5.2.4 Step4. 「ソフトなリソース」の定量化

ソフトなリソースの定量的条件は，過去の Q&A 505 件から統計的に算出する．まずは Accepted が付与されるかどうか（以降 Accepted 率と呼ぶ）に寄与するパラメータを明らかにするために，成功する質問について，以下の仮説を立て検証した．

仮説１： 質問文のタイトル/本文の長さにはベストケースがある

質問文のタイトル/本文を構成する単語数の Accepted/Non-Accepted 別頻度分布を図 5 に示す．図 5(a) に示すタイトルについては，Accept されたもの，されないもので分布に差はない．一方，図 5(b) に示す本文を構成する単語数の頻度分布については，Accept される Q とされない Q とは異なる分布をもつように見える．

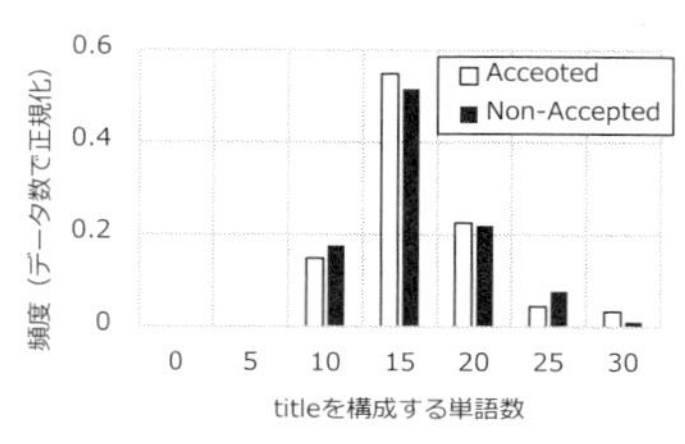

(a) タイトル

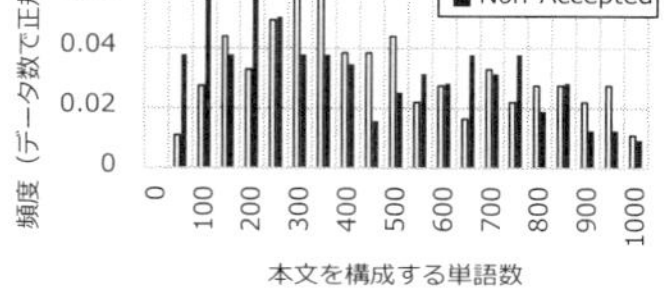

(b) 本文

図 5: 質問文のタイトル/本文を構成する単語数の度分布

仮説２：質問文の構成について，順番や要素数のベストケースがある

質問文がテキストによる説明文で始まり，コードが提示され，再度テキストによって締めくくられる，など，テキストやコードといった構成要素がどのような順番で現れるかを調査した．その結果，テキスト-コード-テキストという順番の構成が最も Accept される頻度が高いことが判明した．これより，質問文の構成も Accepted 率に寄与している可能性がある．

定量的な条件のまとめ

質問文の本文を構成する単語数（以降テキスト長と呼ぶ）と，質問文の構成の 2 つのパラメータについて Accepted 率に寄与している可能性を示した．それぞれのパラメータに対しての Accepted 率を関数化し，コミュニケーションテンプレートにおけるソフトなリソースの定量的な条件として用いることとした．

6 作成したコミュニケーションテンプレートと「ソフトなリソース」の評価

6.1 評価方法

作成したテンプレートとソフトなリソースが妥当であるかの評価を，テンプレート作成に使っていない SO の質問 42 件を用いて行った．まず，質問を種類毎に分類し，その種類のテンプレートを構成する要素が質問中にあるかどうか（例えば，type2 であれば「質問文」の他に「コード」を質問者が提示しているかどうか）を著者が手動で判断し，当てはまらないものについては「Non-Accepted」と予測した．さらに，テンプレートに当てはまる，かつ 5.2.4 で収集した統計情報から求めた Accepted 率が閾値以上の場合に，「Accepted」と予測することにした．Accept される回答が実際に行われたかどうかを正解データとし，テンプレート及びソフトなリソースの条件の妥当性を検証した．ただし，この評価方法では「テンプレートを質問作成に適用すること」と「満足する回答を得られること」との相関関係については検証できるが,「テンプレートを質問作成に適用することによって満足する回答を得られるようになる」という因果関係の推定までは行えていない.

6.2 結果

失敗する質問を事前に検出できることが重要と考え, Non-Accepted を予測できるかどうかを評価の観点とする. 表 2 に, Non-Accepted と予測し正解した割合を「精度」, 正解が Non-Accepted の内 Non-Accepted と予測された割合を「再現率」とし, テンプレートのみで予測した場合と, ソフトなリソースの条件を追加して予測した場合とで比較した結果を示す. i^*で表現したテンプレートそのものの精度は良い結果が得られたが, ソフトな条件を追加しても, F 値の大幅な向上は見られなかった.

表 2: テンプレート及びソフトなリソースの条件の精度と再現率

	精度 (precision)	再現率 (recall)	F 値
テンプレートのみ	0.63	0.46	0.53
テンプレート + ソフトな条件	0.38	0.91	0.54

7 議論

ソフトなリソースの条件の追加で大きく精度を下げた理由の一つとして, Step4 における統計データの解釈に改善の余地がある点があげられる. Non-Accepted と予測したが正解は Accepted であった例を調査すると, 質問のテキスト長が短く, シンプルで答えやすい質問であった. しかしながら, 収集した範囲の統計データでは短すぎると Accept されない傾向があり, そのまま関数化して予測に利用したため正しく予測できなかったと考えられる. 単純にデータを増やす, もしくはシンプルで答えやすい質問の特徴をテキスト長以外の情報とともに関数化する, 量以外の質問の特性を抽出するといった方法が改善策として考えられる. また,「質問の難易度」といった軸で分類するなど分類の妥当性についても検討すべきである.

8 おわりに

本稿では, 質問者のガイドラインとなるようなコミュニケーションテンプレートの作成手法を提案した. 提案手法に沿って SO を題材としたコミュニケーションテンプレートを作成し, 評価した結果, テンプレートの適用によって失敗する質問をある程度予測できることを示した. 今後は実際の現場でのコミュニケーションへの適用や, ソフトなリソースの条件の求め方, 質問の種類の分類について検討を行っていく.

謝辞 本稿は, 国立情報学研究所が主催するトップエスイーでの活動成果をまとめたものです. 関係者各位にこの場を借りてお礼申し上げます.

参考文献

[1] https://stackoverflow.com/help/minimal-reproducible-example

[2] T. Christoph, B. Ohad , S. Margaret-Anne, "How Do Programmers Ask and Answer Questions on the Web? (NIER Track)," *ICSE ' 11*, Waikiki, Honolulu, HI, USA, 2011.

[3] A. Muhammad, M. S. Ahmed, R. K. Chanchal , S. A. Kevin, "Answering Questions about Unanswered Questions of Stack Overflow," *MSR 2013*, San Francisco, CA, USA, 2013.

[4] 妻木俊彦, "要求工学：現実と仮想をつなぐために," コンピュータソフトウェア, Vol.29, No.2, pp. 43-64, 2012.

[5] istarwiki.org, "iStarQuickGuide," http://istarwiki.org/tiki-index.php?page=iStarQuickGuide.

[6] M. Allamanis, C. Sutton, "Why, When, and What: Analyzing Stack Overflow Questions by Topic, Type, and Code", *MSR 2013*, San Francisco, CA, USA, 2013.

要求仕様書を対象とした状態遷移記述抽出のための節分類手法の定量的評価

An Empirical Study of Clause Categorization in Extracting State Transition Descriptions of a Requirements Specification Document

山本 椋太 * 中村 成 † 吉田 則裕 ‡ 高田 広章 §

あらまし 一般にシステム開発における要求仕様書は自然言語で記述され，発見が困難な抜けや漏れが存在し，この問題を軽減するため，状態遷移モデルが広く利用されている．組込みシステムの要求仕様書からの状態遷移モデル作成支援ツールの開発を行った先行研究があり，そのツールに含まれる手法の１つに節分類手法があるが，定量的評価が十分ではない．本稿では，先行研究にて提案された節の分類手法を定量的に評価する．その結果，本稿にて対象にした要求仕様書は高い精度に節を分類できたが，新たに「制約節」の追加を検討する必要があるとわかった．

1 はじめに

システム開発においては，様々な文書が自然言語によって作成される [1]．自然言語による記述は，認識の相違や，目視によって発見することが困難な抜けや漏れにつながりうる．この問題を軽減するべく，ソフトウェア開発の上流工程において，状態遷移モデルが広く利用されている [2]．しかし，要求仕様書は 2,000 ページ程度になることもあり [3]，開発者が自然言語の文書をすべて読み，状態遷移モデルの作成に必要な要素をすべて正しく抽出することは，非常に高コストかつ高難度である．

この問題を軽減するべく，我々の研究グループでは自然言語によって記述された組込みシステムの要求仕様書から，状態遷移モデルを抽出する支援手法の検討を進めてきた（以降，先行研究と呼ぶ）[4] [5]．先行研究の手法では，自然言語によって記述された組込みシステムの要求仕様書から独自の解析木を導出して節を抽出し，定義節，条件節および処理節のいずれかに分類する．分類された節を利用して，状態遷移記述の抽出を試みる．これらの手法を実装したツール（以下，解析ツールと呼ぶ）が存在しており，特定の使用条件下においては状態遷移モデルを抽出可能であることがケーススタディによって示されている [5]．先行研究における貢献の１つが節の分類であり，解析ツールは，ユーザによるインタラクティブな操作に基づいて，分類された節から状態遷移モデルにおける状態，イベント，処理および遷移を抽出する．しかし，節の分類精度について十分な評価が行われておらず，先行研究における提案手法が，どの程度節を正しく分類可能か不明である．そこで，本稿では以下のリサーチクエスチョン（**RQ**）を設定した．

RQ1: 節の分類精度はどの程度か

RQ2: 先行研究の提案手法では，分類できない節の種別が存在するか

本稿では，以上の **RQ** を調査するための実験を実施し，解析ツールによって解析可能な自然言語の文を調査したため報告する．

2 実験

本稿では，１の２つの **RQ** を調査するべく，以下の２つの実験を実施した．

*Ryota Yamamoto, 名古屋大学

†Naru Nakamura, 名古屋大学

‡Norihiro Yoshida, 名古屋大学

§Hiroaki Takada, 名古屋大学

実験 1　節の分類の precision および recall の調査
実験 2　箇条書きの分類の precision および recall の調査

本実験においては，先行研究にて用いられた，修正済みの車載システムの要求仕様書を使用した．修正内容については，2.1 にて述べる．実験実施者は第 1 著者であり，あらかじめ第 1 著者が節の分類を手作業によって実施した．これらの修正内容は，解析ツールが修正を軽減できるように対応するべきであり，本稿で調査対象とする手法においては要求仕様書の修正量の多さについて議論しない．

ここで，解析ツールは箇条書きの文は対象とせず解析を実行している．その理由は，箇条書きの解析は，箇条書きを参照している親となる文中の,「以下の」をキーとしており,「以下の」が含まれている節の種別を継承するためである．そのため，別途**実験 2** を設け，箇条書きの各項目が正しい節種別となるかを確認した．

2.1　適用対象

本稿では，実際に企業にて使用された車載システムの要求仕様書を使用する．この要求仕様書は，もともと [5] におけるケーススタディのために用いられたもので，変更が加えられている．変更の結果，状態遷移記述に関する記述以外は削除されている．この要求仕様書は構造化されており，機能要求と非機能要件が分離している．また，機能要求の内容と，説明および理由が分離されている．[5] において使用された，機能要求の内容のみを本稿で利用する．この結果，文単位に分割されたテキストファイルの数は 243 となった．

2.2　実験手順

実験 1 は，以下の手順で実施された．

手順 1　先行研究にて開発された解析ツールを実行する．
手順 2　2.3 で説明するインタラクティブな操作を第 1 著者が実施する．
手順 3　解析ツールが生成した解析木を確認し，第 1 著者にが節の分類と比較する．

実験 2 は，上記**手順 3** から引き続き実施される．

手順 4　箇条書きの文と箇条書きを参照する文を，ツールの出力結果から目視で第 1 著者が確認する．
手順 5　箇条書きの文に対して，解析ツールがその箇条書きの分に対応する箇条書きを参照する文を分類した結果を割り当てる．
手順 6　**手順 5** の結果を第 1 著者による節の分類と比較する．

いずれの実験においても第 1 著者が正解集合を作成しているが，これらは解析ツールの結果を見ず，第 1 著者自身が手作業で分類した．

実験 1 および**実験 2** における比較では，適合率 $(precision)$ および再現率 $(recall)$，これらの調和平均である F 値 (F) を算出する．正解集合を第 1 著者が分類した節の分類集合 $\mathbf{A}$ とし，解析ツールが分類した節の集合を $\mathbf{E}$ とする．解析ツールが分類した節の分類のうち正解集合に属する個数を正解数とするとき，$precision = |\mathbf{A} \cap \mathbf{E}|/|\mathbf{E}|$，　$recall = |\mathbf{A} \cap \mathbf{E}|/|\mathbf{A}|$ と定義する．

2.3　実験結果

実験 1 の結果を表 1 に示す．表 1 中の X は不定値を表し，括弧の外は第 1 著者によるインタラクティブな操作を含む抽出結果であり，括弧の中は解析ツールが自動抽出のみによって抽出した結果である．表 1 中の括弧の外の数値は解析ツールによる完全な自動抽出結果を，括弧の内の数値は第 1 著者によるインタラクティブな操作による結果を示している．インタラクティブな操作は，解析ツール上で，ユーザが「条件節と処理節の組み合わせ」であるか，それとも定義節であるかを判断する操作である [6]．今回，該当する文は 3 文あり，それらはすべて定義節と判断した．

また，本実験においては分類不明な節が存在していた．解析木の情報とは，文または文の一部である節の文字列と，その節の種別である．未分類とは，節の種別が

表 1 実験 1 の結果

対象	$\|\mathbf{A}\|$	$\|\mathbf{E}\|$	$\|\mathbf{A} \cap \mathbf{E}\|$	*precision*	*recall*	*F*
条件節	112	113(113)	112(112)	0.991(0.991)	1.000(1.000)	0.996(0.996)
処理節	85	86(86)	85(85)	0.988(0.988)	1.000(1.000)	0.994(0.994)
定義節	33	32(29)	32(29)	1.000(1.000)	0.967(0.879)	0.985(0.935)
未分類	0	4	0	0	X	X
合計	230	235(232)	229(226)	0.974(0.974)	0.996(0.983)	0.985(0.978)

表 2 実験 2 の結果

対象	$\|\mathbf{A}\|$	$\|\mathbf{E}\|$	$\|\mathbf{A} \cap \mathbf{E}\|$	*precision*	*recall*	*F*
条件節	195	191	191	1.000	0.979	0.990
処理節	7	3	3	1.000	0.429	0.600
定義節	0	0	0	X	X	X
合計	202	194	194	1.000	0.960	0.980

与えられていない節である．未分類は 4 つ存在しており，それらはすべて箇条書きの文であり，かつ条件節と処理節の組み合わせからなる節であった．

次いで，**実験 2** について述べる．結果を表 2 に示す．表 2 中の X は，不定値を表す．**実験 2** の結果は，インタラクティブな操作に対する依存はない．本実験においては，数式も箇条書きと分類されるが，解析ツールの制約上，数式は解析対象外であるため，今回の結果に含めていない．

3 考察

3.1 RQ1: 節の分類精度

実験 1 の結果から，箇条書きを除く文については，総じて非常に高い F 値を得ている．特に，インタラクティブな操作を含む場合では，F 値は 0.98 を超えている．また，自動抽出のみによる結果でも，F 値で見れば 0.9 を超えており，良い結果を得ることができていると言える．しかし，この結果から自動抽出だけでは，軽微ではあるが分類精度が低下するということがわかる．自動抽出によって判断できないものは，条件節と処理節の連続からなる文に見えるが,「制約の文」かどうか判断することが困難なものである．すなわち，条件節に伴う文が，振る舞いではなく性質や制約を表している場合があり，条件節に伴う文が振る舞いを表していればそれは処理節であり，そうでなければ定義節と分類されるべきである．この分類を行う手法が決定できれば，精度をさらに向上できる可能性がある．

次に，**実験 2** の結果から，全体としての F 値は 0.9 を超えているが，処理節の精度が低い結果となった．これは，**実験 1** で未分類となった箇条書きの文が解析されていないことによる．これら 4 つの文は，すべて条件節と処理節の組である．そのため，手作業による抽出結果の方が条件節と処理節が各 4 つずつ多くなった．箇条書きの中に複数の節がある場合の分類規則が不足であるため，これは手法が改良される必要がある．それ以外の箇条書きは，今回対象とした要求仕様書中のすべての箇条書きを参照する節中に「以下の」が含まれており，すべて正しく抽出できた．

文および節の分類精度は，手法によって定義されていない構文が存在し得た場合，精度が低下する恐れがある．今回の修正を加えた 243 文からなる要求仕様書に対しては，高い精度で節の分類ができた．

また，未分類となった節は，すべて実際には箇条書きであった．

以上から，**RQ1** について，以下のようにまとめる．

- **自動抽出であっても 0.9 を超える F 値によって節種別を正しく分類できる．**

- 箇条書きについては，特定のキーワードを正しい位置に含むことで分類できる．
- 箇条書き中に複数の節がある場合の解析方法の検討は，今後の課題である．

3.2 RQ2: 節の分類種別

まず，**RQ1** でも述べたとおり，**実験 1** の結果における未分類は節の定義が不足していたわけではなく，手法としての今後の課題である．そのため，**実験 1**，**実験 2** において，節種別の不足はない．

実験 1 にて分類のためにインタラクティブな操作を必要とした節について考察する．先行研究における手法では，条件節，処理節および定義節の 3 種の節を定義している．条件節と処理節は基本的には組であり，定義節はそれだけで存在する．**実験 2** によって示された通り，条件節や処理節も単独で存在する可能性はあり，それは，箇条書きの各項目である．条件節は,「条件」であるため，条件に伴う動作が必ず必要であるため，箇条書きの項目である場合を除けば，必ず後ろに従属する節が必要となる．3.1 においても述べたが，条件節の後ろに来る節が処理節ではないことも考えられる．実際，**実験 1** においては，第 1 著者は条件節と処理節の組であるとも考えることが可能な文の最初の節を「条件節ではない」と判断している．この結果，条件節となりうる箇所も含め，解析ツールによって文全体が定義節であると分類された．この結果から，箇条書きに関しては節の分類が十分だと判断している．

次に，インタラクティブな操作が必要な節について検討する．現状，副詞的名詞 (「とき」,「際」,「場合」など) と接続助詞（「ので」,「けれど」など）の連続が節末尾に存在した場合に，条件節と処理節の組か判断ができず，ユーザによるインタラクティブな操作が必要である．書き方によって条件節に伴う処理，および条件節に伴う制約は相互に書き換え可能な場合がある．しかし，最終的に状態遷移モデルを抽出することを考えるならば，これらの表現の差は重要なものであると考える．つまり，制約であれば状態遷移モデルに含まない要素となるため，処理として扱われなければ，最終的にはイベントや処理・遷移の抜けとなる可能性がある．しかし，特定の場合だけに処理として実装されるのではなく，常に成り立たなければならない不変条件であるならば，それはイベントとして表現することは困難であり，処理ではなく制約となる．このように，書き手が,「処理」を意識して仕様書に記載したのか,「制約」を意識して記載したのかは，解析ツールが目的としている状態遷移モデルの抽出に対して影響を与える可能性がある．

次いで，定義節と制約の文の比較について考察する．定義節は,「状態を定義している節」と定義している．対して，制約の文は禁止状態だけを示すことが多く，型または変域の定義とは目的が異なり，定義節の目的と一致していないと考える．

現状，**実験 1** においてすべての文を分類できたが，上記の問題があるため，定義節から制約節を分離することが望ましいと考えている．

以上から，**RQ2** を以下のようにまとめる．

- 現状，分類できていない節は存在しないが，定義節は細分化されるべきである．
- 定義節とは性質が異なる「制約節」として新たに定義されるべきである．
- 処理節と制約節は意識して明確に区別されている必要がある．
- 状態遷移モデル中に現れないことから，本来条件節とも言える箇所を制約節は包含して持つ．

3.3 全体の考察

RQ1 の結論から，解析ツールは今回対象とした要求仕様書については，非常に高い精度で節の分類を行うことができる．また，**RQ2** の結論から，今回対象とした要求仕様書については，制約節を種別として追加すると，すべての文を節に分類することが可能となった．

3.2 においても述べたが，制約節として記述されているか，処理節として記述されているかは，書き手の意思を反映している可能性がある．そのため，制約として既述されているだけなのか，それとも処理としてイベントに応じて実行されるべきなのかは，節の種別を明確に表す書かれ方によって決定される．このことから，解析ツールによる対応の可否だけではなく，より高い品質の要求仕様書を作成する上でも，制約か処理かを明確にすることは重要であると言える．

精度の高い節の分類は，解析ツールが最終的に目的としている状態遷移モデルの抽出だけではなく，様々な応用が考えられる．たとえば，形式手法の記述支援に繋がる可能性がある．処理節と条件節は，そのまま形式モデルにおける対応する表現として記述でき，具体的な定義や制約が型宣言や不変条件，事前条件，事後条件，時相論理式による検査式など，要求仕様書を形式モデルに書き換える際に注視する箇所を明らかにできる可能性がある．大森らによって，自然言語からキーワードを抽出することで形式モデルの作成支援を行うツールが開発されている [7]．

また，ソフトウェアテストにおける，テストケース作成支援にもつながる．条件が明らかになるため，入力パターンを作成することが容易となり，それに対する出力（振る舞い）も対応する処理節を確認すればよい．また，非機能要求が制約節として書かれていれば，機能要求以外の要求を抽出することも容易になる可能性がある．

そのため，解析ツールにおける節の分類の評価を，以下のようにまとめる．

- 内容を確認した結果，高い精度で節を分類することができる．
- 新たに制約節を定義することで，節の分類としては現状十分である．
- 状態遷移モデル以外の応用の可能性がある．

3.4 妥当性への脅威

本稿における妥当性への脅威を説明する．まず，実験で対象とした要求仕様書が，解析ツールの制約を満たすように書き換えられたものである．加えて，解析ツールの開発者である第2著者が書き換え作業の確認を実施していたことがあり，結果が良いものとなったことに影響を与えている可能性がある．また，実験で対象とした要求仕様書は，箇条書きを参照する際，すべて「以下の」という表現を持っていたが，箇条書きを参照する場合には「次の」や「下に示す」など，他の表現も存在しうる．このように，ツールで解析可能となるよう対象の文書を修正しているため，もし，想定されていない記述が存在した場合には精度が低下する可能性がある．

他に，正解集合の作成およびインタラクティブな操作を第1著者が実施していることで，より高いF値が得られた懸念がある．

また，実験で用いた要求仕様書は1つだけであるため，異なる要求仕様書を用いると結果が異なる可能性がある．

4 関連研究

自然言語によって記述された文書から様々な情報を抽出する研究が，多数存在する．村上らは，自然言語で記述されたシステム仕様書から，試験ケースを作成するまでのプロセスを提案している [8]．彼らは，セミ形式記述を定義し，文章をセミ形式記述に変換するアルゴリズムを定義し，条件・動作同定機能を実装したツールを開発した．条件，動作は，いずれも8割以上の $precision$ および $recall$ によって抽出されている．彼らは，テスト支援を目的としており，我々は状態モデル作成支援を目的としている．他に，要求仕様書からドメイン固有言語（DSL）を抽出支援する手法がある [9]．彼らは，自然言語とそれに対応するDSL，およびDSLの文法を機械学習し，自然言語からDSLを生成するフレームワークを提案している．また，自然言語のユーザマニュアルからソフトウェアの機能に関連する情報を抽出支援する手法が提案されている [10]．

自然言語で記述された文書の誤りを抽出する研究も存在する．辞書を用いて書き誤る可能性が高い日本語助詞の検出・修正を行う研究が存在する [11] [12]．今後，これらの技術を用いて，入力する文章の制約を緩和可能か検討する．これらの技術を利用することで，我々の研究におけるツールが対応するべき制約を緩和できる可能性がある．

また，第1著者の山本をはじめ，C 言語ソースコードから状態遷移表を抽出する支援ツールの開発を進めてきた [13]．本稿における解析ツールによって生成された状態遷移モデルと，ソースコードから状態遷移表を抽出するツールの生成結果を比較することで，要求仕様書とソースコードの整合性を確認できる可能性がある．

5 おわりに

先行研究において提案された手法を実装したツールに対して節の分類精度の調査を行い，今回対象とした要求仕様書では高い精度で節を抽出・分類できることがわかった．しかし，今後，定義節を細分化して制約節を検討する必要があるとわかった．節の分類は，状態遷移モデル抽出だけではなく，その他のモデルや，テスト支援，要求の整理などにも活用できる可能性があり，様々な応用が可能であると考えている．今後の課題は，実験参加者を増加させるなどのより妥当性を向上した実験の実施，他の要求仕様書を与えたときの性能を調査すること，および分類精度の向上をすることである．また，現状，F 値のみに関する評価のみ実施しているが，その他の評価方法を検討して解析ツールを評価する必要がある．本稿のツールの評価について，節の分類が状態遷移モデル生成に与える影響の評価も今後必要である．

参考文献

[1] 位野木万里, 近藤公久. 省略と修飾パターンを用いた用語不一致検証による要求仕様の一貫性検証支援ツールの実現と適用評価. コンピュータ ソフトウェア, Vol. 35, No. 3, pp. 3_109–3_127, 2018.

[2] 渡辺政彦. 状態遷移ベースのソフトウェア開発環境の現状と動向. 計測と制御, Vol. 41, No. 2, pp. 117–121, 2002.

[3] Ekaterina Boutkova and Frank Houdek. Semi-automatic identification of features in requirement specifications. In *Proc. of RE 2011*, pp. 313–318, 2011.

[4] 中村成, 山本椋太, 吉田則裕, 高田広章. 組込みシステムを対象とした要求仕様書からの状態遷移記述の抽出. 情報処理学会研究報告, Vol. 2018-SE-198, No. 5, pp. 1–8, 2018.

[5] 中村成. 組込みシステムの要求仕様書を対象とした状態遷移表作成支援. 名古屋大学大学院情報学研究科 情報システム学専攻 修士論文, `https://sites.google.com/site/yoshidaatnu/naru.pdf`, 2019.

[6] 中村成, 山本椋太, 吉田則裕, 高田広章. 組込みシステムの要求仕様書を対象とした状態遷移モデル作成支援. 電子情報通信学会技術研究報告, Vol. 118, No. 230, pp. 25–30, 2018.

[7] 大森洋一, 荒木啓二郎. 自然言語による仕様記述の形式モデルへの変換を利用した品質向上に向けて. 情報処理学会論文誌プログラミング, Vol. 3, No. 5, pp. 18–28, 2010.

[8] 村上響一, 青山裕介, 村上神龍, 久代紀之, 牧茂, 田畑一政, 神代勉, 中村潤. 自然言語仕様書からの試験ケース生成のための条件・動作の同定手法. 情報処理学会研究報告, Vol. 2018-SE-198, No. 7, pp. 1–7, 2018.

[9] Aditya Desai, Sumit Gulwani, Vineet Hingorani, Nidhi Jain, Amey Karkare, Mark Marron, and Subhajit Roy. Program synthesis using natural language. Proceedings of the 38th International Conference on Software Engineering, ICSE ’16, pp. 345–356, 2018.

[10] Thomas Quirchmayr, Barbara Paech, Roland Kohl, Hannes Karey, and Gunar Kasdepke. Semi-automatic rule-based domain terminology and software feature-relevant information extraction from natural language user manuals. *Empirical Software Engineering*, Vol. 23, No. 6, pp. 3630–3683, 2018.

[11] 南保亮太, 乙武北斗, 荒木健治. 文節内の特徴を用いた日本語助詞誤りの自動検出・校正. 情報処理学会研究報告, Vol. 2007-NL-181, No. 94, pp. 107–112, 2007.

[12] 今枝恒治, 河合敦夫, 石川裕司, 永田亮, 桝井文人. 日本語学習者の作文における格助詞の誤り検出と訂正. 情報処理学会研究報告, Vol. 2003-CE-068, No. 13, pp. 39–46, 2003.

[13] 山本椋太, 吉田則裕, 青木奈央, 高田広章. 組込みソフトウェアを対象とした状態遷移表抽出支援ツール. 電子情報通信学会論文誌 D, Vol. J102-D, No. 3, pp. 151–162, 2019.

Doc2Vecを利用したGUIテストスクリプトのロケータ修正手法

A Locator Repair Method for GUI Test Scripts using Doc2Vec

磯上 雄人[*] 岸 知二[†]

あらまし Webアプリケーションの GUI テストには，Selenium といった GUI テスト自動化ツールを使うことがある．GUI テスト自動化ツールは，テストスクリプトに従って自動でブラウザを操作してテストを行う．その際，操作する画面要素を識別するためにロケータという識別子を使用するが，テスト対象のソフトウェアが修正・変更されると，既存のロケータでは操作する画面要素を識別できなくなる場合がある．識別できなくなった場合，テストスクリプト中のロケータを修正する必要があるが，それには非常にコストがかかる．本研究では，Doc2Vec による画面要素文章の類似度など従来研究よりも少ない 3 つの指標を手掛かりにロケータを修正する手法を提案する．

1 はじめに

ソフトウェア開発において，新規に実装された機能をテストするだけでなく，既存の機能が正しく動作しているかを確認する回帰テストは重要である．Web アプリケーション（以下 Web アプリ）では，画面に現れるテキストやリンク等の画面要素が正しく動作しているかを確認するテスト（以下 GUI テスト）を行う必要があるが，その際，Selenium[1] や Katalon[2] 等の GUI テスト自動化ツールを用いることがある．これらのツールは，操作・検証する画面要素を識別するためにロケータという識別子を用いる．ロケータには画面要素の XPath や HTML の id, name 等を用いるが，バージョンアップ等でテスト対象の Web アプリの GUI が修正・変更されると，既存のロケータでは操作・検証する画面要素を識別できなくなり，ロケータの修正が必要となる場合がある．テストスクリプト中のロケータの修正を人手で行うとコストがかかるため，そのコストを削減することが求められている．

そこで，本論文では，Doc2Vec [1] によって画面要素の HTML の属性やテキストについて一元的に解釈した類似度を計算することができる「画面要素文章」という概念を導入し,「画面要素文章」,「出現数字」,「XPath」の 3 つの指標の類似度の加重平均を基にロケータを修正する手法を提案する．4 つのオープンソースの Web アプリを用いて提案手法の評価を行った結果，従来研究よりも指標の数を減らしつつ，精度を大きく損なわずにロケータを修正できることを確認した．

2 GUI テスト

2.1 テストスクリプトの実装

GUI テスト自動化ツールは，コマンド（操作・検証の種類），ロケータ（操作・検証対象の識別子），値（入力値や期待値等）の 3 つの項目から成るテストスクリプトに従って，自動的にテストを行う．ロケータは，操作・検証する画面要素の識別子であり，画面要素の XPath や HTML の id, name 等を用いる．

[*]Yuto Isogami, 早稲田大学

[†]Tomoji Kishi, 早稲田大学

[1]Selenium - Web Browser Automation, https://www.seleniumhq.org/

[2]Katalon Studio: Simplify API, Web, Mobile Automation Tests, https://www.katalon.com/

オープンソースのコンテンツ管理システムである Joomla![3]バージョン 1.5.0 を対象としたテストスクリプトの実装例を表 1 に示す．このテストスクリプトは図 1 左のような，ファイルアップロードフォームを対象としていて，1 行が 1 つの操作・検証を表している．各行について説明する．まず 1 行目は，テスト対象のページを開く操作を表している．2 行目は，id が「file-upload-submit」である画面要素（Start Upload ボタン）をクリックする操作を表している．そして 3 行目は，「//dd/ul/li」という XPath で返される画面要素のテキストが「Please input a file for upload」であるという条件を与えている．最後までエラーが起きずに全ての行の操作・検証が実行されると，このテストに合格したとみなされる．

2.2 テストスクリプトの修正

図 1 は，Joomla!バージョン 1.5.0 と 2.5.0 のファイルアップロードフォームである．図 1 右に示すように，バージョン 2.5.0 ではボタンの id が「file-upload-submit」から「upload-submit」へと変更されている．つまり，表 1 のテストスクリプトをバージョン 2.5.0 で実行すると，id が「file-upload-submit」である画面要素が存在しないため，2 行目でエラーが発生する．そのため，テストスクリプトを表 1 から表 2 のように修正する必要がある．

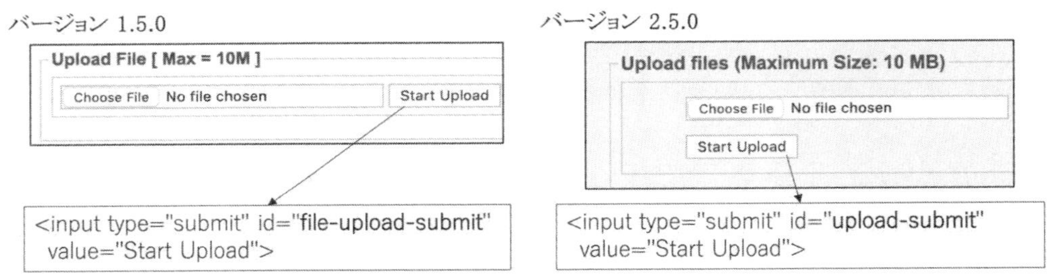

図 1 **Joomla! ファイルアップロードフォーム**

表 1 **Joomla! バージョン 1.5.0 のテストスクリプト**

	Command	Target(Locator)	Value
1	open	/Joomla/administrator/ index.php?option=com_media	
2	click	id=**file-upload-submit**	
3	assert text	xpath=//dd/ul/li	Please input a file for upload

表 2 **Joomla! バージョン 2.5.0 のテストスクリプト**

	Command	Target(Locator)	Value
1	open	/Joomla/administrator/ index.php?option=com_media	
2	click	id=**upload-submit**	
3	assert text	xpath=//dd/ul/li	Please input a file for upload

[3]Joomla Content Management System (CMS) - try it for free!, https://www.joomla.org/

3 関連研究

Leotta らは，Web アプリの修正・変更に頑健な XPath を生成する ROBULA (ROBUst Locator Algorithm) [4] とそれを改良した ROBULA+ [5] という手法を提案した．ROBULA は対象の画面要素が一意に定まるまで，全てのノードを返す XPath である「//*」を反復的に変形していく手法である．変形には 4 つのヒューリスティックな法則を適用する．ROBULA+は ROBULA をベースに，ヒューリスティックな法則をさらに増やして改良したものである．また，Leotta らは，5 つの XPath を基にロケータを自動修正する手法を提案した [6]．これは，1 つの画面要素に対して，生成アルゴリズムが違う 5 つの XPath をロケータとするものであり，テスト対象 Web アプリの修正・変更に伴い，5 つのロケータの内のいくつかが使用できなくなっても，残りのロケータによって画面要素を識別し，使用できなくなったロケータを更新する．Choudhary らは，主に画面要素の XPath のレーベンシュタイン距離を用いて，ロケータを自動修正する手法を提案した [7]．この手法では，テスト対象 Web アプリの画面要素において，修正・変更前の XPath と修正・変更後の XPath のレーベンシュタイン距離を求め，その値が小さいものを同一の画面要素とみなしている．

これらの手法は，いずれも画面要素の XPath に着目した研究である．そのため，テスト対象 Web アプリの GUI に大きな修正・変更があった場合，画面要素の XPath が大きく変わり，これらの手法が有効ではなくなる可能性がある．

一方，XPath だけでなく画面から得られる様々な情報を手掛かりとして，ロケータを自動修正する研究もある．Kirinuki らは，画面要素から得られる 19 個の様々な指標（属性，位置，テキスト，画像等）を基にロケータを自動修正する手法を提案している [10]．これは，Web アプリの修正・変更前の画面要素と修正・変更後の全画面要素の間で，それぞれの指標の類似度の加重平均を算出し，その値が高い画面要素のロケータに修正するという手法である．XPath だけでなく HTML の id, name 等の値や画面要素のサイズなど様々な指標を考慮することで，従来研究よりも高い精度でロケータを修正することに成功した．しかし，それぞれの指標の重みは自動で算出可能であるものの，自動で算出された重みは手動で算出した重みよりも精度が高くなかった．そのため，高い精度でロケータの修正を行うためには手動で重みを設定する必要があるが，テスト対象の Web アプリの特性を考慮して適切に 19 個の指標の重みを設定することは難しい．

4 提案手法

4.1 画面要素文章

提案手法では，修正前後の画面要素同士の類似度の算出のために，画面要素文章という新たな概念を導入する．画面要素文章について，図 2 を用いて説明する．

まず，図 2 のように画面要素の HTML の開始タグとそのテキストを 1 つの文章と捉える．そして，この文章をスペースや記号で分割したものを単語と捉え，その画面要素の単語の集合を該当する画面要素の画面要素文章と呼ぶことにする．

Web アプリの修正前後において，同一の機能を持つ画面要素同士の画面要素文章は似た単語で構成されると考えられる．そのため，Doc2Vec により画面要素文章同士の類似度を算出することで，画面要素自体の類似度を算出する手法を提案する．

4.2 画面要素文章を用いたロケータ修正手法の概要

提案手法の全体像を図 3 に示す． 提案手法は主に以下の 3 ステップから成る．

STEP1 Doc2Vec の学習データの作成

Doc2Vec のモデルを構築するために画面要素文章を大量に収集し，それらを学習データとする．

STEP2 モデルの構築

STEP1 で収集された画面要素文章を用いて Doc2Vec によってモデルを構築する．

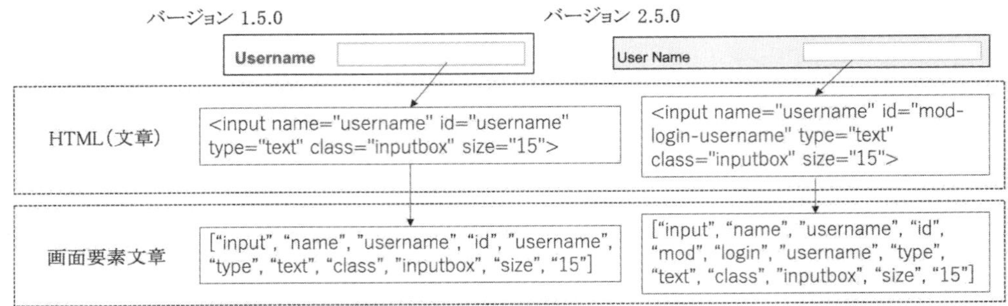

図 2　画面要素文章の作成

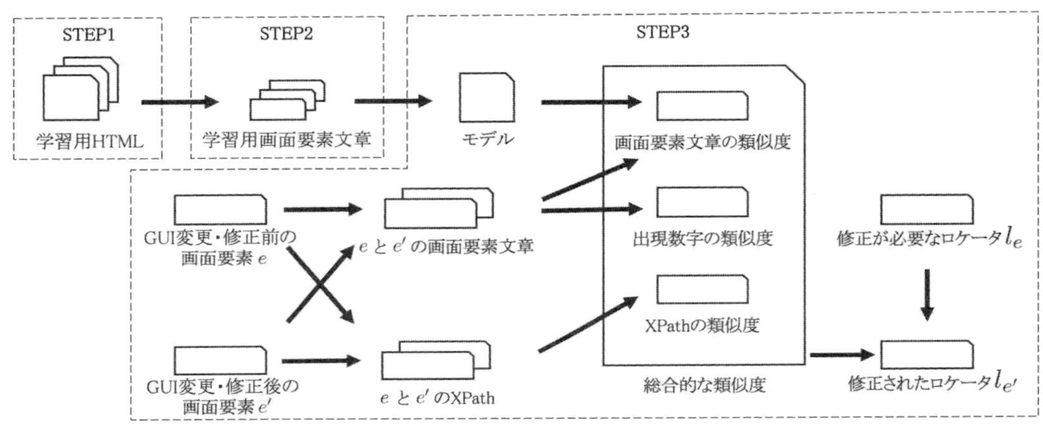

図 3　提案手法の全体像

STEP3 各画面要素同士の類似度の算出とロケータの修正

　修正前後の各画面要素同士の類似度を算出し，ロケータを修正する．

提案手法では，画面要素文章とDoc2Vecを用いることにより，HTMLの属性やテキストについて一元的に解釈した画面要素同士の類似度を計算する．しかし，Doc2Vecでは画面要素文章に出現する数字の違いまで厳密に考慮することは難しい．そのため,「出現数字」の類似度も算出する．また，テスト対象WebアプリのGUIに大きな修正・変更が無かった場合，XPathはロケータを修正する上で重要な手がかりとなる．そのため,「XPath」の類似度も算出する．最終的に,「画面要素文章」,「出現数字」,「XPath」の3つの指標の加重平均を総合的な類似度とし，ロケータを修正する手法を提案する．各類似度の算出とロケータの修正に関しては4.3節で詳しく説明する．

提案手法は，XPathだけでなく他の指標についても考慮することで，XPathのみに着目している従来研究よりもテスト対象WebアプリのGUIの修正・変更に強いと言える．また，提案手法は，画面要素文章とDoc2Vecを用いることで，画面から得られる様々な情報を指標とする従来研究よりも少ない指標で類似度を算出できると考えられる．その結果，手動で重みを設定するコストを削減できると期待される．

4.3　各類似度の算出とロケータの修正

修正前のWebアプリにおいてロケータが示していた画面要素と，修正後のWebアプリの全画面要素間で類似度を算出する．提案手法では,「画面要素文章」,「XPath」,

「出現数字」に基づいた指標についてそれぞれ類似度を算出し，それらの加重平均を総合的な類似度とする．

ここで，修正前の Web アプリにおける全画面要素を E としたとき，画面要素 $e \in E$ のロケータを l_e とする．また，修正後の Web アプリにおける全画面要素は E' とし，画面要素 $e' \in E'$ のロケータを $l_{e'}$ とする．このとき，各指標における類似度を $s_i(e, e')$ $(i = 1, 2, 3)$，総合的な類似度を $S(e, e')$ とする．つまり，既存のテストスクリプト中のロケータ l_e によって e と同一の役割を持つ画面要素を E' の中から識別できなくなった場合に l_e の修正が必要となり，e と E' 中の全ての e' の間で $S(e, e')$ を算出し，その値が最も高い画面要素のロケータ $l_{e'}$ へと修正する．

4.3.1 画面要素文章の類似度

事前に構築されたモデルを用いて，修正前の Web アプリの画面要素文章と，修正後の Web アプリの画面要素文章間で Doc2Vec により類似度を算出する．ここで，e の画面要素文章を $WebElementDoc(e)$ としたとき，$WebElementDoc(e)$ と，$WebElementDoc(e')$ について Doc2Vec によって算出される類似度を $Doc2Vec(WebElementDoc(e), WebElementDoc(e'))$ とし，これを画面要素文章の類似度とする．

$$s_1(e, e') = Doc2Vec(WebElementDoc(e), WebElementDoc(e')) \tag{1}$$

4.3.2 出現数字の類似度

画面要素文章の類似度により画面要素の様々な属性を考慮した類似度を算出することが可能であるが，例えば図 4 のような場合（オープンソースの会議室予約システムである MRBS[4]を例としている）に数字の違いまで厳密に考慮することは難しい．

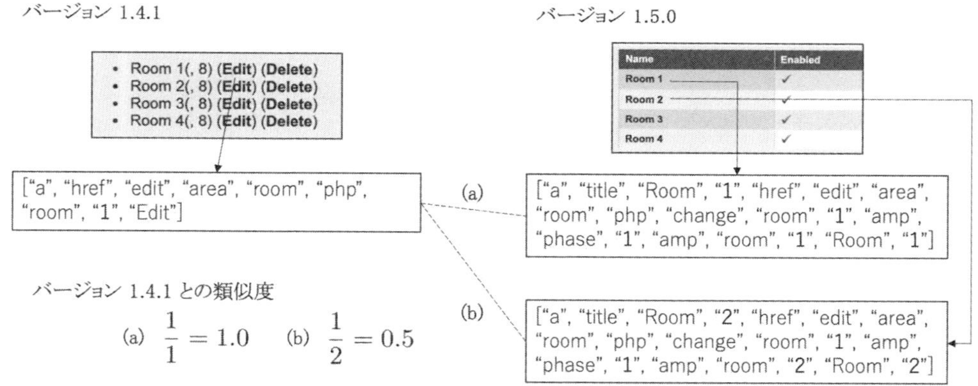

図 4 MRBS の画面要素における出現数字の類似度の算出の例

そのため，e の画面要素文章に現れる数字を重複なく抜き出した集合を $N(e)$ としたとき，(2) 式のようにジャッカード係数によって出現数字の類似度を算出する．

$$s_2(e, e') = \begin{cases} \frac{|N(e) \cap N(e')|}{|N(e) \cup N(e')|} & |N(e) \cup N(e')| \geq 1 \\ 1 & |N(e) \cup N(e')| = 0 \end{cases} \tag{2}$$

4.3.3 XPath の類似度

テスト対象 Web アプリの GUI に大きな修正・変更が無かった場合，XPath はロケータを修正する上で重要な手がかりとなる．そのため，修正前の Web アプリの画面要素の XPath と，修正後の Web アプリの画面要素の XPath の間でレーベ

[4]Meeting Room Booking System download — SourceForge.net, https://sourceforge.net/projects/mrbs/

ンシュタイン距離を算出し，全体に対するその割合を違いと捉えて，(3) 式によって類似度を算出する．ここで画面要素 e の XPath を $XPath(e)$ とし，文字列 x と文字列 y のレーベンシュタイン距離を $LevenshteinDistance(x,y)$ とする．また，$MaxLength(x,y)$ とは，x と y で長い方の文字列の長さを表す．

$$s_3(e,e') = 1 - \frac{LevenshteinDistance(XPath(e), XPath(e'))}{MaxLength(XPath(e), XPath(e'))} \tag{3}$$

4.3.4 総合的な類似度

テスト対象 Web アプリの特性によって，各指標の類似度が画面要素の総合的な類似度に影響する度合いは異なると考えられる．そのため，(4) 式のように各指標の類似度の加重平均を総合的な類似度とする．

$$S(e,e') = \frac{\sum_{i=1}^{3} s_i(e,e')w_i}{\sum_{i=1}^{3} w_i} \tag{4}$$

5 評価

提案手法について評価実験を行った．評価にあたり，以下のような Research Question を定めた．

RQ1: 提案手法はどの程度の精度でロケータを修正できるか？
RQ2: 提案手法による類似度の計算にかかる実行時間はどの程度か？
RQ3: 各指標が精度にどの程度の影響を与えるのか？

実験対象とした OSS の Web アプリを表 3 に示す．なお，これらの Web アプリはいずれも従来研究 [6], [7], [9], [10] において評価実験で使用されているものである．また，今回の実験では Kirinuki ら [10] と同様に，input タグ，button タグ，a タグ，img タグ，select タグの画面要素のみを実験対象とした．

表 3 実験対象 Web アプリ

	説明	1st Release	2nd Release
MRBS	System for booking of meeting rooms	1.4.1	1.5.0
MantisBT[5]	Bug tracking system	1.1.8	1.2.0
Joomla!	Content management system	1.5.0	2.5.0
Collabtive[6]	Project management system	0.6.5	1.0

5.1 実験方法

まず，画面要素文章の類似度を算出するために Doc2Vec のモデルを構築した．モデルの構築には Python のライブラリである gensim [2] を用いた．インターネット上に公開されている約 2600 ページの Web サイトから約 56 万個の画面要素文章を収集し，学習データとした．また，今回の実験ではモデルの構築の際に設定するパラメータの値は gensim [2] のデフォルトの値を使用した．主要なパラメータの値を表 4 に示す．

表 4 パラメータの設定（主要なものを抜粋）

dm	vector_size	window	min_count
1(=dm)	100	5	5

[5] MantisBT download — SourceForge.net, https://sourceforge.net/projects/mantisbt/
[6] Collabtive download — SourceForge.net, https://sourceforge.net/projects/collabtive/

そして，以下に示すような手順で実験を行なった．

手順 1: 実験対象 Web アプリ 1st Release の全画面要素のロケータを取得

実験対象 Web アプリの 1st Release の複数の画面から，実験対象となる全ての画面要素のロケータを取得した．ロケータは (1)id，(2)link text，(3)name，(4)absolute XPath[7]の優先順位のもとで，これらの 4 つの内の 1 つを使用した．(例えば，id，link text 属性が無く，name 属性を持った画面要素は name をロケータとした.）また，ヘッダーやメニューなどにある画面要素は複数の画面に同様のものが存在するため，その内の 1 つのみを対象とした．

手順 2 実験対象 Web アプリ 2nd Release で，手順 1 で取得したロケータを検証

手順 1 で取得したロケータが実験対象 Web アプリの 2nd Release でも画面要素を一意に識別できるか検証した．一意に識別できなかった場合，そのロケータは修正が必要であると判断した．

なお，1st Release においてロケータが示していた画面要素が 2nd Release において削除された場合，そのロケータは画面要素を一意に識別できない．この場合は，ロケータの修正の必要がないと判断した．

手順 3 修正が必要なロケータに対して提案手法を適用し，その結果を確認

手順 2 で修正が必要だと判断されたロケータに対して提案手法を適用した．提案手法を適用すると 1st Release において修正が必要なロケータが示していた画面要素と 2nd Release の全画面要素の間で総合的な類似度が計算される．総合的な類似度が高い順番に並べたとき，正解の画面要素が何位に提示されるかを調べた．そして，1 つのロケータを修正するのに必要な類似度の計算の実行時間も調べた．

5.2 評価結果

今回の評価実験で調査対象としたロケータの個数と，その中で修正が必要だったロケータの数を表 5 に示す．表 5 に示すように，4 つのオープンソースの Web アプリにおいて合計 476 個のロケータを検証したところ，合計 159 個のロケータに修正が必要だった．

表 5 調査対象

	調査対象ロケータ数	修正が必要なロケータ数
MRBS	96	28
MantisBT	153	30
Joomla!	104	51
Collabtive	123	50
合計	476	159

まず，MRBS に関して表 6 に示すような全ての重み付けを用いて総合的な類似度を計算し，その値が高い順番に並べたとき，正解の画面要素が何位に提示されるかを調べた．その結果を表 7 に示す．表 7 に示すように，No.2 の重み付けの精度が最も高いと思われるが，No.2 は出現数字の類似度のみを総合的な類似度としているため，同率で 1 位に該当する画面要素が多数存在する場合があり，有用ではなかった．

また，MantisBT，Joomla!，Collabtive では，MRBS の結果をもとに精度が高かった No.4，7～10 の重み付けを用いて，正解の画面要素が何位に提示されるかを調べた．その結果を表 8 に示す．また，表 9 に 1 つのロケータを修正するのに必要な類似度の計算の平均実行時間を示す．

[7]ルートノードからの絶対パスによって記述された XPath.（例：/html/body/div[1]/a[1]）

表 6　重み付け一覧

	画面要素文章の類似度	出現数字の類似度	XPath の類似度
No.1	1.0	0.0	0.0
No.2	0.0	1.0	0.0
No.3	0.0	0.0	1.0
No.4	1.0	1.0	0.0
No.5	1.0	0.0	1.0
No.6	0.0	1.0	0.0
No.7	1.0	1.0	1.0
No.8	3.0	3.0	1.0
No.9	3.0	1.0	3.0
No.10	1.0	3.0	3.0

表 7　正解の画面要素が提示された順位とその個数（MRBS）

	1	2	3	4	5	6-
No.1	11	4	1	2	2	8
No.2	24	0	1	0	0	3
No.3	10	4	2	1	1	10
No.4	18	3	1	1	0	5
No.5	9	3	2	0	2	12
No.6	13	5	2	4	1	3
No.7	19	3	2	0	0	4
No.8	19	3	0	1	1	4
No.9	16	4	3	0	2	3
No.10	18	3	3	0	0	4

6-：6 位以下

表 8　正解の画面要素が提示された順位とその個数（MantisBT，Joomla!，Collabtive）

	MantisBT						Joomla!						Collabtive					
	1	2	3	4	5	6-	1	2	3	4	5	6-	1	2	3	4	5	6-
No.4	18	7	1	1	0	3	22	11	3	1	3	11	33	6	6	3	1	1
No.7	19	7	1	2	0	1	27	10	0	1	3	10	39	7	2	0	0	2
No.8	19	6	2	0	0	3	24	11	1	2	3	10	33	8	2	5	0	2
No.9	19	7	2	0	0	2	31	6	1	3	2	8	39	7	2	0	0	2
No.10	20	5	1	3	0	1	24	10	2	3	2	10	43	4	1	2	0	0

表 9　総合的な類似度の計算の平均実行時間

	Collabtive	MantisBT	MRBS	Joomla!
平均時間（s）	1.251	1.172	3.024	2.388

5 章で述べた Research Question に関して考察する．

RQ1: 提案手法はどの程度の精度でロケータを修正できるか？

4 つのオープンソースの Web アプリにおいて，それぞれ修正が必要なロケータに対して提案手法を適用したところ，各ウェブアプリにおいて最も精度の高い重み付けを用いた場合，74 %から 96 %の精度で 3 位以内に正解の画面要素を提示し，61 %から 86 %の精度で 1 位に正解の画面要素を提示することができた．

Kirinuki らの従来研究 [10] では，Joomla!，PHP Fusion, MantisBT, MRBS の4つのオープンソースの Web アプリにおいて評価実験を行い，82 %から 95 %の精度で 3 位以内に正解の画面要素を提示し，77 %から 93 %の精度で 1 位に正解の画面要素を提示している．従来研究と比較すると，提案手法は指標の数を 19 個から 3 個まで減らしつつ，精度を大きく損なわずにロケータを修正することができたと言える．

RQ2: 提案手法による類似度の計算にかかる実行時間はどの程度か？

表 9 に示すように，全ての Web アプリにおいて平均数秒以内に総合的な類似度を計算することができた．MRBS と Joomla!は Collabtive と MantisBT と比較して画面要素数が多かったため，相対的に時間がかかったと考えられる．対象 Web アプリの規模にもよるが，手動で修正を行う場合はこれらの実行時間よりも多くの時間がかかると予想されるため，実行時間は妥当だと考えられる．

RQ3: 各指標が精度にどの程度の影響を与えるのか？

表 6，表 7，表 8 に示すように，画面要素文章，出現数字，XPath のそれぞれの類似度のみを総合的な類似度とした場合よりも，その内の複数の指標の加重平均をとった場合に全体的に精度が向上した．最終的には，3 つの指標の加重平均を総合的な類似度とした場合に，最も精度が良くなると分かった．

6 議論

提案手法は,「画面要素文章」という概念を導入することで指標の数を Kirinuki らによる従来研究 [10] の 19 個から「画面要素文章」,「出現数字」,「XPath」の 3 個まで減らすことができ，従来研究よりも精度を大きく損ねることなくロケータを修正することを確認した．提案手法は，従来研究よりも指標の数を減らしているため，各指標に対して重みを設定するコストを削減できると期待される．

ここで，提案手法では修正が難しかった例を示す．例えば，図 5 のような場合，正しい画面要素を 5 位以内に提示することができなかった．これは MRBS の会議室管理画面において，Area を削除する画面要素であるが，バージョン 1.4.1 では a タグで実装されていたのに対し，バージョン 1.5.0 では input タグで実装されていて，画面要素の HTML が大きく変わってしまっている．さらに，バージョン 1.5.0 の会議室管理画面には a タグで実装された Room を削除する画面要素が複数あり，それらの類似度が高くなってしまったことも影響し，正しい画面要素を 5 位以内に提示することができなかったと考えられる．また，この画面要素は Kirinuki らの従来研究 [10] でも修正することができていない．

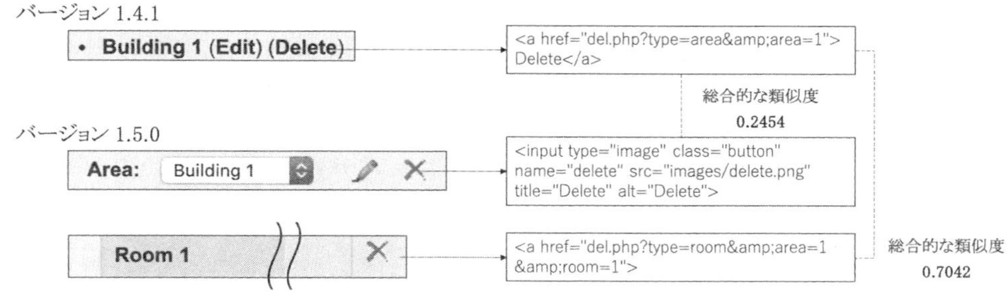

図 5　正しく修正できなかった例

ロケータの誤り以外にも既存のテストスクリプトに修正が必要になることがある．例えば，テスト対象 Web アプリの 1st Release において，パスワード入力画面でフォームに 6 文字のパスワードを入力するというテストスクリプトが作成されたとする．しかし，2nd Release において 8 文字以上のパスワードでないと受け付けないようにフォームが変更された場合，このテストスクリプトには修正が必要となる．

このように，テストスクリプトの修正の原因にはロケータの誤りとその他の誤りがあるが，Hammoudi らはテストスクリプトの修正において 73.62%がロケータの誤りが原因であるという調査結果を示した [3]．そのため，ロケータの修正の自動化は，テストスクリプトの修正のコストの削減に大きく貢献できると考えられる．

7 おわりに

本論文では，Doc2Vec によって画面要素の HTML の属性やテキストについて一元的に解釈した類似度を計算することができる「画面要素文章」という概念を導入し,「画面要素文章」,「出現数字」,「XPath」の 3 つの指標の類似度の加重平均を基にロケータを修正する手法を提案した．そして，4 つのオープンソースの Web アプリを用いて提案手法の評価を行い，従来研究よりも精度を大きく損なわずにロケータを修正できることを確認した．提案手法は，従来研究よりも指標の数を減らしているため，各指標に対して重みを設定するコストを削減できると期待される．

また，本論文では，Doc2Vec のモデルを構築する際のパラメータに関して，Python ライブラリである gensim のデフォルト値を使用した．つまり，パラメータを適切な値に設定することで，ロケータ修正の精度の向上が可能だと予想される．そのため，パラメータが精度へ与える影響についての調査が今後の課題として挙げられる．

参考文献

[1] Le, Q., and Mikolov, T.: Distributed Representations of Sentences and Documents, Proceedings of the 31st International Conference on International Conference on Machine Learning, Vol.32, pp.1188-1196(2014).

[2] Řehůřek, R. and Sojka, P.: Software Framework for Topic Modelling with Large Corpora, Proceedings of the LREC 2010 Workshop on New Challenges for NLP Frameworks, pp.45-50(2010).

[3] Hammoudi, M., Rothermel, G. and Tonella, P.: Why do Record/Replay Tests of Web Applications Break?, 2016 IEEE International Conference on Software Testing, Verification and Validation (ICST), pp.180-190(2016).

[4] Leotta, M., Stocco, A., Ricca, F. and Tonella, P.: Reducing Web Test Cases Aging by Means of Robust XPath Locators, 2014 IEEE International Symposium on Software Reliability Engineering Workshops, pp.449-454(2014).

[5] Leotta, M., Stocco, A., Ricca, F. and Tonella, P.: ROBULA+: An Algorithm for Generating Robust XPath Locators for Web Testing, Journal of Software: Evolution and Process, Vol.28, No.3, pp.177-204(2016).

[6] Leotta, M., Stocco, A., Ricca, F. and Tonella, P.: Using Multi-Locators to Increase the Robustness of Web Test Cases, 2015 IEEE 8th International Conference on Software Testing, Verification and Validation (ICST), pp.1-10(2015).

[7] Choudhary, S. R., Zhao, D., Versee, H. and Orso, A.: WATER: Web Application TEst Repair, Proceedings of the First International Workshop on End-to-End TestScript Engineering, pp.24-29(2011).

[8] Hammoudi, M., Rothermel, G. and Stocco, A.: WATERFALL: An Incremental Approach for Repairing Record-Replay Tests of Web Applications, Proceedings of the 2016 24th ACM SIGSOFT International Symposium on the Foundations of Software Engineering (FSE 16), pp.751-762(2016).

[9] 切貫弘之，丹野治門，夏川勝行：GUI 自動テストにおけるテストスクリプト中のロケータ修正支援手法，ソフトウェアエンジニアリングシンポジウム 2017 論文集，Vol.2017, pp.67-77(2017).

[10] Kirinuki, H., Tanno, H. and Natsukawa, K.: COLOR: Correct Locator Recommender for-Broken Test Scripts using Various Clues in Web Application, 2019 IEEE 26th International Conference on Software Analysis, Evolution and Reengineering (SANER), pp.310-320(2019).

原型分析によるソフトウェア開発者の貢献タイプの分析

Analysis of Contribution Types of Software Developers Based on Archetypal Analysis

池本 和靖*　門田 暁人†

あらまし　オープンソースソフトウェア（OSS）開発においては，コーディングを行うのみならず，開発者割り当て，デバッグ，機能拡張，コードレビュー，質問回答など，様々な貢献を行う開発者が必要となる．本稿では，貢献タイプを区別するための 2 つのメトリクスを定義し，多数の OSS プロジェクトの開発者の分布を分析することで，4 つの貢献タイプを同定した．さらに，各貢献タイプに属する開発者に対して原型分析を行い，最終的に 7 つの貢献タイプを同定した．これらの貢献タイプは，いずれも OSS 開発において重要な役割を果たしており，各 OSS 開発プロジェクトにおいて必要な人的資源の分析に役立つと期待される．

Summary. In open source software (OSS) development, not only coding but also various contributions such as developer assignment, debugging, function extension, code review, and question answering are required. In this paper, we define two metrics to distinguish contribution types. Through an analysis of many OSS projects using the proposed metrics, we identify 4 basic contribution types. Afterward, by using archetypal analysis to developers in each contribution type, this paper finally identifies 8 contribution types. These contribution types are all playing important roles in OSS development, thus, we believe they are useful in identifying required personnel in an individual OSS project.

1.　はじめに

今日のソフトウェア開発は，多数の開発者からの自発的な提案（pull request，パッチ投稿など）に基づいて進めるソーシャルコーディングと呼ばれる開発形態が広まっており，その代表的なプラットフォームとして GitHub が利用されている．GitHub は 2000 万件を超える Git リポジトリをホスティングしており，参加する開発は 100 万人を超える．このような開発形態においては，プロジェクトの成否・盛衰は，プロジェクトに参加する開発者の人数，能力や開発における貢献タイプなどに依存する．本研究では，GitHub におけるソフトウェア開発者の貢献タイプの分類を行うことを目的とする．典型的な貢献タイプを明らかにすることで，各プロジェクトにおいて不足している貢献タイプを特定したり，人的資源の観点からのプロジェクトの健全性の評価などに役立つと期待される．

貢献タイプを分析するにあたって，本稿では，コーディング／ディスカッション志向度，開発者のコア（中心）度という 2 つのメトリクスを定義する．そして，多数の GitHub

* Kazuyasu Ikemoto，岡山大学大学院自然科学研究科

† Akito Monden，岡山大学大学院自然科学研究科

上の開発者を対象とした分析を行い，基本となる貢献タイプの同定を行う．さらに，基本タイプのそれぞれについて原型分析を行うことで，より詳細な貢献タイプの同定を行う．

従来からもGitHub上の開発者を分析する試みは行われており，クラスタリングによる分析[4]，人工ピラミッドに基づく分析[6]，プロジェクト参入者と退出者に基づく分析[8]，風林火山モデルを用いた分析[3]などがある．本稿では，多数の活動に基づいて貢献タイプを区別する2つのメトリクスを定義し，分類する点，および，原型分析に基づいた分析を行う点が異なる．原型分析による貢献者分析[5]は従来にもあるが，前述の通りメトリクスを定義して分類する点，分類後に細かく分類を行うにあたって原型分析を用いているという点で異なっている．

以降，2章では分析の題材となるデータについて説明する．3章では，分析方法を述べる．4章では，分析を行い，貢献タイプの同定を行う．5章は本稿のまとめである．

2. 分析データ

本研究では，GitHub上で開発者ごとに記録されている活動履歴を分析することで分析を行う．活動履歴はGitHub APIなどから取得することができる．ただし，GitHub APIから取得できるデータには制限があるため，本研究においてはGHTorrentプロジェクト[7]において収集・蓄積されているGitHubデータを使用する．

GHTorrentでは，GitHub上の全イベント(pull request，commit，issueなど)を取得し，MySQLおよびMongoDB形式のデータベースに蓄積している．本稿では，MSR 2014 Mining Challenge Datasetとして公開されている，GHTorrent datasetのサブセット（90プロジェクト）のデータセットを用いた検討・分析を行う．

GHTorrentでは，commit，issue，pull requestなどの活動ごとにテーブルが定義されており，活動者のユーザidが記録されている．ユーザidに基づいて情報を紐づけることで，開発者ごとの情報を集約することが可能である．

3. 分析手法

（ア）概要

GitHub上のユーザの活動には，権限を持つリポジトリへのcommit，他ユーザのリポジトリに対するpull request，他ユーザからのpull requestに対するmerge，issueのassign，closeやreopenといったアクション，commitやissueなどに対するcommentの付与などがあり，これらの活動から貢献タイプを区別することを考える．そのために，GHTorrentにおけるユーザidごとに次の活動量を集約する．

- commitの数
- pull requestの数
- issueの報告数，issueに対するアクション（assignやcloseなど）ごとの数
- commit，pull request，issueのそれぞれに対するコメントを付与した数
- pull requestをマージした数

これらの情報から，貢献タイプを区別するための2つのメトリクスを定義し，多数のOSSプロジェクトの開発者の分布を分析することで，基本となる貢献タイプを同定する．さらに，各貢献タイプに属する開発者に対して原型分析を行い，より詳細な貢献タイプの同定を試みる．

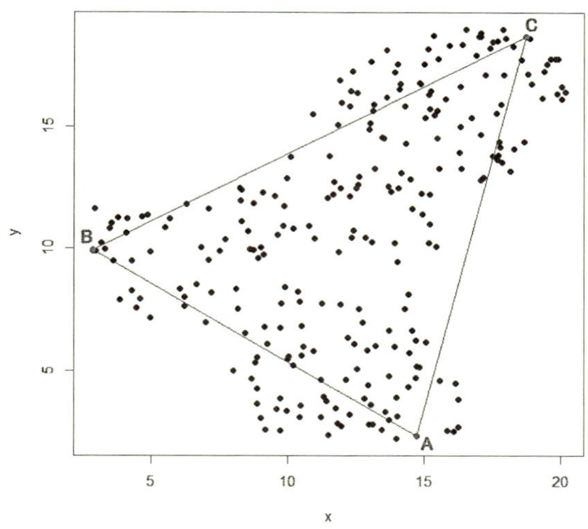

図 1 原型分析の例[1]

（イ）メトリクスの定義と貢献タイプの同定

貢献タイプの分析を行うにあたり，本稿では 2 つのメトリクスを定義する．1 つ目のメトリクスは，コーディング／ディスカッション志向度である．ソフトウェア開発にあたってコーディングを行う人が必要であるが，例えばバグ報告やその解決に向けた議論など，ディスカッションを主として行う開発者もプロジェクトには必要である．本稿では，commit と pull request が多いほどコーディング志向度が高いとみなし，各種コメントや issue 報告数が多いほどディスカッション志向度が高いとみなす．

2 つ目のメトリクスは，プロジェクトにおける開発者のコア（中心）度である．ソフトウェア開発においては，開発を主導するコア開発者のみならず，コア開発者をサポートする（非コア）開発者が必要となる．コア開発者は，issue の管理を行ったり，多数の開発者から寄せられた pull request を吟味し，プロジェクトのメインリポジトリに merge するといった作業を行うことが考えられる．報告された issue を解決することも，コアに近い開発者の作業であると考えられる．一方，非コア開発者は，pull request を行ったり，見つけたバグを issue として報告することで，プロジェクトの発展に貢献することが考えられる．本稿では，issue の close や reopen を行ったり，pull request をマージした数や issue を assigned された数が多いほどコア度が高いとみなし，pull request と issue の報告を行っているほどコア度が低い（非コア度が高い）とみなす．

コーディング／ディスカッション志向度は，(commit と pull request の総数)-(comment と issue 報告数の総数)，コア度は (close，reopen，merge 数，assigned された数の総数)-(pull request と issue 報告の総数)と定義する．ただし，外れ値の影響を緩和するために，次の正規化を行う．それぞれの評価指標の値を常用対数変換する．負の数については絶対値を取り，対数変換後に負の符号を付与する．

分析対象の全活動者を，2 つの評価指標の値に基づいて 2 次元座標上にプロットし，その分布に基づいて，貢献タイプの同定を行う．開発者を分析するにあたっては，GHTorrent に記録されている開発者の多くは活動履歴が 0 もしくはそれに近いため，対象をある程度の活動量を持った開発者に限定する．

個々のソフトウェア開発プロジェクトについても，プロジェクトごとに参加者全員について同様の手法で分析を行い，プロジェクト間の比較を行うこととする．分析対象と

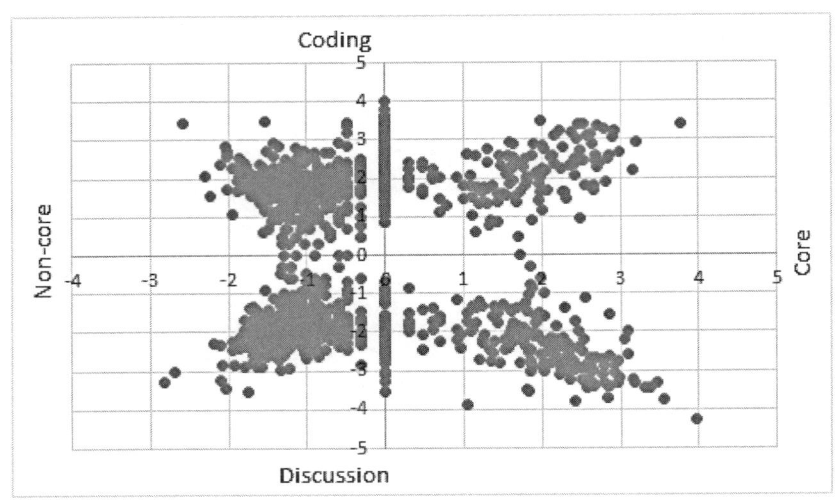

図 2 活動量 100 以上の開発者の分布

するプロジェクトは，開発者が 10 人以上のプロジェクトとする．

（ウ）貢献タイプの詳細化

3.2 節において同定した貢献タイプのそれぞれについて，原型分析を用いたより詳細な分析を行う．原型分析とは，データ集合を代表する極端な値（原型，Archetype）によって各データを近似する手法である[1]．図 1 は，Eugster らが公開している R 言語の原型分析のパッケージに用意されているサンプルデータを原型分析した例である[2]．各データの近似は，そのデータの近くの原型 1 つで行うのではなくいくつかの原型を用い表現される．例えば，あるデータは原型 A に 30%似ており，原型 B に 50%似ており，原型 C に 20%似ている，といった具合である．

この R 言語の原型分析のパッケージを用いることで，データから任意の個数の原型を抽出することができる．本分析において，原型の個数についてはいくつかの値について分析を行ったが，原型の個数が 4 以上の場合では極端に分布が少ない原型が抽出され，また原型の個数が 2 の場合では詳細化という観点から適切でないと判断したため，本稿では原型の個数を 3 として，その分析結果について述べる．また，原型分析を行うにあたっては，3.2 で定義した 2 つのメトリクスを用いるのではなく，3.1 で述べた個別のメトリクスを全て用いることで，詳細な分析を行う．

4. 分析結果

（ア）基本となる貢献タイプの同定

活動量の合計が 100 以上の開発者（1388 人）を対象とした分析結果を図 2 に示す．Y 軸のプラス方向がコーディング志向，マイナス方向がディスカッション志向の度合いを表し，X 軸のプラス方向がコア，マイナス方向が非コアの度合いを表す．

図 2 より，開発者の貢献タイプは，第 1～第 4 象限のそれぞれに示される 4 つのタイプに明確に分かれていることが分かった．また，図の中央付近に線状に並ぶ（Y 軸上の）多数の開発者は，コア活動数と非コア活動数に差がほとんどなかった開発者であるが，これらの大部分は X 軸方向の活動がほぼ 0 の開発者であった．つまり，pull request，merge，issue の報告，close，assigned，reopen といった活動を全く行っていない開発者で

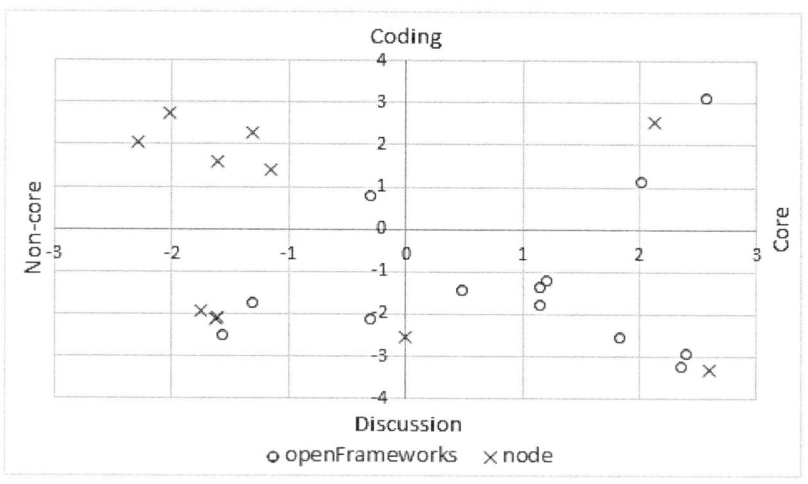

図 3 2 つのプロジェクトでの分布

ある．これらの開発者は，pull request を全く扱わないプロジェクトや GitHub の issue の機能を全く使わないプロジェクトに属している可能性があり，今後，そのようなプロジェクトを除外して分析するなどの検討が必要である．各タイプの開発者は次のように特徴付けできる．

- 第 1 象限（右上）の開発者は，コア開発者かつコーディング志向であり，コーディングを行いながらプロジェクトを率いる，現場リーダーのような開発者であるといえる．
- 第 2 象限（左上）の開発者は，非コア開発者かつコーディング志向であり，多数の pull request や issue 報告によりプロジェクトを発展させる，寡黙なエキスパートといえる開発者である．
- 第 3 象限（左下）の開発者は，pull request や issue 報告を多数行いつつも，議論に数多く参加しており，雄弁なエキスパートまたはエンドユーザといえる開発者である．
- 第 4 象限（右下）の開発者は，コア開発者かつディスカッション志向であり，多数の議論に参加しつつ管理的活動を行っており，プロジェクト管理者的な開発者といえる．

Y 軸上の開発者を除くと，第一象限に 126 人，第二象限に 335 人，第三象限に 440 人，第四象限に 179 人となった．この結果より，コア開発者は非コア開発者と比較して人数が少なく，また貢献度についてもより幅広く分布していることがわかる．

（イ） 個別のプロジェクトにおける貢献タイプの分布の分析

前節で同定した貢献タイプを用いて，個別のプロジェクトについてどのような分析が可能であるかを明らかにするために，2 つのプロジェクト（openFrameworks，node）を取り上げて分析を行った（図 3）．図 3 より，openFrameworks ではコアメンバと呼べる開発者が多く， node では逆に非コアメンバが多いことが分かる．node のように非コアメンバの方が多いプロジェクトは他にも多数存在していた．openFrameworks についてはコアメンバが 2 人しかいないが，そのうち 1 人はコーディング志向であり，もう 1 人はディスカッション志向であるために役割分担ができているともいえる．openFrameworks の

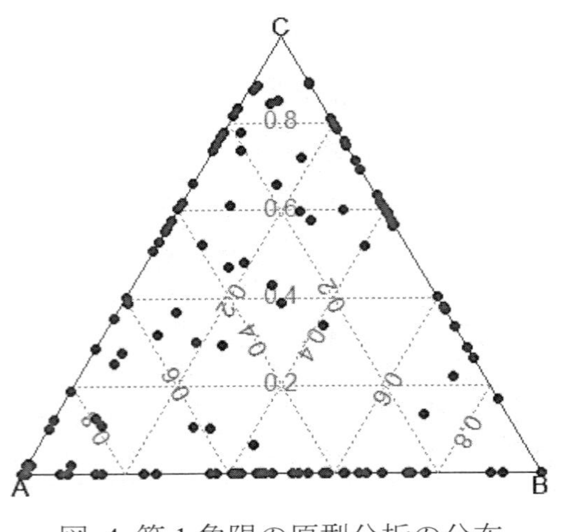

図 4 第 1 象限の原型分析の分布

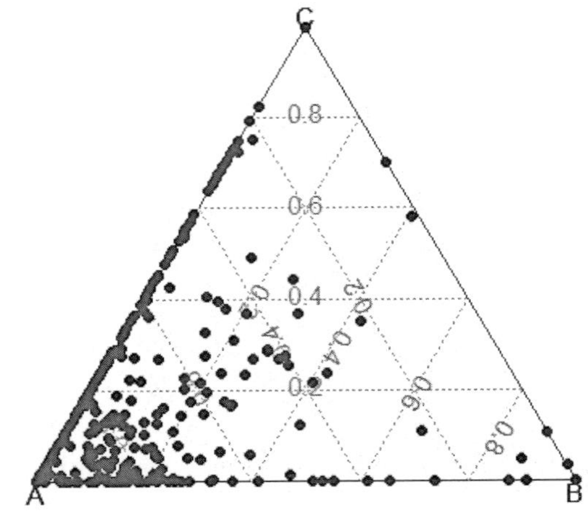

図 5 第 2 象限の原型分析の分布

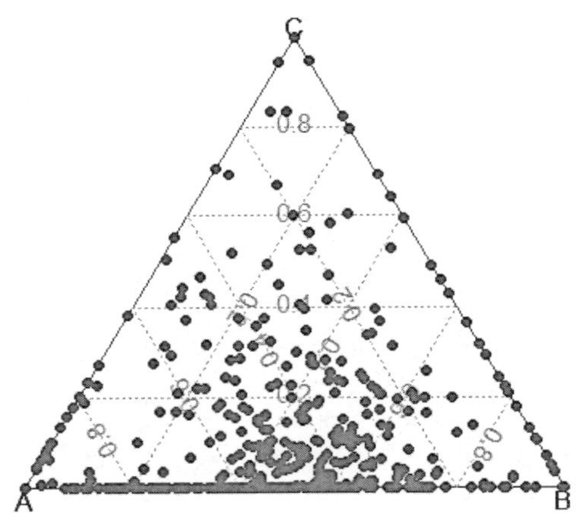

図 6 第 3 象限の原型分析の分布

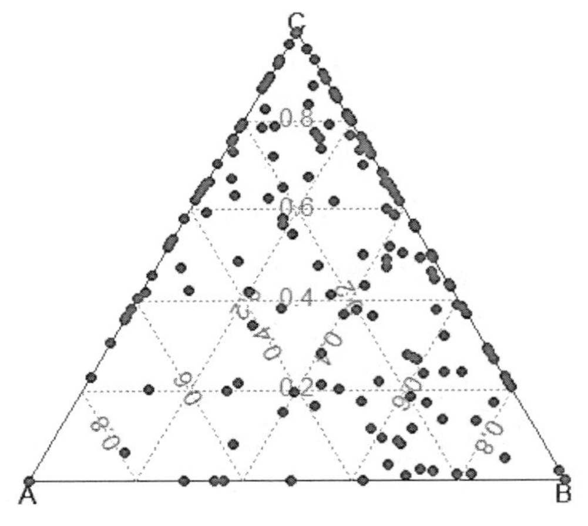

図 7 第 4 象限の原型分析の分布

タイプについては非コア的な開発者を広く募集し，逆に node のタイプについては非コアメンバをコアメンバへと昇格させることで，プロジェクトのさらなる発展を見込める可能性がある．このように，貢献タイプに基づいて個々のプロジェクトの開発者の分布を調査することで，必要な人的資源を分析できることが期待される．

（ウ）原型分析による各貢献タイプの分析

4.1 節で大別した 4 つの貢献タイプのそれぞれについて，原型分析を行った結果を示す．図 4〜7 に示すのは，第 1〜第 4 象限のそれぞれについて原型を 3 個抽出した場合の開発者の分布である．原型 A，B，C は図ごとに異なるものなので注意する．第 1 象限では偏りなく，第 2 象限では主に原型 A に，第 3 象限では主に原型 A と B の中間に，第 4 象限では主に原型 C に分布している．

各原形の詳細について述べる．図 8〜11 は各象限の原型 A，B，C それぞれの各メトリ

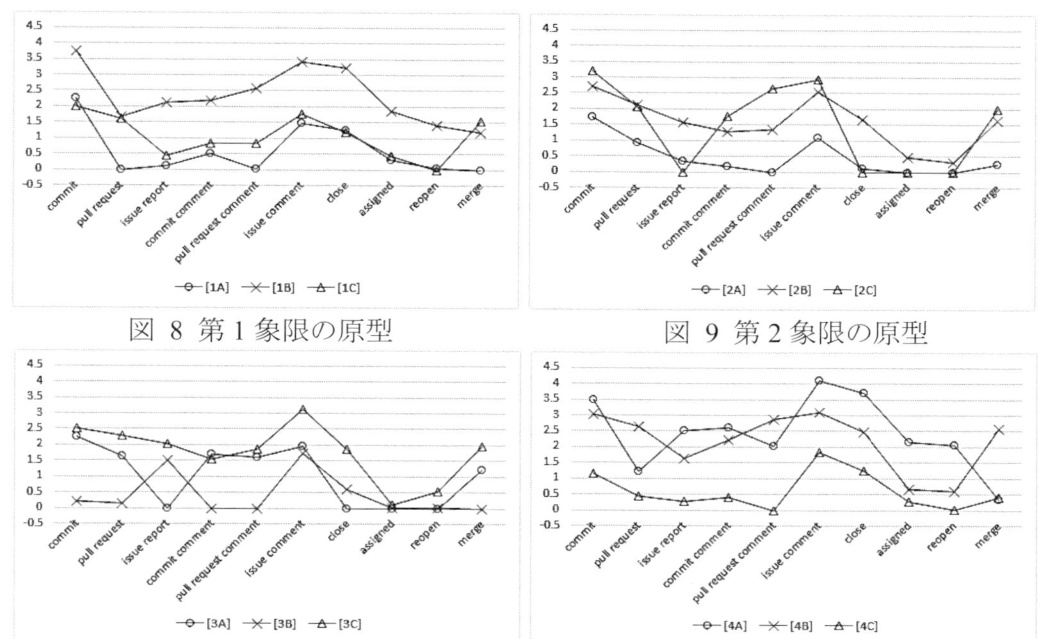

図 8 第 1 象限の原型　　図 9 第 2 象限の原型

図 10 第 3 象限の原型　　図 11 第 4 象限の原型

クスの活動量を示したものである．以下，第 a 象限の原型 X を aX と示す．

第 1 象限の原型について，

- 1A は，コーディング活動は commit のみ，コア活動も殆どが close である．
- 1B は，全活動において 1A より多く活動しており，幅広く活動を行っている開発者といえる．
- 1C は，1A と似た原型であるが pull request，merge も行っている．

第 2 象限の原型について，

- 2A は，ディスカッション活動，コア活動ともにかなり少なく，コーディングメインの開発者といえる．
- 2B は，全活動において 2A より多く活動しており，全体的には非コア活動のほうが多いがコア活動も積極的に行っている．
- 2C は，活動傾向が非常に極端で，コーディング，ディスカッション活動がともに多い．

第 3 象限の原型について，

- 3A は，2C と似た原型であり，これら 2 つは X 軸に近い(コーディングとディスカッション活動が同程度の)開発者に当てはまる原型と推測できる．
- 3B は，活動の殆どが issue 関係(issue 報告，issue comment)である．
- 3C は，万遍なく活動を行っており，3A と 3B の両方の性質を持っている．

第 4 象限の原型について，

- 4A は，pull request，merge が他より少ないが，他の活動は多い．
- 4B は，4A と異なり pull request，merge が多いが，他のコア活動は 4A より少ない．
- 4C は，全体的に活動量が少なく，原点付近の開発者と推測できる．

原型分析を行うことによって，3.1 節の大別化のみではわからなかった，より詳細な貢

表 1　貢献タイプの定義

原型	貢献タイプ	説明
2B, 3C, 4B	リーダー開発者	Assign と reopen 以外のほぼ全活動において活動履歴が多く，プロジェクトを代表するリーダー的な開発者といえる．
1C	オールマイティ開発者	リーダー開発者よりは活動量が少ないが，コーディング，ディスカッション活動ともに多い (コーディング寄り)．pull request，merge も多く，オールマイティな開発者といえる．
1A, 2A	寡黙なプログラマ	Commit は多いがディスカッション活動は少なめであり，コア活動も少なく(1A は若干あり)，プログラミングに関する寡黙なエキスパートといえる．
2C, 3A	雄弁なプログラマ	コーディング，ディスカッション活動ともに多いが，その他の活動は非常に少ない．プロジェクトに貢献する雄弁なプログラマといえる．
3B	バグ発見・解決エキスパート	issue 関係の活動に焦点を置いている．バグの発見，解決に特化した開発者またはエンドユーザである．
4C	バグ管理者	issue comment，close の活動が殆どである．バグ管理者的な開発者といえる．
4A, 1B	スーパー開発者・管理者	特に commit と issue comment，close の活動が顕著で，全体的にも活動数が極めて多い．リーダー開発者と比較しても活動量が多く，assign と reopen も行っている．スーパープログラマ兼プロジェクト管理者的な開発者といえる．

献タイプの定義，その分布を示すことができた．

（エ）より詳細な貢献タイプの同定

4.1 節では基本となる貢献タイプの同定, 4.3 節ではそれらのより詳細な分析を行った．ただし，貢献タイプごとに行った 4.3 節の詳細分析においては，隣り合う貢献タイプ（象限間）においていくつか似たような原型も抽出された．そこで，4.1 節と 4.3 節をまとめた貢献タイプの分類を行う．

表 1 は，4.3 節において抽出された原型を，似た原型をまとめたうえで示したものである．ここでは，図 8～11 の原型グラフをもとに，1A と 2A，2C と 3A，2B と 3C と 4B，4A と 1B を似た原型としてまとめ，計 7 個の貢献タイプ「リーダー開発者」「オールマイティ開発者」「寡黙なプログラマ」「雄弁なプログラマ」「バグ報告・解決エキスパート」「バグ管理者」「スーパー開発者・管理者」を同定した．

これら 7 つのうち，「リーダー開発者」「オールマイティ開発者」「スーパー開発者・管理者」の 3 タイプは比較的傾向が似ており，コーディング，ディスカッション活動に加えて pull request が多い．ただし，活動量としては，スーパー開発者・管理者＞リーダー開発者＞オールマイティ開発者の順となっており，assign，reopen といったコア活動の量についても同様の順序となっている．また，「寡黙なプログラマ」と「雄弁なプログラマ」は両者ともにコア活動は少ないがコーディング活動が多い．ディスカッションの量が両者を区別している．残りの「バグ発見・解決エキスパート」と「バグ管理者」は，コーディングをあまり行わない貢献者である．

プロジェクト単位でどのタイプの貢献者がどの程度いるかの分析，タイプごとの人数がプロジェクトに与える影響の分析等については今後の課題となる．

5. まとめ

本研究では，OSS 開発における代表的なプラットフォームである GitHub 上の開発者を対象として，開発貢献のタイプ分類・貢献度の分析を行う方法を提案した．90 プロジェクトを対象とした分析を行った．その結果，貢献者は大別的には 4 つのタイプに明確に分かれており，そのタイプごとにより詳細に分類されることが分かった．また，プロジェクトごとの分析を行うことで，各タイプの貢献者の過不足を認識できることが分かった．今後は，詳細タイプ分類をプロジェクトに当てはめての分析，より新しく大きなデータセットに対しての分析を行う予定である．

6. 参考文献

[1] A Cutler, L Breiman: Archetypal analysis, Technometrics, Vol.36, No.4, pp.338-347, 1994.

[2] M. J. A. Eugster, F Leisch, From spider-man to hero-archetypal analysis in R, J. Statistical Software, Vol.30, No.8, pp.1-23, 2009.

[3] 五田篤志，山崎尚，玉田春昭，畑秀明，角田雅照，井垣宏，開発履歴を利用した風林火山モデルに基づく開発者特性の分析，情報処理学会研究報告，ソフトウェア工学（SE），Vol. 185, No. 9, pp. 1-6, 2014

[4] 尾上 紗野，畑 秀明，松本 健一，GitHub 上の活動履歴分析による開発者分類，情報処理学会論文誌, Vol. 56, No. 2， pp. 715-719, Feb. 2015.

[5] 尾上紗野，畑秀明，松本健一，原型分析による活動履歴からの OSS 貢献者プロファイリング，ソフトウェア工学の基礎 XXII, pp.41-46, 2015.

[6] S. Onoue, H. Hata, A. Monden, and K. Matsumoto, Investigating and Projecting Population Structures in Open Source Software Projects: A Case Study of Projects in Github, IEICE Transactions on Information and Systems, Vol. E99-D, No. 5, pp. 1304-1315, May 2016.

[7] The GHTorrent project， http://ghtorrent.org/

[8] K. Yamashita, Y. Kamei1, S. McIntosh, A. E. Hassan, N. Ubayashi, Magnet or Sticky? Measuring Project Characteristics from the Perspective of Developer Attraction and Retention, Journal of Information Processing, Vol. 24, No. 2 pp. 339-348, 2016.

分散台帳の実装における安全性の形式検証

Formal Verification of Safety of a Blockchain Consensus Algorithm

齋藤 新 * 小林 直樹 †

あらまし 本論文では分散台帳技術におけるコンセンサス・アルゴリズムの安全性を形式的に検証した．パーミッション型分散台帳である Hyperledger Fabric をコア部分を単純化して対象とし，検証には形式仕様フレームワークである TLA^+ を用いた．仕様を 2 段階に詳細化するというアプローチでモデル化を行い，定理証明器を用いて検証を行った．その結果，再利用性が高い適切な抽象化が得られ，見通しのよい検証の道筋を立てることができた．

Summary. This paper formally verifies the safety of a consensus algorithm used in a DLT implementation. The target DLT is Hyperledger Fabric, one of the permissioned blockchains. We use a formal verification framework TLA^+. We describe the system as multi-level models and prove its refinement relation using its theorem prover. This gives us reusable abstraction model and good perspective for verification.

1 序論

分散台帳技術は仮想通貨 (virtual currency) のプラットフォームとして提案・実装され，その非集中性・耐障害性・耐改竄性により注目を浴びた．例えば仮想通貨の代表例であるビットコイン [1] は 2009 年に運用が開始されてから現在まで，ネットワークを停止させたり，台帳に不整合を発生させたりするような攻撃が成功していない[1]．その成果を踏まえて，通貨以外のデジタル資産 (暗号資産; crypto-asset とよばれる) を扱えるプラットフォームが登場するなど，適用範囲が拡大している．

ところが分散台帳技術に求められる要件が増大するにつれ，そのアーキテクチャは複雑化の一途をたどっている．アーキテクチャの安全性を確かめることは容易ではない．

例えば Ethereum とよばれる実装では，システム上の通貨を利用することによりプログラム (スマートコントラクト) を実行することができる．ところがプラットフォームの仕様と実装の些細な不具合を悪用し，スマートコントラクトが管理する通貨をある限り引き出す攻撃が行われ，数十億円相当の損失となった [2]．クライアント側の実装においてもバグによる損失が報告されている．

システムの安全性を保証する方法として，形式検証を用いることが有効である．まず，テストでは不可能な「設計の正しさ」を検証することができる．また，全状態を網羅する検証を行うことにより，分散システムにおいて重要であるコーナーケースにおける振る舞いについても確認することができる．

本論文ではプライベート型分散台帳技術の一実装である Hyperledger Fabric (以下，Fabric) を対象とし，コンセンサスに関するコア部分を形式検証系である TLA^+ で検証する．検証は定理証明により行い，より抽象的なモデルからの詳細化 (refinement) を多段階で行うことによりその安全性を証明する．これにより証明を簡潔に行うことができ，モデルを拡張・再利用するための適切な抽象化が得られる．

本論文の構成は以下の通りである．2 節では分散台帳技術および Fabric について

*Shin Saito, IBM Research / The University of Tokyo

†Naoki Kobayashi, The University of Tokyo

[1]ただし，そこからハードフォークにより分裂したビットコインゴールドに対しては，2018 年に取引結果を覆す 51%攻撃が成功している．

概説する．3 節では本論文で使用する形式仕様検証系である TLA$^+$ について紹介する．4 節では Fabric の TLA$^+$ による検証について詳細を説明する．5 節・6 節ではそれぞれ，得られた知見および関連研究について述べる．

2 分散台帳技術

分散台帳技術はネットワーク上に散在するノード間で状態を同期するシステムの総称である．状態の表現は任意のデータ構造でよいが，キー・バリュー・ストア (KVS) であることが多い．ネットワーク上のノードに対して，クライアントはノードの状態を変更するためのリクエストであるトランザクションを送信できる．ほとんどの実装では受け取ったトランザクション列を同期することにより，その適用結果であるノード状態の同期を行う．

ブロックチェーンとは分散台帳のアーキテクチャのひとつである．複数のトランザクションをまとめてブロックに格納し，ブロック単位でノード間のデータ共有を行う．ブロックをチェーン上に並べそれらの同期を取る．各ブロックには直前のブロックのハッシュ値を格納することによりブロックの改竄を防止する．なお，ブロックチェーンの同期を取ることをコンセンサスとよぶ．

分散台帳の実装は参加者[2]の制限の有無により，2 つの種類に大別される．パブリック型 (public/permissionless blockchain) は参加者 (ノードおよびクライアント) の資格・数に制限がない．そのため，コンセンサスには計算量などをもとにしたインセンティブベースのアルゴリズムが用いられる．例えばビットコインのコンセンサスにはハッシュ計算のコストをもとにしたプルーフ・オブ・ワーク (PoW) が使われている．一方，パーミッション型 (permissioned blockchain) においては認証ノードに許可された参加者しか加われない．また，ある時点においては参加ノードの数が固定されている．これは 1980 年代から研究されていた分散合意の問題設定であり，コンセンサスには多数決ベースのアルゴリズムが使用される．例えば Fabric では，バージョン 0 において PBFT アルゴリズム [3] が使用されていた．

2.1 ビザンチン耐性

分散台帳技術においてはノードやネットワークの障害に対して耐性があることが要求される．ここでいうノードの障害は故障などによる停止のほか，悪意のあるノードがいる，などの理由によりコンセンサス・プロトコルに従わない状況を含む．このような障害は「ビザンチン将軍問題」 [4] にちなんでビザンチン障害とよばれる．ビザンチン障害に対して耐性を持つことをビザンチン耐性 (Byzantine Fault Tolerance; BFT) とよぶ．既知の結果として，参加ノードのうち高々 f 台にビザンチン障害がある場合において，ネットワークが耐性を持つためには最低 $3f + 1$ 台のノードが必要であることが知られている．

2.2 Hyperledger Fabric

Hyperledger Fabric (以下，Fabric) はパーミッション型ブロックチェーンの 1 実装である．Fabric はコンソーシアム型とよばれるアーキテクチャを採用する．ネットワークは複数の組織からなり，各組織の認証機関が参加者を認証する．

処理性能向上のため，Fabric バージョン 1 以降では一般に見られる分散台帳の実装とは異なるアーキテクチャが採用されている．本論文の目的はこの安全性を検証することである．コンセンサス・アルゴリズムの詳細については 4 節で説明する．

[2] ここでいう参加者とは，ネットワークに参加するノード，および，クライアントがトランザクションを発行する際に使用するユーザアカウントのことである．

3　形式検証系 TLA$^+$

本研究では Lamport らによる形式検証フレームワークである TLA$^+$ [5] を使用する．TLA$^+$ は集合論と時相論理に基づく言語である TLA で記述されたシステムを検証するツール群である．モデル検査器 TLC および定理証明システム TLAPS を使用することができる．上記各ツールに加えて Eclipse ベースの IDE である TLA Toolbox が提供されている．

3.1　仕様記述言語 TLA

TLA$^+$ で使用する仕様記述言語は TLA (Temporal Logic of Actions) と呼ばれる．詳細は [5] に譲る．そこに掲載されているサンプル Hour Clock (図 1) を用いて概要を説明する．なお，図では仕様が ASCII 文字列で表記されているが，本文ではそれらに対応する数学的な記法を用いる．

```
---------------------------- MODULE HourClock ----------------------------
\* Hour Clock example from Lamport's book

EXTENDS Naturals
VARIABLES hr

Init == hr \in 1..12
Next == hr' = IF hr /= 12 THEN hr+1 ELSE 1

Spec == Init /\ [][Next]_hr

THEOREM TypeSafety == Spec => []Init
===========================================================================
```

図 1　**Hour Clock の TLA による記述例**

TLA ではモジュールが 1 つの状態遷移系を記述する単位である．例ではモジュール *HourClock* を定義している．EXTENDS 宣言で他のモジュールを取り込むことができる．各種ライブラリもモジュールとして定義されており，ここでは自然数に関するライブラリである *Naturals* をインポートしている．モジュールの状態変数は VARIABLE(S) 宣言で，定数は CONSTANT(S) 宣言で定義する．これらはすべて集合であり，各々の自然数も定義された集合であるとみなされる．例では状態変数として hr を定義している．定数は定義していない．

Init の定義から始まるその後の行はすべて定義である．なお，定義の展開はマクロ的に行われる．

TLA において，状態遷移系は初期条件，および，状態遷移における事前・事後条件に関する論理式として定義される．*Init* は初期条件を定義する．ここでは hr は 1 から 12 までのいずれかであると定義している．このように非決定的な定義が可能であることが TLA の特徴の 1 つである．*Next* は状態遷移を定義している．これは事前条件と事後条件の論理積で表現される．その際に，hr' のように状態変数にプライム記号がついたものは「次の状態における変数の値」を表す．例では hr の値が 12 でなければ[3]，次の状態では $hr+1$ になり，12 であれば 1 になる，としている．なお例では事前条件が指定されていないので，すべての状態において遷移が可能である．

[3] # または /= で ≠ を表す．

これをまとめてシステムの振る舞い *Spec* は時相論理式の定義 $Spec \triangleq Init \wedge \Box[Next]_{hr}$ で与えられる．ここで $[Next]_{hr}$ は $Next \vee$ UNCHANGED *hr* を表し，さらに UNCHANGED *hr* は $hr' = hr$ を表す．これは状態が変化しないステップ，stuttering を意味している．TLA のすべての時相論理式は stuttering に対して不変であることが求められており，実際に *Spec* の定義式もそうなっている．

最後に証明したいシステムの性質が時相論理式 *TypeSafety* として THEOREM 宣言で定義されている．例では不変条件，つねに *hr* の値が 1 から 12 までのいずれかであること，が表現されている．これは TLA⁺ では type invariant と呼ばれる不変条件であり，安全性の一種である．一般に，不変条件の成立は $Spec \Rightarrow \Box Inv$ として表現される．なお，例では定理の証明が書かれていない．実際には仕様の記述者が証明支援系 TLAPS を使って構築していくこととなる．

4 TLA⁺ による Hyperledger Fabric の安全性検証

ここでは Fabric のコンセンサスアルゴリズムの一部を単純化し，その安全性を TLA⁺ の定理証明支援系 TLAPS により証明する．なお，仕様および証明の全体については `https://github.com/shinsa82/fabric-formal-model` から入手可能である．

4.1 Hyperledger Fabric のコンセンサス・アルゴリズム

Fabric のコンセンサス・アルゴリズムは処理性能の向上，台帳不整合の早期発見などを目的として，他の実装には見られない，MVCC (Multiversion Concurrency Control) をベースとしたものが用いられている．ここでは全ノード数 $N = 4$，障害許容台数 $f = 1$ としてアルゴリズムを説明する．

例として，台帳をキーとして各ユーザ名，値としてその残高が記載された KVS であるとし，ユーザ A から B に送金する例を考える．ここで，KVS の各エントリはキーおよび値に加えてバージョンを保持している構造とする．このバージョンはエントリに書き込みがあるたびにインクリメントされる．

ある時点において，A の残高が 400 でそのバージョンは v2 (以下 $(A, 400, v2)$ と書く)，B は $(B, 300, v1)$ であるとする．A から B へ 100 を送金するトランザクションに対して，具体的なアルゴリズムは以下のようになる．ただし単純化のためトランザクションをブロックにまとめる処理をせず，トランザクション単位で処理を行うものとする．

1. クライアントは A から B への送金トランザクションを作成．各ノードにその仮実行 (simulation) を依頼する．
2. 各ノードは送金スマートコントラクトを仮実行し，その結果である read-write set (以下 RWSet) を返す．Read-set にスマートコントラクトが仮実行中に読み出したキーとそのバージョンが記録される．例では $\{(A, v2), (B, v1)\}$ である．Write-set には仮実行中に書き込んだキーとその値が記録される．例では $\{(A, 300), (B, 400)\}$ である．
3. クライアントは各ノードから返る RWSet たちを元のトランザクションにエンドースメントとして含め，オーダラー (順序付けサービス) と呼ばれる特殊ノードに送る．ここで，全ノードから RWSet が返るとは限らないし，(ビザンチン障害を仮定するので) その結果が正しいとは限らないことに注意する．
4. オーダラーは複数のクライアントから到達するトランザクションたちを一列に並べて，順にノードにブロードキャストする．
5. ノードはオーダラーからトランザクションを受け取ったらその検証 (MVCC 検証) を行う．
   (a) エンドースメントが 3 個未満である場合には検証失敗とする．
   (b) エンドースメントが 3 個以上ある場合，そのうち 2 つ以上の RWSet が一致する場合はそれを正として次のステップに進む．そうでない場合は検証失敗とする．

(c) 前ステップで正としたRWSetのread-setのすべてのエントリについて，そのバージョンが「現在のノードの対応エントリのバージョン」と等しい場合には検証成功とし，そうでない場合には検証失敗とする．

検証に失敗した場合はそのトランザクションにinvalidフラグをつけて無視する．検証に成功した場合はそのトランザクションをブロックチェーンに追記し，RWSetを現在の状態に適用する．その結果，各ノードにおけるKVSのエントリは $(A, 300, v3)$ および $(B, 400, v2)$ となる．

上記のアルゴリズムは高々1台のノードがビザンチン障害にある場合については期待通りに動作するはずである．すなわち，その条件下において，ステップ5bで正とされるRWSetはread-set: $\{(A, v2), (B, v1)\}$, write-set: $\{(A, 300), (B, 400)\}$ となるはずである．またMVCC検証に成功した場合，送金トランザクションを実行して台帳の状態を更新する必要はなく，RWSetをコミットすることで同じ効果が得られるはずである．

4.2 Refinementによる安全性証明

Fabricのコンセンサスの安全性を証明するにあたり，現在の実装をモデル化し，それが安全性を満たすことを直接証明するのではなく，本研究では多段階のrefinementにより証明する方針を取る．

状態遷移系 $\mathbf{S_1}, \mathbf{S_2}$ において，$\mathbf{S_1}$ により許される任意の(観測可能な)状態の遷移列が $\mathbf{S_2}$ のそれでもあるとき，$\mathbf{S_1}$ は $\mathbf{S_2}$ のrefinementであるとよぶ．このとき，$\mathbf{S_2}$ が安全性を満たす場合には $\mathbf{S_1}$ も満たすことが示される．Abadiらは，状態遷移系 $\mathbf{S_1}, \mathbf{S_2}$ において，$\mathbf{S_1}$ の状態を $\mathbf{S_2}$ の状態に写す関数で，ある条件を満たすものをrefinement mappingと定義した．そしてそのmappingが存在する場合には $\mathbf{S_1}$ は $\mathbf{S_2}$ のrefinementになること(さらにある条件下ではその逆が成り立つこと)を示した[6]．Refinementの定義が状態の無限列の集合の包含関係に基づくことに対し，refinement mappingに関する条件はほとんどが状態間の対応関係を考えれば十分であり，証明が容易である．

Refinementの方針は次のようになる．まず最上位のモデルとして，外部から見たシステムの振る舞いをモジュール *Ledger* としてモデル化する．次に，MVCC検証を行う台帳をモジュール *MVCC_Ledger* として定義する．このモデルは依然として単一のノードとして振る舞うがMVCC検証を導入している．トランザクションの投入時に仮実行結果を保存しておき，トランザクションの処理時にはMVCC検証を行い，成功したらRWSetをコミットすることにより状態の更新を行う．最後に，より低位のモデルとして，複数のノードからのRWSetを収集するモデルをモジュール *MVCC_Consensus_Ledger* として記述する．なお，前述のアルゴリズムに現れるオーダラーについては取り除いて単純化しているが，これを陽にモデルで表現して検証することも可能である．

4.3 台帳仕様 *Ledger*

最上位の台帳仕様である *Ledger* から一部抜粋したものを図2に示す．

このモジュールは内部状態としてKVSの状態 *state*，ブロックチェーン *chain*，チェーンにおける未処理のトランザクションのインデックスである *index* を定義している(4–6行目)．9–10行目ではデータ型に相当する集合を定義している．なお *TX*，*NULL* などは共通モジュール *Datatype* で定義されている．12行目ではモジュールの初期状態を定義している[4]．17–39行目では3種類の状態遷移に関する論理式を定義して

---

[4] 配列のインデックスは1から始まる．また，<<a,b,c>> は数学的記法では $\langle a, b, c\rangle$ と書き，タプルおよび配列を表す．当然であるがこれらもすべて集合である．

```
-------------------------------- MODULE Ledger -------------------------------
EXTENDS Sequences, Integers, TLAPS, Datatype

VARIABLES state, \* current state of the ledger state machine.
          chain, \* blockchain, a list of received transactions.
          index \* unprocessed TX index at the blockchain.
vars == <<state, chain, index>>

ChainEntry == [tx: TX, is_valid: BOOLEAN \union {NULL}]
Chain == Seq(ChainEntry)

Init ==
    /\ state = InitState \* state is at the initial state, and
    /\ index = 1
    /\ chain = <<>> \* empty transaction queue.

SubmitTX(tx) ==
    /\ chain' = Append(chain, [tx |-> tx, is_valid |-> NULL])
    /\ UNCHANGED <<state, index>>

ProcessTX_OK ==
    LET
        f == chain[index].tx.f
    IN
        \* /\ Len(chain) >= index
        /\ index \in DOMAIN chain
        /\ chain' = [chain EXCEPT ![index].is_valid = TRUE] \* update validity flag
        /\ index' = index + 1 \* increment the index.
        /\ state' \in f[state] \* perform non-deterministic state transition by f.

ProcessTX_ERR ==
    LET
        f == chain[index].tx.f
    IN
        \* /\ Len(chain) >= index
        /\ index \in DOMAIN chain
        /\ chain' = [chain EXCEPT ![index].is_valid = FALSE] \* see above.
        /\ index' = index + 1 \* see above.
        /\ UNCHANGED state \* state does not change due to invalid TX.

Next == (\E tx \in TX: SubmitTX(tx)) \/ ProcessTX_OK \/ ProcessTX_ERR

Spec == Init /\ [][Next]_vars
==============================================================================
```

図 2　**Ledger** モジュール (抜粋)

いる．TLA ではこれらをアクションとよび，TLA の名称の由来になっている．例えばアクション *ProcessTX_OK* (21–29 行目) はトランザクションの処理が成功した場合の状態遷移を定義している．トランザクションに格納されている関数，つまりスマートコントラクト (23 行目の f) を現在の状態に適用し更新する．ここでは f は非決定的であることを許容している．処理したトランザクションには valid であるというフラグを付与し，インデックスを 1 つ進めている．なお，*ProcessTX_ERR* は不要に見えるが，後に refinement mapping を定義するためにこのようになっている．

次に，このモデルに対する安全性検証の例を図 3 に示す．不変条件としては type invariant (省略) に加えて，ブロックチェーンに含まれるトランザクションが前から順に処理されていること (*ChainInv*) を含めている．階層化された証明 (14–24 行目) が TLAPS の記法に従って与えられている．これにより *Ledgder* が台帳として期待する性質を満たしていることが形式的に確認できる．

```
1  ------------------------------- MODULE Ledger -------------------------------
2  ...
3  Spec == Init /\ [][Next]_vars
4
5  ---
6  \* Invariant (safety) on the blockchain
7  ChainInv ==
8     \* chain = (processed part) + (unprocessed part)
9     /\ \A i \in 1 .. index-1: chain[i].is_valid \in BOOLEAN
10    /\ \A i \in {i \in Nat: index <= i} \cap DOMAIN chain: chain[i].is_valid = NULL
11
12 Inv == TypeInv /\ ChainInv
13
14 (* Invariant (safety) on the high-level Ledger *)
15 THEOREM LedgerInv == Spec => []Inv
16 PROOF
17    <1>1 Init => Inv
18       BY InitStateAxiom DEF Init, Inv, TypeInv, ChainInv, Chain
19    <1>2 Inv /\ [Next]_vars => Inv'
20       <2>1 SUFFICES ASSUME TypeInv, ChainInv, [Next]_vars PROVE Inv' BY DEF Inv
21       <2>2 CASE Next
22          <3> USE DEF Inv, Next
23 ...
24    <1> QED BY PTL, <1>1, <1>2 DEF Spec
25
26 ==============================================================================
```

図 3　Ledger モジュールの安全性 (抜粋)

4.4　MVCC 台帳仕様 *MVCC_Ledger*

図 4 に *MVCC_Ledger* モジュールを抜粋したものを示す．ここでは MVCC 検証を導入するために，ブロックチェーンにエンドースメントを格納する箇所を設ける (3, 5 行目)．このモデルでは，トランザクションの投入時にエンドースメントを計算し格納するように変更されている (7–12 行目)．トランザクションの処理時には read-set に関する条件が成功した場合の限り，RWSet をコミットすることにより *state* の変更

を行う (14–24 行目).

```
1  ------------------------------ MODULE MVCC_Ledger ------------------------------
2  ...
3  Endorsement == RWSet
4  \* each entry of blockchain now has a RWSet.
5  ChainEntry == [tx: TX, endorsement: Endorsement, is_valid: BOOLEAN \union {NULL}]
6  ...
7  SubmitTX(tx) ==
8     LET
9        end == endorsement(tx)
10    IN
11       /\ chain' = Append(chain, [tx |-> tx, endorsement |-> end, is_valid |-> NULL])
12       /\ UNCHANGED <<state, index>>
13 ...
14 ProcessTX_OK ==
15    LET
16       f == chain[index].tx.f
17       rwset == chain[index].endorsement
18    IN
19       \* /\ Len(chain) >= index
20       /\ index \in DOMAIN chain
21       /\ SameOnRSet(state, rwset)
22       /\ chain' = [chain EXCEPT ![index].is_valid = TRUE] \* update validity flag
23       /\ index' = index + 1 \* increment the index.
24       /\ state' = Commit(state, rwset) \* perform non-deterministic state transition by rwset.
25 ...
26 h_state == state
27 h_chain == Proj(chain)
28 h_index == index
29 ...
30 HSpec ==
31    INSTANCE Ledger WITH state <- h_state, chain <- h_chain, index <- h_index
32
33 THEOREM Refinement == Spec => HSpec!Spec
34 ...
35
36 ================================================================================
```

図 4　MVCC_Ledger モジュール (抜粋)

26–28 行目では refinement mapping を定義している．エンドースメントに関するフィールドを削除する以外，変換はほぼ不要である．30 行目では mapping された変数を用いて上位モジュールである *Leader* をインスタンス化している．これにより，このモジュールが *Ledger* の refinement となることは，33 行目の命題 *Refinement* で表現できる．詳細は省略するが，これは refinement mapping の定義 [6] において，$\mathbf{S_2}$ が内部状態を持たず，$\mathbf{S_1}$ の外部状態が内部状態の関数として定義される場合に相当する．

4.5 MVCC コンセンサス台帳仕様 *MVCC_Consensus_Ledger*

このモデルにおいては複数のノードからの RWSet をエンドースメントとして収集する．したがって，*Endorsement* の定義を *RWSet* から *Seq*(*RWSet*) に変更する必要がある．さらに，トランザクションを投入する際にネットワーク環境を反映した適切なエンドースメントを生成する必要がある．例えば 4 台のノード中高々1 台がビザンチン障害にあるという設定であれば，エンドースメントの数は 0-4 個であり，そのうち高々1 つが障害ノードからの RWSet であるとする．そして障害ノードからの RWSet の中身は任意のデータであり，その他の RWSet は正しい仮実行結果である，とすればよい．TLA の非決定的代入はこのようなモデル化に極めて有用である．

あとはこのモジュールが *MVCC_Ledger* の refinement であることを示せばよく，これは命題 $Spec \Rightarrow MVCC\_Ledger!Spec$ を証明すればよい．紙面の都合上，詳細は省略する．

5 考察

5.1 TLA$^+$ によるモデル化と検証の容易性

前述したように TLA$^+$ にはデータ型が存在せず，すべて集合として扱われる．例えば自然数は自然数型 `Nat` を持つ値，ではなくて自然数の集合 *Nat* の元であるとみなされる．型を扱わないことにはメリットとデメリットがある．TLA$^+$ で記述される仕様は検証対象のシステムと外部の環境をまとめて扱う closed-system specification である．その際，環境から与えられる値に関しては型を制限しないことが現実のモデル化という観点からは望ましい．一方で，型システムが導入されていれば自明であるにもかかわらず，TLA$^+$ では値がどの集合に属するか証明する必要がある場合が多く効率的でない．現実的にはシステムの内部で扱うデータは統制されていることがほとんどであるから，部分的に型を指定・推論できる仕組みがあると便利である．

TLA$^+$ の証明支援系である TLAPS は自然演繹に基づく前向き推論を採用している．Coq などに見られる後ろ向きの推論とは異なり，現在のゴールが自動的に構築されるわけではないので，試行錯誤が必要になるケース多いが，IDE のサポートが十分であるとは言い難い．他の証明支援系でも見られるように SMT ソルバなどを用いた自動証明は利便性が高いが，ゴールに対して適用する定理をピンポイントで指定する形式ではないので，意図した証明にたどり着くのに苦労するケースも見られる．

なお，TLA$^+$ にはモデル検査器が付属しているが，少し複雑な仕様に対しては状態爆発により現実的な時間では検証が完了せず，今回は使用を見送った．

5.2 モデルと実装の整合性

形式検証の課題の 1 つとして，モデルと実装[5]の乖離がある．

まず，先に要求仕様としてのモデルを作成・検証し，それをもとにコードを実装する場合を考える．分散プロトコルを一からデザインする場合にはこちらのアプローチが望ましい．このとき，モデルが正しいことを検証できたとしても，実装へ抽出または変換する際に誤りがあると形式検証を行った意味が失われる．TLA$^+$ における operation はマクロ的な働きをする上に，様々なデータ型や操作が集合およびその上の演算として表現されている．集合には内包表記が使用可能で，さらに非決定的代入も存在する．これらは TLA$^+$ で記述する際には頻出するが，例えば Go 言語のような低レベル言語で直接に実装するのは難しい．この場合には，上記のモデルをいったん実装に近い形に詳細化して，それをプログラムに変換するのが望ましい．

一方，実装がすでに存在し，その性質を検証する場合にはモデルが実装の振る舞いを正しく反映しているかが問題となる．この場合，実装から自動的にモデルを抽出することが望ましい．Hyperledger Fabric の場合はすでに実装があり，バージョン

[5]ここでいう実装は，プログラミング言語による実装を指す．

アップが頻繁であるため，現在のところはこちらのアプローチが現実的であると思われる．

6 関連研究

分散合意における形式検証の研究を紹介する．定理証明系 Coq に Logic of Events と呼ばれる理論を導入し，PBFT アルゴリズムの検証を行った研究がある [7]．Coq には証明からプログラムを抽出する機能があり，形式検証でしばしば問題になる，モデルと実装の乖離，を防ぐ意味で有用な手法であると思われる．他にも，TLA$^+$ を用いて Paxos，Raft を始めとする分散合意プロトコルが検証されている [8]．パブリック型分散台帳のコンセンサスを Coq でモデル化した研究としては [9] があげられる．定理証明以外のアプローチとして，ノード間のコミュニケーション形態が一定の範囲に収まる場合には，モデル検査ベースのアプローチも有用である [10]．

また，The DAO Attack を契機として，スマートコントラクトの安全性を保証する研究も行われている [11]．

7 まとめ

本論文ではパーミッション型の分散台帳技術である Hyperledger Fabric の安全性に関する形式検証を行った．Fabric の合意アルゴリズムの主要部分を取り出したものについて，低レベルのモデル (実装) が高レベルのモデル (仕様) を詳細化していることを証明することによりその安全性を検証した．形式検証系には集合論および時相論理をベースとする TLA$^+$ を用いた．豊富なデータ型と SMT ソルバなどを用いた定理証明器により，シンプルに証明を構築することができた．現在の TLA$^+$ のモデル検査器の性能が向上すれば，定理証明とモデル検査を組み合わせることにより，さらに効率の良い検証が可能になると思われる．今後の研究は Fabric の独自機能をさらに盛り込むこと，プログラミング言語による実装とモデルの対応を正しく取ることについて取り組んでいきたい．

参考文献

[1] Satoshi Nakamoto. Bitcoin: A peer-to-peer electronic cash system. `http://bitcoin.org/bitcoin.pdf`.

[2] Deconstructing theDAO Attack: A Brief Code Tour. `http://vessenes.com/deconstructing-thedao-attack-a-brief-code-tour/`.

[3] Miguel Castro and Barbara Liskov. Practical byzantine fault tolerance. In *Proceedings of the Third Symposium on Operating Systems Design and Implementation*, OSDI '99, pp. 173–186, 1999.

[4] Leslie Lamport, Robert Shostak, and Marshall Pease. The byzantine generals problem. *ACM Trans. Program. Lang. Syst.*, Vol. 4, No. 3, pp. 382–401, July 1982.

[5] Leslie Lamport. *Specifying Systems: The TLA+ Language and Tools for Hardware and Software Engineers*. Addison-Wesley Longman Publishing Co., Inc., Boston, MA, USA, 2002.

[6] Martín Abadi and Leslie Lamport. The existence of refinement mappings. *Theor. Comput. Sci.*, Vol. 82, No. 2, pp. 253–284, May 1991.

[7] Vincent Rahli, Ivana Vukotic, Marcus Völp, and Paulo Esteves-Verissimo. Velisarios: Byzantine fault-tolerant protocols powered by Coq. In Amal Ahmed, editor, *Programming Languages and Systems*, pp. 619–650, Cham, 2018. Springer International Publishing.

[8] Saksham Chand, Yanhong A Liu, and Scott D Stoller. Formal verification of multi-paxos for distributed consensus. In *International Symposium on Formal Methods*, pp. 119–136. Springer, 2016.

[9] George Pîrlea and Ilya Sergey. Mechanising blockchain consensus. In *Proceedings of the 7th ACM SIGPLAN International Conference on Certified Programs and Proofs*, pp. 78–90. ACM, 2018.

[10] Cezara Drăgoi, Thomas A. Henzinger, and Damien Zufferey. Psync: A partially synchronous language for fault-tolerant distributed algorithms. In *Proceedings of the 43rd Annual ACM SIGPLAN-SIGACT Symposium on Principles of Programming Languages*, POPL '16, pp. 400–415, New York, NY, USA, 2016. ACM.

[11] Sukrit Kalra, Seep Goel, Mohan Dhawan, and Subodh Sharma. Zeus: Analyzing safety of smart contracts. In *NDSS*, 2018.

IoTの柔軟な相互運用性を実現するソフトウェアアーキテクチャの提案

A Software Architecture Enabling Flexible IoT Compatibility

横山 史明* 沢田 篤史† 野呂 昌満‡ 江坂 篤侍§

あらまし IoT の利便性を向上させるためには，多様な環境においてアプリケーションを稼働させることのできる相互運用性が重要である．また，利用状況や嗜好に応じたサービスを提供する柔軟性も重要である．スマートホームなど IoT 環境にとっての相互運用性とは，利用者の所持する機器を最大限に活用してサービスを提供できることである．柔軟性とは，刻々と変化する利用者の状況（時間や位置など）と意思（目的や嗜好など）に合わせてサービスを提供できることである．

IoT 製品や標準の乱立によって，相互運用性の確保は特定の製品群の中だけに留まっているのが現状である．柔軟性に関しては，センシングや機械学習などの要素技術の利用がアプリケーション毎に行われている．これら相互運用性や柔軟性の確保が場当たり的に行われると，IoT アプリケーションソフトウェアの保守性に対して悪い影響が懸念される．

本研究では，IoT における柔軟性と相互運用性の確保をソフトウェア構造の問題と捉え，スマートホームでの動的適応を可能とするソフトウェアアーキテクチャを定義する．柔軟で相互運用可能なアプリケーションを保守しやすく構築する基盤としてこのアーキテクチャを提案することで，上述した問題の解決を図る．

1 はじめに

IoT の応用先の一つにスマートホームがある．家庭における IoT の導入シナリオとして，利用者が好みの製品を購入しながら，すでに家庭にある製品とネットワーク上で連携させることで，徐々に IoT の適用範囲を拡大させていく，というものが挙げられる．特にこのようなシナリオのもとでは，将来追加導入されるものも含めて，利用者が自身の保有する製品を有効に活用して，IoT の恩恵を享受できることが望まれる．つまり，IoT では，特定のハードウェアやネットワーク，基本ソフトウェアに依存することなく，多様な環境においてアプリケーションを稼働させることのできる相互運用性が重要である．また，スマートホームにおけるアプリケーションは利用者の生活に即して使用されることから，時間や利用者の位置といった状況や，利用者の目的や嗜好に応じて適切なサービスを提供する柔軟性も IoT にとっては重要である．

IoT 製品や標準の乱立によって，相互運用性の確保は特定の製品群の中だけに留まっているのが現状である．互換性が保証された製品群で家庭を一気にスマートホーム化する方法以外では，家中の家電製品を有効活用して利便を享受することは難しい．柔軟性に関しても，特定のアプリケーション内で利用者の状況や嗜好を考慮することはできるが，それをより広い範囲へ展開し利便性を享受することは難しい．

相互運用性や柔軟性を確保することは，アプリケーションの提供するサービスの中身とは異なる関心事である．これらに対処するための施策がアプリケーション毎に場当たり的に行われると，相互運用性や柔軟性のための論理がソフトウェア内に散在することになり，ソフトウェアの保守性に対する悪い影響が懸念される．

*Fumiaki Yokoyama, 南山大学大学院理工学研究科

†Atsushi Sawada, 南山大学理工学部

‡Masami Noro, 南山大学理工学部

§Atsushi Esaka, 南山大学理工学部

本研究では，IoT における柔軟性と相互運用性の確保をソフトウェア構造の問題と捉え，スマートホームでの動的適応を可能とするソフトウェアアーキテクチャを設計する．その設計にあたり，IoT 機器を相互に連携させるための論理と，利用者の状況や嗜好に適用させるための論理とを明確に分離した基本構造を定義する．提案するアーキテクチャでは，この基本構造を階層的に適用することで，IoT 機器間の多層にわたる動的適応のための構造を定義する．これにより，スマートホームにおける柔軟な相互運用を可能とするとともに，保守しやすい IoT アプリケーションの構築基盤を提供する．

提案するアーキテクチャに基づいて IoT 機器間の動的適応が可能であることを示すために，簡単なメッセージ通知アプリケーションを実装する．この実装を通じ，利用者の状況に応じてメッセージ送信先の IoT 機器を変更し，その機器に合わせた形態のメッセージをその機器の能力に合わせた方法で通知できることを確認する．また，利用者の状況に適応する論理と，異なるプロトコルを持つ機器へ適応する論理とが分離され，保守性の向上が期待できることも確認する．

2 IoT における相互運用性と柔軟性

2.1 IoT 機器の柔軟な相互運用

スマートホーム等で求められる IoT 機器の柔軟な相互運用について，簡単なアプリケーションを例に説明する．図 1 に洗濯完了通知アプリケーションの概念図を示す．

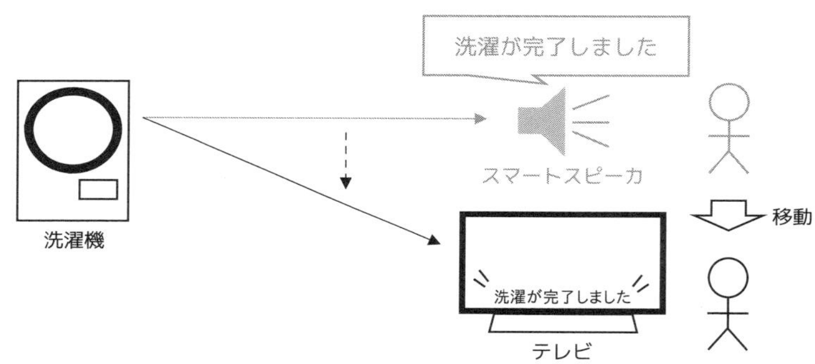

図 1: 洗濯完了通知アプリケーション

このアプリケーションは利用者に洗濯の完了を通知することを目的とし，通常時にはスマートスピーカを介して洗濯完了メッセージを出力するように作られているとする．利用者は家庭内を移動し，様々な活動をすることから，必ずしもスマートスピーカが適切な出力機器ではない場合もある．このアプリケーションが利用者の状況や嗜好に適応して効果的に目的を果たすために，例えば，

- 洗濯が完了した時点での利用者の位置に応じて出力
- 洗濯が完了した時間帯と利用者の就寝時間帯を考慮して出力

のような対応が求められる．

これを IoT 機器の連携を用いて実現するためには，

- ネットワーク接続レベルの変更
  センサによる利用者の位置の検出結果や時間帯に応じた，接続相手の IoT 機器の変更
- メッセージングプロトコルレベルの変更
  相手の IoT 機器が受付可能なメッセージ通知プロトコルに応じた，メッセージ

ングプロトコルの変更
- 意味レベルの変更
  相手の IoT 機器の機能や利用者の嗜好に応じた，表現メディアやメッセージ内容の変更

に対処可能であることが求められる．

2.2 IoT の相互運用性に関する課題

ネットワークを通じて機器同士を連携させるために様々な標準化が行われている．oneM2M [1] では，様々な応用領域を想定したサービスアーキテクチャとプロトコル群を想定した標準が定義されている．IoT-A (Internet of Things Architecture) [2] では，IoT 機器やサービスなど概念間の関係を参照モデルとして定義し，それに基づいた標準化が行われている．W3C による WoT(Web of Things) [3] の標準化では，Web アプリケーションや Web サービスの枠組みを IoT 機器に適用するための議論が行われている．

家電機器に特化した標準としては，機器をホームネットワークによって連携させるための規格 ECHONET Lite [4] がある．この規格では，高性能のホームサーバにより，家庭内の全ての IoT 機器を制御する方式をとっている．この他にも，各ベンダから様々な IoT 機器が提案され，家電制御やセンサ情報取得に利用されている．

前章で述べた IoT 機器導入のシナリオにおいて，ネットワーク接続レベル，メッセージングプロトコルレベル，意味レベル，それぞれの変更への柔軟な適応を実現するためには，既存の標準や製品群の単なる組み合わせでは難しい．いずれの標準や製品群も，それぞれに閉じた範囲の IoT 機器同士が連携できることを第一義として定められているからである．標準をまたぐ IoT 機器の相互運用性を実現する機構が必要である．

2.3 利用状況に応じた柔軟なサービスの提供

情報家電の知的制御のためにオントロジーを用いる試みは古くから行われてきた [5]．前節で述べた oneM2M や WoT の標準でも，ネットワーク接続レベル，メッセージングプロトコルレベルでの標準だけでなく，IoT に関連する概念とそれを表す語彙についての標準化を行っている．oneM2M では，標準にしたがって開発される IoT システムにおける意味レベルの互換性を高めるために，Base Ontology と呼ぶコア概念を拡張可能な形で定めている [6]．WoT では，ネットワーク接続されるセンサ，アクチュエータに関して，それらを利用した観測や動作に関する特徴についての標準オントロジー（SSN）を定めている [7]．

意味レベルの相互運用性を確保するためのアプローチも行われている．井垣らは，ネットワーク家電のサービスを公開し，このサービスを用いた家電の連携を実現するための研究を行っている [8]．サービス指向アーキテクチャに基づいて実現することで機器間の結合を疎にし，相互接続性や機器拡張性を向上させることで，適応的なサービスを可能にしている．

Desai らは，IoT アプリケーションの間で意味変換を行うセマンティックゲートウェイサービスのアーキテクチャを提案している [9]．他にも，意味レベルでの連携を可能とする IoT ゲートウェイのアーキテクチャが Datta らにより提案されている [10] [11]．これらゲートウェイサービスを特定領域へ応用した結果も報告されている [12]．利用者の状況や嗜好に応じたサービスを実現するために，意味レベルの相互運用性を高めるためのゲートウェイを導入するアプローチは有効である．ネットワーク接続およびメッセージングプロトコルのレベルの変更に対処する機構と組み合わせることで，柔軟に接続先や振舞いを変更するアプリケーションソフトウェアの開発が可能になる．

このようなアプリケーションにおいて，利用者の状況や嗜好に応じた変更や，接続先の IoT 機器に応じた変更に関する論理は，アプリケーション本来の論理とは異

なる関心事に基づいている．これらについて場当たり的な実装が行われると，ソフトウェアの保守性について悪い影響が懸念される．保守性が高く，柔軟で相互運用可能な IoT アプリケーションを開発するためには，これらの要素技術の統合を系統的に支援するための共通基盤が必要である．

3 柔軟な適応を可能とするソフトウェアアーキテクチャ

前章では，スマートホームにおける相互運用性を確保するために，ネットワーク接続，メッセージングプロトコル，意味の三つのレベルでの適応を行う必要があることを説明した．また，アプリケーション開発の観点から，保守性の高いソフトウェアを構築するための基盤が必要であることも説明した．

ソフトウェアアーキテクチャは，そこで定義される構造に基づいて実装されるソフトウェアの実行時の性質および開発と保守に関わる性質を決定づけるものである [13]．本研究では，IoT アプリケーションにおいて，柔軟性，相互運用性，保守性を向上させるという課題を，それらの性質を適切に満足するためのソフトウェア構造を定義する問題と捉える．すなわち，動的な適応を可能とするためのソフトウェアアーキテクチャの設計を本研究の目的とする．これにより，柔軟性と相互運用性，保守性の高いスマートホームアプリケーション構築基盤の提供を目指す．

3.1 動的適応のための基本構造

これまでの議論から，本研究で定義するアーキテクチャに対する要求を次のようにまとめることができる．

- 異種 IoT 機器間の相互運用を可能にする適応機構を提供する
- 利用者の状況や嗜好に応じて IoT 機器構成を動的に変更する適応機構を提供する
- 上記二つの機構に基づいて保守性の高いソフトウェアの構築を可能とする

これらの要求を満たすために定義した基本構造を図 2 に示す．一つ目の要求には，

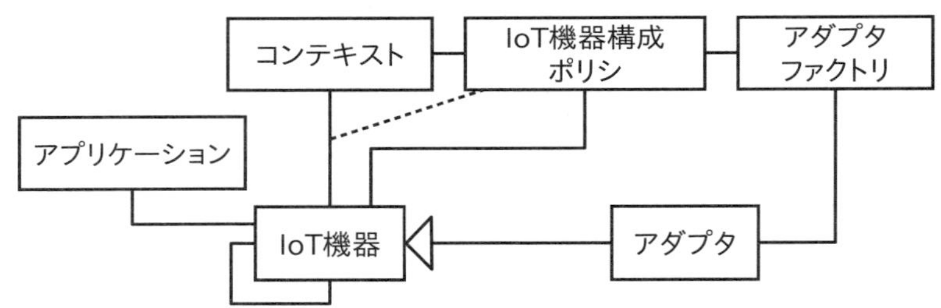

図 2: 動的適応のための基本構造

異機種間の差異を吸収するために，GoF デザインパターン [14] の Adapter パターンを適用することで対応する．すなわち，データや制御をやり取りする「IoT 機器」に「アダプタ」を関連付け，必要なプロトコル等の変換の役割を担わせる．

二つ目については，コンテキストに応じた動的再構成を行うためのアーキテクチャパターン（PBR パターン） [15] を適用して対応する．PBR パターンを適用することで，センサなどの「IoT 機器」から取得した情報から定められる「コンテキスト」の変化に応じて，動的に IoT 機器を再構成する構造を定義できる.「IoT 機器」と「コンテキスト」の間の関連線と「IoT 機器構成ポリシ」をつなぐ破線は,「IoT 機器構成ポリシ」が「IoT 機器」と「コンテキスト」の間の関連クラスであることを意味する．この構造により,「コンテキスト」を更新するために「IoT 機器」から送られるメッセージを実行時に横取りし,「IoT 機器構成ポリシ」を適用するための機構を

定義している．

基本構造に用いたAdapterパターンは，異なるIoT機器間の適応に関する論理をアプリケーション論理から独立させるための設計解を与える．PBRパターンは，コンテキストとそれに応じた振舞いの選択に関する論理と，構成変更の論理とをそれぞれ独立させるための設計解を与える．この基本構造では上記二つのパターンを適用することで，動的な再構成，すなわち柔軟性に関わる論理を「IoT機器再構成ポリシ」モジュールに，プロトコル等の変換，すなわち相互運用性に関わる論理を「アダプタ」モジュールに，それぞれアプリケーション論理から分離している．異なる関心事を明確にモジュールとして分離する構造により，三つ目の保守性に対する要求に応えることができる．

3.2 アーキテクチャ設計

スマートホームにおけるIoTアプリケーションのためのソフトウェアアーキテクチャを前節の基本構造にしたがって設計した結果を図3に示す． 前述したネット

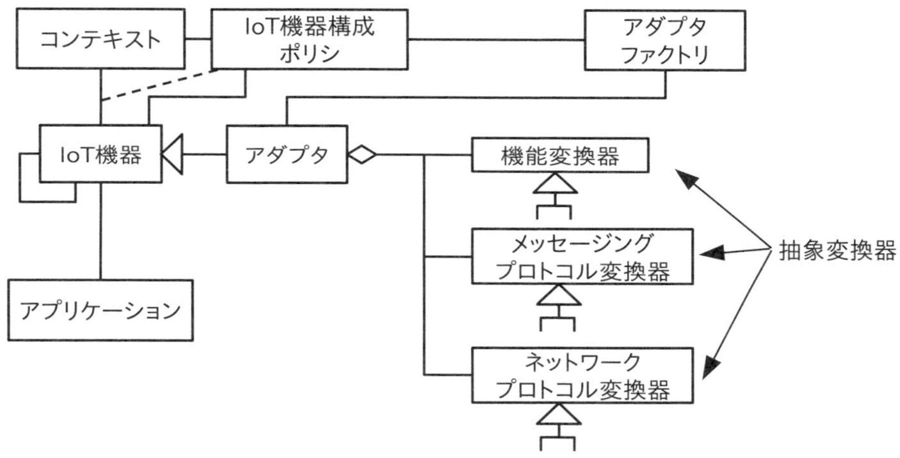

図3: スマートホームIoTアプリケーションのためのアーキテクチャ

ワーク接続，メッセージングプロトコル，意味の三つのレベルでの適応を実現する役割を担うモジュールを，それぞれ「ネットワークプロトコル変換器」,「メッセージングプロトコル変換器」,「意味変換器」として定義した．各レベルの変換器は，Template Methodパターン[14]に基づき，変換処理のスケルトンを提供する抽象クラスとして定義し，具体的な変換処理を具象クラスにて実装する構造とした．相互運用性を確保するために異なるレベルの適応が必要な場合は，抽象変換器のクラスを追加することで対応することができる．

このアーキテクチャに基づいて構築されるアプリケーションの振舞いについて，図1に示した洗濯完了通知アプリケーションを例に説明する．図4に洗濯完了通知アプリケーション動作中の一時点でのメッセージ通信の様子を示す．

ここで「洗濯機」は，完了メッセージをSOAPメッセージ形式で送信するものとする．このメッセージの通知先として通常は「スマートスピーカ」が指定されているが，利用者が居間にいる時には「TV」を通知先に変更するものとする．この時，変更先の「TV」はRESTメッセージのみを受け付け，完了通知を音声合成して出力する機能はなく，画面に文字を出力する機能のみが搭載されているものとする．

図には説明のためにメッセージ通知を矢印で併記してあり，矢印に添えられた番号がメッセージの順番を表す．洗濯完了通知アプリケーションは「洗濯機」へ完了

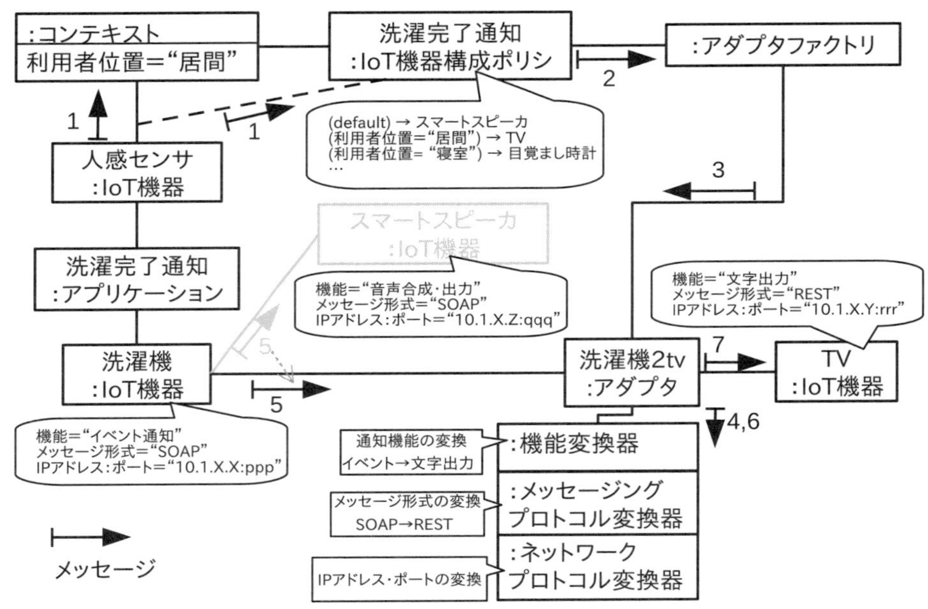

図 4: 洗濯完了通知アプリケーションの動作

通知依頼メッセージを送付することで開始され，動作中は「人感センサ」を用いて利用者の居場所を検知しているものとする．

動的再構成は，利用者の移動を検知した「人感センサ」が起こす「コンテキスト」の変更（メッセージ 1）をきっかけに行われる．「IoT 機器再構成ポリシ」がセンサからのメッセージを横取りし，変更後のコンテキスト（利用者位置＝ “居間”）に応じて，「洗濯機」が完了メッセージを通知すべき IoT 機器を「スマートスピーカ」から「TV」に切り替えるよう，「アダプタファクトリ」に再構成の指示を行う（メッセージ 2）．

「アダプタファクトリ」は，通知先の切り替えに伴って必要となるアダプタ「洗濯機 2tv」を生成して「TV」に関連付けるとともに，「洗濯機」の終了通知先を「スマートスピーカ」からこのアダプタに切り替える（メッセージ 3）．アダプタでは，切り替えに伴って必要となる変換器を，意味，メッセージングプロトコル，ネットワーク接続のレベルでそれぞれ生成（メッセージ 4）することで「洗濯機」からの完了通知を「TV」で出力できるようにする．その後，「洗濯機」が，完了通知を通知先に送信（メッセージ 5）すると，「洗濯機 2tv」を構成する変換器がそれぞれのレベルでの変換を行い（メッセージ 6），通知先の「TV」に通知する（メッセージ 7）．

通信相手の IP アドレスを変更する方法や，メッセージ形式とそれに伴う通信手順を変更する方法など，以上の振舞いを実現する技術には様々な選択肢がある．このアーキテクチャでは，動的適応のためのアダプタおよび変換器を，特定の実装技術には依存しない変換論理のためのモジュールとして定義している．

4 アーキテクチャに基づく実装例

提案するアーキテクチャに基づいて，異種 IoT 機器間の柔軟な相互運用が可能となることを示すために，簡単なメッセージ通知アプリケーションの実装を行った．本章では以下，実装したプロトタイプアプリケーションについて説明する．

実装したプロトタイプアプリケーションのハードウェアおよびネットワーク構成

を図5に示す．これまでに説明してきた洗濯完了通知アプリケーション（図1）を

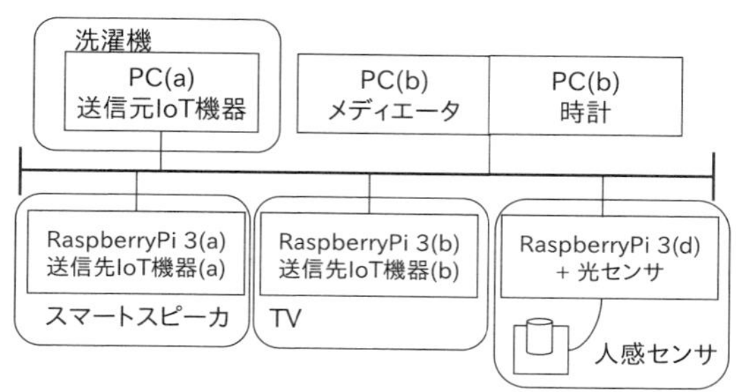

図5: メッセージ通知アプリケーションの構成

想定した構成となっているが，実際の家電機器の代わりにRaspberry Pi 3とノートPCを用いている．これらの機器は，すべて同一ネットワークセグメント上に接続した．

ここでは，ノートPC(a)を洗濯機に見立て，ソケット通信を用いて独自形式のメッセージ通信を行うクライアントとした．また，Raspberry Pi 3(a)をスマートスピーカに見立て，洗濯機からのソケット通信を待ち受けるサーバとした．Raspberry Pi 3(b)はTVに見立て，HTTP通信でメッセージを受け取るサーバとした．Raspberry Pi 3(c)には，光センサ（Grove Light Sensor）を接続して人感センサを模擬している．PC(b)をメディエータとしているが，これは，動的適応を仲介するために実装上導入した要素である．また，IoT機器として時計（PC(b)を便宜上共有）も接続し，時間をコンテキスト情報として用いることができるようにしている．

これらの機器構成を用い，前章で提案したアーキテクチャに基づいて次のシナリオを実装し，それぞれ動作確認をした．

- メッセージ送信先の変更（ネットワーク接続レベルの適応）
  洗濯機（PC(a)）からスマートスピーカ宛に送出したメッセージの送信先をTV（Raspberry Pi 3(b)）に変更
- メッセージ形式の変更（ネットワーク接続およびメッセージングプロトコルレベルの適応）
  洗濯機（PC(a)）からスマートスピーカ宛に送出したメッセージの送信先をTV（Raspberry Pi 3(b)）に変更し，HTTPアダプタによりプロトコルを変換
- 機能とIoT機器構成の変更（三つのレベルの適応）
  人感センサの検知結果と時間帯に応じ，IoT機器構成ポリシによって，メッセージ送信先をTV（IoT機器(b)）に変更するとともに，アダプタの動的生成により，メッセージングプロトコルをHTTPに，通知機能を音によるビープ機能に変更

プロトタイプアプリケーションにおいてこれらのシナリオを実現するために，前章で提案したアーキテクチャを図6に示すように具体化した．この設計では，IPアドレスやメッセージングプロトコル，機能の動的変換の役割をメディエータに担わせる．IoT機器からのメッセージの送信先を全てメディエータが横取りすることとし，メディエータがコンテキストに応じた通知メッセージの送信先を動的に変更する実装構造としている．

5 考察

本研究では，柔軟性，相互運用性，保守性を考慮したIoTアプリケーションを構築する基盤となるソフトウェアアーキテクチャを提案している．本章では以下，提

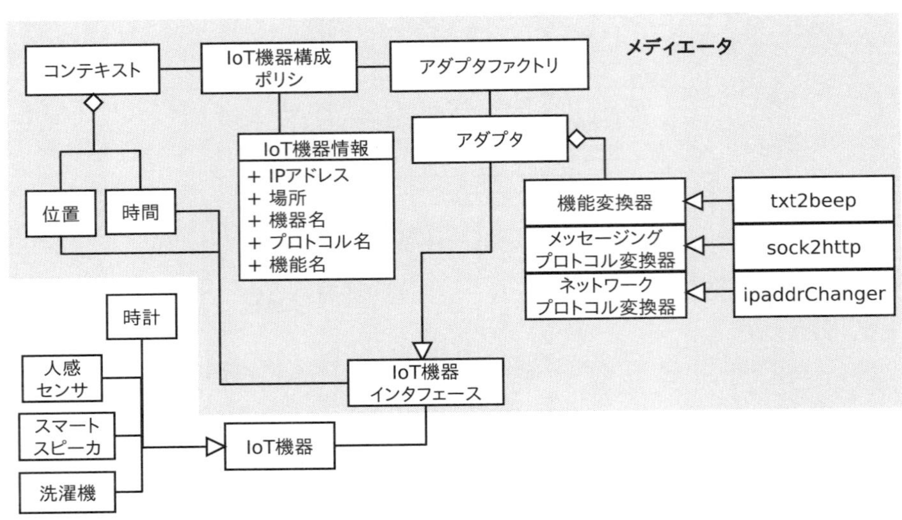

図 6: メッセージ通知アプリケーションの詳細構造

案したアーキテクチャの妥当性について考察する.

5.1 柔軟性と相互運用性について

前章で説明した簡単なメッセージ通知アプリケーションでは，利用者の状況（位置，時間）に応じた，メッセージ送信先のネットワーク接続（IP アドレス，ポート），メッセージングプロトコル（ソケット通信／HTTP），機能（テキストによる通知／ビープ音による通知）の変更を，アダプタモジュールのインスタンスの動的な生成と IoT 機器間接続の再構成によって実現することができた．すなわち，アーキテクチャに基づく三つのレベルの動的適応が可能であることが示された．また，IoT 機器の種類や機能の相違を吸収する論理とアプリーション論理とを個別のモジュールとして独立に開発できることも示すことができた．

ここで，ネットワーク接続レベル，メッセージングプロトコルレベルの動的適応のためには，各 IoT 機器が用いるネットワーク接続，メッセージングプロトコルは既知であり，適切なプログラミングインタフェースが提供されていることが前提である．未知のものやインタフェースが提供されない場合はアダプタも生成できないが，IoT の目的は多様な機器を連携させることであるから，この前提はさほど強いものではない．

一方で，機能レベルの適応のためには，IoT 機器間の協調処理やその中での各機器の役割について，何らかの類型化が必要である．すなわち，情報の入出力，変換といった処理機能や，音声，文字，映像，画像といった情報の表現メディアを整理し，さらに，処理機能の互換性（例えば文字通知をビープ音通知で代替することが可能など）についての知識体系が必要となる．

IoT を構成する組込み機器の機能には単純なものが多いので，典型的な機能とその間の変換論理をライブラリの形で提供することで最低限の相互運用性を確保することはさほど難しくないと考えている．多機能な家電の複雑な処理機能を対象にして相互運用性を高めるためには，多鹿らが提案する情報家電システム [16] で行われているようなネットワーク家電機能の体系化が必要である．その検討については今後の課題としたい．

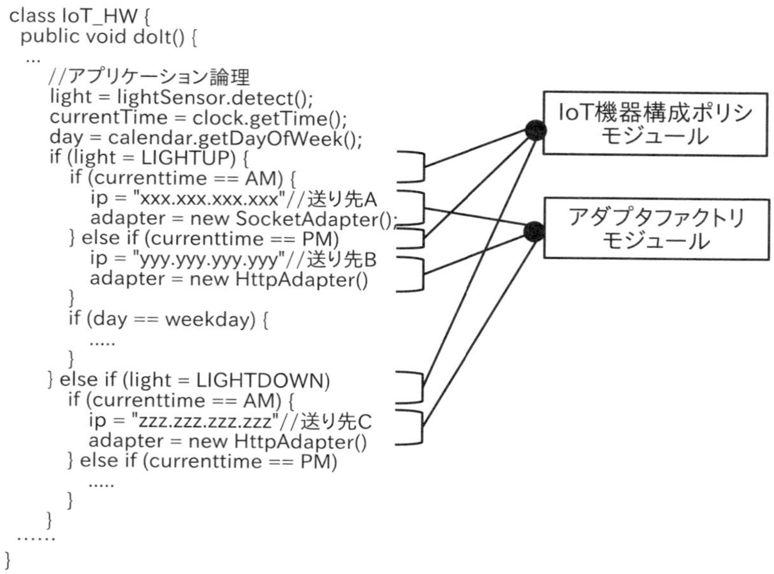

```
class IoT_HW {
  public void doIt() {
   ...
      //アプリケーション論理
      light = lightSensor.detect();
      currentTime = clock.getTime();
      day = calendar.getDayOfWeek();
      if (light = LIGHTUP) {
         if (currenttime == AM) {
            ip = "xxx.xxx.xxx.xxx"//送り先A
            adapter = new SocketAdapter();
         } else if (currenttime == PM)
            ip = "yyy.yyy.yyy.yyy"//送り先B
            adapter = new HttpAdapter()
         }
         if (day == weekday) {
            .....
         }
      } else if (light = LIGHTDOWN)
         if (currenttime == AM) {
            ip = "zzz.zzz.zzz.zzz"//送り先C
            adapter = new HttpAdapter()
         } else if (currenttime == PM)
            .....
         }
      }
   ......
}
```

IoT機器構成ポリシモジュール

アダプタファクトリモジュール

図 7: ソースコード例

5.2 保守性について

提案するアーキテクチャでは，利用者の状況に応じた再構成の論理と，再構成の際に必要となる適応の論理をモジュールとして分離している．柔軟な相互運用性のために動的適応を行う IoT アプリケーションの実装をこのアーキテクチャに基づいて行うことで，それぞれの論理の独立性が高まり，保守性の向上が期待できる。

図 7 には，アーキテクチャに基づかない，すなわち，再構成の論理と適応の論理を一つのモジュールに混在させて記述した場合のソースコードとその中のコード片が提案アーキテクチャのどのモジュールに含まれるべきかの例を示す． ここでは，人感センサが検知する状況（`LIGHTUP`,`LIGHTDOWN` など）と，IP アドレスの付け替え，メッセージングプロトコルの変換アダプタを生成する処理などが，入れ子状の `if` 文により組み合わされている．これらの論理が関連する複数の IoT 機器に横断して実装されると，ソースコードの保守は困難になる．提案アーキテクチャにより関心事を分離したモジュール化の指針を与えることで，モジュールの独立性を高め，保守性の高いプログラムを構築することができる．

本研究では，メッセージや機能の変換が 1 対 1 で行われることを想定してアーキテクチャを定義している．構造を持つメッセージや複合的な機能の変換においては，メッセージや機能の分割や統合など複雑な適応が必要となることも考えなければならない．アダプタの変換処理に複雑な論理を実装することで提案アーキテクチャ上での対応は可能であるが，アダプタ自身の保守性が損なわれる懸念もある．複雑化する変換論理に対する保守性の向上については今後の課題である．

6 おわりに

本研究では，スマートホームなどで用いられる IoT アプリケーションにおける柔軟性と相互運用性の確保を可能とするソフトウェアアーキテクチャを提案した．アーキテクチャの設計にあたり，IoT 機器を相互に連携させるための論理と，利用者の状況や嗜好に適用させるための論理とを明確に分離させながら，IoT 機器間の多層にわたる動的適応のための構造を定義した．これにより，スマートホームにおける柔軟な相互運用を可能とするとともに，保守しやすいIoTアプリケーションの構築基盤を提供する．

提案するアーキテクチャに基づいて，IoT機器間の動的適応が可能であることを示すために，機器間の簡単なメッセージ通知アプリケーションを実装した．この実装を通じ，利用者の状況に応じてメッセージ送信先のIoT機器を変更し，その機器に合わせた形態のメッセージを通知できることを確認した．また，利用者の状況に適応する論理と，異なるプロトコルを持つ機器へ適応する論理とが分離され，保守性の向上が期待できることも確認した．

今後の課題としては，より複雑な事例に基づいて，アーキテクチャの適用可能性について検証を行うことが挙げられる．特に，メッセージングプロトコルレベルと機能レベルのアダプタについては，より現実的で複雑なメッセージと機能変換について検討する必要がある．また，リアルタイム性やメモリ消費などの性能効率性に関して，このアーキテクチャに基づいて実装することでどの程度の影響があるかを評価することも今後の課題である．

謝辞　本研究の一部は，科研費（基盤研究(C)19K11911），および2019年度南山大学パッヘ研究奨励金I-A-2の助成を受けて実施した．

参考文献

[1] *oneM2M: Standards for M2M and the Internet of Things,* `http://www.onem2m.org`.

[2] Bassi, A., Bauer, M., Fiedler, M., Kramp, T., van Kranenburg, R., Lange, S., and Meissner, S. (eds.): *Enabling Things to Talk — Designing IoT Solutions with the IoT Architectural Reference Model,* Springer, 2013.

[3] W3C: *Web of Things at W3C,* `https://www.w3.org/WoT/`, 2017.

[4] エコーネットコンソーシアム：ECHONET Lite規格の特徴と概要，`https://echonet.jp/about/features/`，2018.

[5] 山田 知秀，飯島 正，山口 高平：オントロジーを利用した情報家電エージェント協調アーキテクチャ，第19回人工知能学会全国大会，1B2-03，2005.

[6] *Ontologies Used for oneM2M,* `http://www.onem2m.org/technical/onem2m-ontologies`.

[7] W3C: *Semantic Sensor Network Ontology,* `https://www.w3.org/TR/vocab-ssn/`, 2017.

[8] 井垣 宏，中村 匡秀，玉田 春昭，松本 健一：サービス指向アーキテクチャを用いたネットワーク家電連携サービスの開発，情報処理学会論文誌，Vol. 46，No. 2 (2005)，pp. 314–326.

[9] Desai, P., Sheth, A. P., and Anantharam, P.: Semantic Gateway as a Service Architecture for IoT Interoperability, *Proc. 2015 IEEE International Conference on Mobile Services,* pp. 313–319, 2015.

[10] Datta, S. K., Bonnet, C. and Nikaein, N.: An IoT Gateway Centric Architecture to Provide Novel M2M Services, *Proc. 2014 IEEE World Forum on Internet of Things (WF-IoT),* pp. 514–519, 2014.

[11] Datta, S. K. and Bonnet, C: Smart M2M Gateway Based Architecture for M2M Device and Endpoint Management, *Proc. 2014 IEEE International Conference on Internet of Things (iThings), and IEEE Green Computing and Communications (GreenCom) and IEEE Cyber, Physical and Social Computing (CPSCom),* pp. 61–68, 2014.

[12] Jabbar, S, Ullah, F., Khalid, S., Khan, M., and Han, K.: Semantic Interoperability in Heterogeneous IoT Infrastructure for Healthcare, *Wireless Communications and Mobile Computing,* Vol. 2017, Article ID 9731806 (2017).

[13] Bass, L., Clements, P. and Kazman, R.: *Software Architecture in Practice,* Third Edition, Addison-Wesley, 2012.

[14] Gamma, E., Helm, R., Johnson, R., and Vlissides, J. M.: *Design Patterns: Elements of Reusable Object-Oriented Software,* Addison-Wesley, 1994.

[15] 江坂 篤侍，野呂 昌満，沢田 篤史：インタラクティブシステムのための共通アーキテクチャの設計，コンピュータソフトウェア，Vol. 35，No. 4 (2018)，pp. 3–15.

[16] 多鹿 陽介，安次富 大介，中村 素典，美濃 道彦，釜江 尚彦：ホームネットワークに適した単機能分散型ネットワークドアプライアンスアーキテクチャ，情報処理学会論文誌，Vol. 44，No. 9 (2003)，pp. 2320–2333.

ポインタ型の仮引数を持つ関数の呼出しに対するプログラミング学習支援ツールの提案

A learning support tool for understanding function calls with pointer parameters

蜂巣 吉成 [*] **森本 朱音** [†] **松尾 翔馬** [‡] **加藤 ちひろ** [§] **吉田 敦** [¶] **桑原 寛明** [||]

あらまし 本研究では，C 言語のプログラミング学習において，ポインタ型の仮引数を持つ関数の呼出しについて理解させ，誤りのあるプログラムを修正できるようにするための支援ツールを提案する．ポインタを利用したプログラムを，変数を箱，ポインタを矢印で表した図で可視化する．警告の出るプログラムについても可視化を行い，誤りの指摘とその修正案を文章で提示し，修正の支援を行う．

1　はじめに

C 言語におけるポインタの学習は最大の難関といわれている [5]．C 言語の参考書では，main 関数内でポインタ変数を使用した例を用いて，アドレスなどについて説明しているが，実際にポインタを使用するプログラムでは，関数の引数にポインタを用いる場合のほうが多い．main 関数内のみでポインタ変数を用いて値を操作するプログラムを理解していても，関数の引数にポインタを用いたプログラムを理解できない学習者が存在する．

C 言語の関数呼出しは値渡しで，実引数の値が仮引数にコピーされて関数が実行されるが仮引数がポインタの場合はコピーされる値はアドレスである．ポインタを初めて学ぶ学習者はアドレスについての知識が十分でなく，引数にポインタが使われた場合にポインタ変数が具体的にどの変数を指すのかがわかりにくい．参考書では，例題の解説にメモリ空間を意識した図を用いることがあるが，学習者自身が作成したプログラムの図ではないので，自身が作成しているプログラムの動作のイメージをつかみにくい．我々のプログラミング授業の経験などから，学習者がポインタについて誤ったプログラムを作成したときに，学習者のみでコンパイラのエラーメッセージや警告の内容を理解して修正することは難しい場合がある．

本研究の目的は，ポインタ型の仮引数を持つ関数呼出しを理解させる学習用ツールの提案である．ツールは，変数間のポインタの参照関係を可視化し，誤りのあるプログラムの修正案の候補を表示する．可視化については，学習者自身が作成したポインタを利用したプログラムを，変数を箱，ポインタを矢印で表した図で表示する．関数の引数にポインタを用いたプログラムの動作を理解させるために，変数を表した箱を呼び出された関数単位でまとめて表示し，プログラムの実行ステップ毎にポインタ変数の指す先，変数の値の変化を図示する．提案ツールは警告が表示される誤りのあるプログラムも可視化できるので，正しいプログラムの図と比較すれば，視覚的に何が誤っているのかを理解できる．誤りのあるプログラムについては，誤りの指摘と修正案を文章で提示し，修正を支援する．提案ツールの利用者はポイ

[*] Yoshinari Hachisu, 南山大学理工学部

[†] Akane Morimoto, 南山大学理工学部卒，現ジェイアール東海情報システム株式会社

[‡] Shoma Matsuo, 南山大学理工学部卒，現 HAL 名古屋

[§] Chihiro Kato, 南山大学理工学部卒，現 Sky 株式会社

[¶] Atsushi Yoshida, 南山大学国際教養学部

[||] Hiroaki Kuwabara, 南山大学情報センター

ンタを学んでいる学習者で，ポインタ変数を用いて同一関数内の他の変数を指して値を操作することは知っていると想定する．int または double へのポインタを含むコンパイル可能なプログラムを扱い (警告が表示されるプログラムは扱う)，配列や構造体，動的なメモリ確保については扱わない．

2 関連研究

VIE システム [4] では，プログラムの変数や関数を図として可視化し，図を操作するとそれに対応するコード候補を提示する．関数の局所変数がポインタである場合に，可視化と図の操作によるコード候補の提示が行えるが，本研究で扱うような関数の引数にポインタを用いたプログラムは対象としていない．

SeeC [2] [1] は，C 言語を対象とした初学者向けのツールである．SeeC では，main 関数から実行が始まり，学習者がボタンを押して実行を進めると，その時点での変数や関数の関係図を表示する．警告が出るプログラムに関しても可視化を行うが，その際に出る誤りの指摘は“！”のみである．

PVC [3] は C 言語初学者向けに，Web ブラウザ上で可視化を行う．ポインタや動的に確保したメモリ領域についても可視化を行うが，誤りの指摘などは行わない．

3 プログラミング学習支援ツールの提案

ポインタ型の仮引数を持つ関数の呼出しにおいて，学習者の誤りやすい点を整理し，誤りを気づかせるような可視化方法と修正案を求める方法を提案する．

3.1 ポインタ型の仮引数を持つ関数の呼出しにおける学習者の誤り

ポインタ型の仮引数を持つ関数の呼出しにおける誤りを，変数宣言がポインタかどうか，関数呼出しの実引数がアドレスかどうか，変数宣言における基本型の観点から次のように分類した．ポインタの初学者を対象としているので，実引数は 変数名，または，&変数名 の記述に限定している．仮引数と実引数の関係を表現するために 1 引数の関数を例にするが，2 引数以上の関数でも各引数について同様である．

ポインタ型の仮引数を持つ関数の呼出しにおける学習者の誤り

関数 f(T* p) の呼出しにおいて
(1) 変数 T x が宣言され， f(x) と呼び出す誤り
  (1-1) 正しくは関数呼出しが f(&x)
  (1-2) 正しくは変数宣言が T* x
(2) 変数 T* x が宣言され， f(&x) と呼び出す誤り
  (2-1) 正しくは関数呼び出しが f(x)
  (2-2) 正しくは変数宣言が T x
(3) 変数 T' x が宣言され， f(&x) と呼び出す誤り，もしくは
  変数 T' *x が宣言され， f(x) と呼び出す誤り
  正しくは 変数宣言が T x， もしくは T *x

例として 3 つの整数値を昇順に並べ替える関数を考える．ソースコード 1 は正しいプログラムである．仮引数がポインタである関数 sort3 で，さらに仮引数がポインタである関数 swap を呼び出しているので，実引数と仮引数の関係を混乱しやすい．

誤り (1-1) の例をソースコード 2 に示す．4 行目の sort3 関数呼出しの実引数にアドレス演算子を用いていない．誤り (1-2) は，sort3 関数を sort3(int x, int y, int z) として定義するような場合である．学習者がプログラムを作成する際に，作成する関数のプロトタイプ宣言が指定されている場合は，このような誤りは少ない．

誤り (2-1) の例をソースコード 3 に示す．2，3，4 行目の swap 関数呼出しの実引数に誤って&を記述している．ポインタについて正しく理解せずに，仮引数がポイ

ソースコード 1　3 つの整数を昇順に並べ替え

```
void swap(int *a, int *b) {
    int temp = *a;
    *a = *b;
    *b = temp;
}
void sort3(int *x, int *y, int *z) {
    if (*x > *y) swap(x, y);
    if (*y > *z) swap(y, z);
    if (*x > *y) swap(x, y);
}
int main(void) {
    int p, q, r;
    p = 4; q = 2; r = 3;
    sort3(&p, &q, &r);
    return 0;
}
```

ソースコード 2　誤り (1-1) の例

```
int main(void) {
    int p, q, r;
    p = 4; q = 2; r = 3;
    sort3(p, q, r);
    return 0;
}
```

ソースコード 3　誤り (2-1) の例

```
void sort3(int *x, int *y, int *z) {
    if (*x > *y) swap(&x, &y);
    if (*y > *z) swap(&y, &z);
    if (*x > *y) swap(&x, &y);
}
```

ソースコード 4　誤り (2-2) の例

```
int main(void) {
    int *p, *q, *r;
    p = 4; q = 2; r = 3;
    sort3(&p, &q, &r);
    return 0;
}
```

ソースコード 5　誤り (3) の例

```
int main(void) {
    double p, q, r;
    p = 4.1; q = 2.5; r = 3.3;
    sort3(&p, &q, &r);
    return 0;
}
```

ンタである関数を呼び出すときは実引数にアドレス演算子をつけると単純に考えているとこのように誤りやすい．著者の経験では，ポインタをある程度理解している学習者もこの誤りをおかしやすい．ソースコード 4 は誤り (2-2) の例である．変数をポインタで宣言しているのが誤りである．

誤り (3) の例をソースコード 5 に示す．ポインタとアドレスの関係は正しいが，基本型が int と double で異なる．

これらの誤りの原因は，ポインタを十分に理解しておらずポインタを用いたプログラムの状態をイメージできず，引数にポインタを用いた関数の仮引数と実引数の関係を正しく把握できないことであると考えた．これらの誤ったプログラムをコンパイルすると警告文が表示される．例えば，ソースコード 2 のプログラムを gcc-5.4.0 でコンパイルすると，“passing argument 1 of ‘sort3’ makes pointer from integer without a cast”(sort3 への実引数 1 の受け渡しはキャストなしで整数からポインタを生成している) と警告されるが，整数とポインタの関係を理解していないと意味がわからず，修正は難しい．

3.2　学習支援方法

本研究では関数の引数にポインタを用いたプログラムを実行ステップ毎に学習者が把握しやすいような図で可視化する．3.1 節で示した誤っているプログラムについても可視化を行い，誤り箇所に気づくことができるようにする．文章で何が誤っているかを指摘し，それを修正する案も提示する．

3.2.1　可視化方法

提案するツールはプログラムを逐次実行して，各実行ステップにおける有効な関数名，変数名，変数の値と型，アドレスを取得し，実行ステップ毎にポインタ変数の指す先を示す図を表示する．ポインタに関する図の描画は次のように行う．

- 関数の仮引数，局所変数を対象として，1 つの変数を 1 つの箱で表し，変数の基本型は色で区別する．
- 呼び出された関数単位で変数をまとめて表示する．

- 変数名は箱の上に，変数の値は箱の中に表示する．
- ポインタは二重の箱で表し，ポインタのポインタは三重の箱で表す．
- ポインタが指す先は矢印で表す．NULL ポインタの場合は箱に斜線を入れる．
- ポインタの指す先が不明の場合，つまり，ポインタ変数の値がどの変数のアドレスにも該当しない場合，箱の下に“？”を表示する．

基本型の違いを箱の大きさで区別する方法もあるが，図が見づらくなったりメモリ空間を勉強していない学習者にはわかりにくいと考えて色で区別する方法を採用した．int 型は黄色，double 型は青色で表現する．ポインタでない変数とポインタ変数の区別を視覚的にわかりやすくするために，ポインタ変数は二重の箱，ポインタのポインタは三重の箱で描画する．ポインタのポインタは初学者の学習範囲で扱うことは少ないが，ツールで扱えることを確認した．

ソースコード 1 を可視化した例を図 1 に示す．

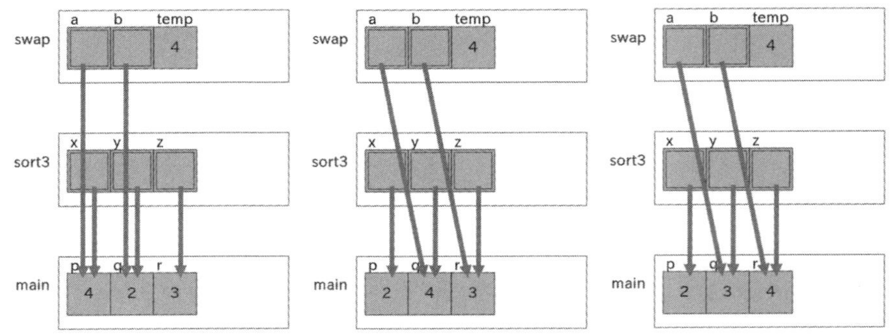

図 1　ソースコード 1 の可視化例 (左：14 → 7 → 2 行，中：14 → 8 → 2 行，右：14 → 8 → 4 行)

3.2.2　誤り指摘文と修正案の表示方法

提案するツールは 3.1 節で挙げた誤り (1)〜(3) を含むプログラムを対象として，誤りの種類を判別して，指摘文と修正案を表示する．誤りはポインタ変数とその指す先の変数の型の比較，ポインタ変数の値とすべての変数のアドレスの比較により発見できる．ポインタに関して誤りのあるプログラムを自動的に修正するのは一般には困難であるが，提案するツールの利用者はポインタ初学者なので，3.1 節で挙げた誤りに限定して，学習範囲内で修正案を表示する．例えば，ソースコード 3 では，ポインタ変数がポインタ変数を指していることを誤りとして指摘する．修正案は，(1) swap の呼出しの実引数の&を削除する，(2) sort3 の仮引数の型を int に直す，(3) swap の仮引数の型を int **に直す の 3 通りがある [1]．初学者が学習する範囲ではポインタのポインタを扱うことは少ないので，(1)(2) を修正案として提示する．

3.3　設計と実現

提案するツールは，3.2 節で提案した図を表示し，警告が出力されるプログラムに関して，誤り指摘文と修正案を表示する．GDB でプログラムを逐次実行させて，ツールに必要な各実行ステップにおける情報を取得する．

ツールは利便性を考慮して，Web 上で動作させることにした．学習者はブラウザで C のソースファイルと実行時に必要な入力データを送信すると，CGI としてツールを実行して，図 2 の画面を表示する．図 2 はソースコード 3 の 2 行目の swap 関数呼出し時の画面である．左側にソースプログラム，左下に誤り指摘文と修正案，中

[1] 3.1 節の分類では，修正案 (1) は誤り (2-1)，修正案 (2) は誤り (2-2) に相当する．修正案 (3) は呼び出す関数 f(T* p) の仮引数の型が誤っている場合である．

央に関数ごとの変数の情報を表示し，右側に可視化した図を HTML の Canvas 要素を用いて描画している．学習者は右上のボタンで，main 関数の先頭から実行ステップを進めていく．ポインタ型の仮引数を持つ関数の呼出しの可視化において，3.1 節で示した誤りがある場合，左下に誤り指摘文，修正案が表示される．このメッセージは左下のボタンで非表示にもできる．図を見やすく表示するために，関数呼出しを 3 段階まで，1 つの関数の仮引数と局所変数の合計は 6 個まで，基本型は int 型，double 型に，ポインタ変数は int*，int**，double*，double**に限るという制約を設けた．この制約内で，参考書 [6] [7] の例題を扱える．

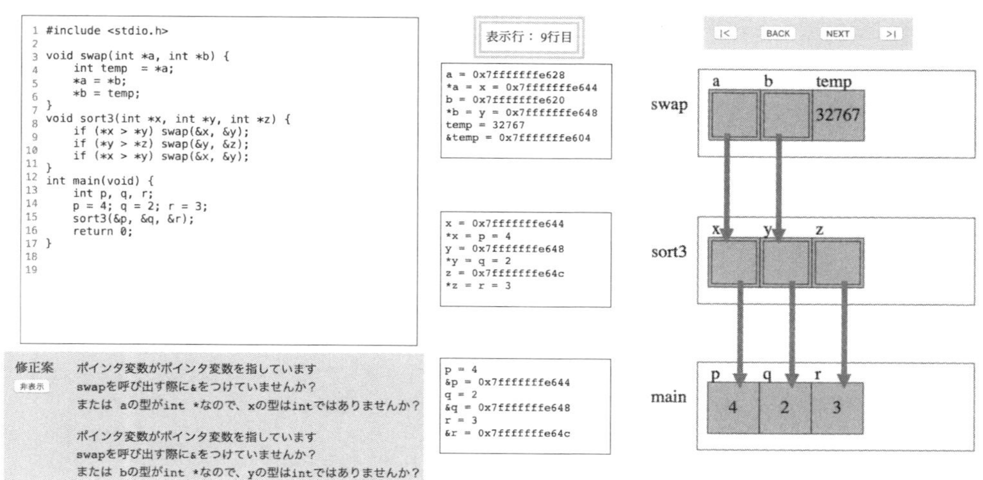

図 2　ソースコード 3(誤り (2-1) の例) の 2 行目の swap 関数呼出し時の理解支援ツールの画面

3.4　ツールによる表示例

3.1 節で挙げた，誤りのあるプログラムをツールで実行した結果を図 3，4 に示す．誤り指摘文と修正案はわかりやすいようにプログラムに合わせて実際の変数名や型が提示される．図では 1 組の引数について例示している．紙面の都合でソースコード 5(誤り (3) の例) の表示例は省略するが，main 関数の p,q,r の箱が青で表示され，指摘文として「ポインタ変数の型と指す先の型が一致しません」，修正案として「z の型は double *ではありませんか？または r の型は int ではありませんか？」が表示される．

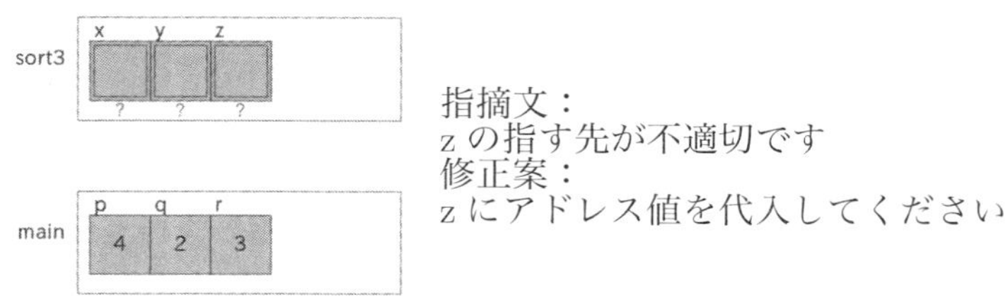

図 3　ソースコード 2(誤り (1-1) の例) の 4 行目の sort3 関数呼出し時のツールの表示

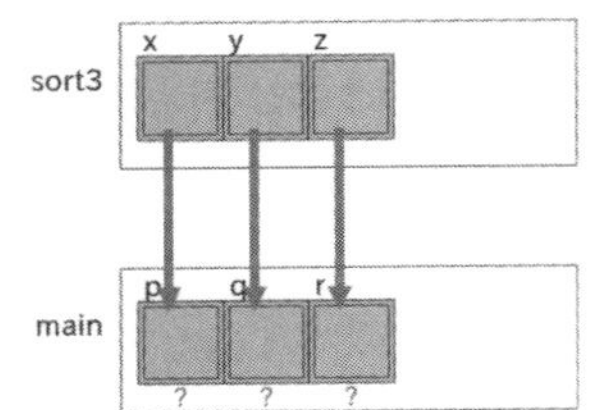

指摘文：
ポインタ変数がポインタ変数を指しています
修正案：
sort3 を呼び出す際に&をつけていませんか？
または z の型が int *なので、r の型は int ではありませんか？

図 4　ソースコード 4(誤り (2-2) の例) の 4 行目の sort3 関数呼出し時のツールの表示

4　評価・考察

関数の引数にポインタを用いたプログラムの中で，正しくコンパイルできるものと警告文が出るものにツールを使用し，期待通りのツール画面を得られるか検証した．正しいプログラムとして C 言語の参考書 [7] のうち関数の引数にポインタを用いる例題 3 題と演習問題 2 題に提案したツールで可視化できるか確認したところ，表示することができた．警告の出るプログラムは 3.1 節で挙げた誤りの種類すべてに使用したところ，期待通りの図と誤り指摘，正しいプログラムに導くような修正案が得られた．

提案ツールの効果を確認するために，プログラミングを学んだ学部 3 年生 12 名に，ソースコード 3 の誤りのあるプログラムを修正する演習を実施した．学生には修正できるまで次のように段階的にツールを利用させた．

1. ツールの利用なしで，エディタでの編集，コンパイル，実行のみで修正する．
2. 誤りプログラムをツールで可視化する．指摘文，修正案は表示させない．
3. 正しいプログラムをツールで可視化する (正しいプログラムは表示させない)．
4. 誤りプログラムをツールで可視化する．指摘文，修正案を表示する．

1 のツールなしで修正できた学習者は 8 名だった．2 の段階では 1 名，3 の段階で 2 名，4 の段階で 1 名が修正できた．正しい図との比較が誤りの修正に一定の効果があることも確認できた．

5　おわりに

本研究では，ポインタ型の仮引数を持つ関数の呼出しにおいて，関数間のポインタの関係を可視化し，警告が出力されるプログラムについて，誤りの指摘とその修正案を文章で提示するツールを提案した．今後の課題として，多数の学習者によるツールの評価，構造体を利用したリスト等のプログラムの可視化などが挙げられる．

謝辞　本研究の一部は，JSPS 科研費 17K00114，17K01154，2019 年度南山大学パッヘ奨励金 I-A-2 の助成を受けた．

参考文献

[1] *SeeC - program visualization and debugging for novice C programmers.* https://seec-team.github.io/seec/.
[2] Egan, M. H. and McDonald, C.: Program Visualization and Explanation for Novice C Programmers, *Proceedings of the Sixteenth Australasian Computing Education Conference - Volume 148*, ACE '14, Australian Computer Society, Inc., 2014, pp. 51–57.
[3] Ishizue, R., Sakamoto, K., Washizaki, H., and Fukazawa, Y.: PVC: Visualizing C Programs on Web Browsers for Novices, *Proceedings of the 49th ACM Technical Symposium on Computer Science Education*, SIGCSE '18, ACM, 2018, pp. 245–250.
[4] 川崎雄登, 平井佑樹, 金子敬一: プログラミング学習のための可視化対話環境, 情報教育シンポジウム *2014* 論文集, Vol. 2014, No. 2, Aug 2014, pp. 143–150.
[5] 前橋和弥: 新・標準プログラマーズライブラリ *C* 言語 ポインタ完全制覇, 技術評論社, 2017.
[6] 大川内隆朗, 大原竜男: かんたん *C* 言語, 技術評論社, 2010.
[7] 柴田望洋: 新・明解 *C* 言語 入門編, SB クリエイティブ, 2014.

機密度パラメータ付き情報流解析のための型検査アルゴリズムとJavaアノテーション

Type Checking Algorithm and Java Annotations for Information Flow Analysis with Parameterized Secrecy

桑原 寛明 * **國枝 義敏** †

Summary. This paper proposes a type checking algorithm and Java annotations toward an implementation of information flow analysis with parameterized secrecy. This algorithm generates two constraint sets for secrecy of each program constructs and checks the satisfiability of these constraint sets. If both constraint sets are satisfiable, type checking succeeds and it means there are no illegal information flow. We extend existing Java annotations for information flow analysis to support parameterized secrecy and show a simple example of annotated program.

1 はじめに

プログラムの静的解析により機密情報が外部に漏れないことを検査する手法として，型検査に基づく情報流解析が提案されている [1] [2] [3] [4]．型検査に基づく情報流解析では，データの機密度を型として利用し，型付け可能なプログラムが非干渉性を満たすように型システムを構築する．非干渉性は，機密度の低いデータが機密度の高いデータに直接および間接的に依存しないことを表し，機密データ自体に加え機密データを推測できる情報も漏らさないという意味でよい性質である．

型検査に基づく情報流解析では，プログラム中の変数や関数の返り値の型として機密度を指定する必要がある．この時，通常は具体的な機密度を指定する．そのため，汎用的なコレクションフレームワークのような扱うデータの機密度を作成時には決められないプログラムの場合，指定される機密度のみが異なるクローンを複数作成することになり望ましくない．この問題に対し，機密度のパラメータ化が提案されている [5]．この手法では，Java 言語におけるジェネリックなクラスのように，具体的な機密度の代わりに機密度パラメータを用いてクラスを定義し，インスタンス生成時に具体的な機密度を機密度パラメータに割り当てる．これにより，機密度のみが異なるクローンの作成を回避できる．機密度パラメータに対応した情報流解析のための型システムも提案されており，型付け可能なプログラムは機密度パラメータにどのような機密度を割り当てても非干渉性を満たすことが保証されている．

[5] の型システムに基づいて情報流解析を実現するためには，型検査アルゴリズムの構築と，機密度パラメータをプログラム中に記述する手段の提供が必要である．機密度パラメータのない従来の情報流解析に対しては，制約集合の充足問題に帰着される型検査アルゴリズム [6] と，機密度をプログラム中に記述するための Java アノテーション [7] が提案されている．構文を拡張するのではなく，構文の一部であるアノテーションを活用することで，既存の開発ツールの利用を継続できる．

本稿では，機密度パラメータに対応した情報流解析のための型検査アルゴリズムと，機密度パラメータを Java プログラム中に記述するためのアノテーションを提案する．型検査アルゴリズムについては，型付け規則における機密度に関する制約を機密度定数に関する制約と機密度パラメータに関する制約に分割することで，既存手法と同様に型検査を制約集合の充足問題に帰着させることで実現する．Java アノテーションについては，機密度パラメータを扱えるように既存のアノテーション [7] を拡張すると同時に，機密度パラメータに対する機密度の割り当てを記述するため

*Hiroaki Kuwabara, 南山大学情報センター

†Yoshitoshi Kunieda, 立命館大学情報理工学部

$$T ::= \mathrm{Bool} \mid \mathrm{Null} \mid C \qquad \tau ::= (T{<}\overline{\rho}{>}, \rho) \qquad \rho ::= (\eta, \mathcal{X})$$
$$CL ::= \mathrm{class}\ C{<}\overline{X}{>}\ \rho\ \mathrm{extends}\ C{<}\overline{\rho}{>}\ \{\overline{\tau\ f;}\ \overline{M}\}$$
$$M ::= \tau\ m(\overline{\tau\ x})\ \rho\ B \qquad B ::= \{\overline{\tau\ x;}\ \overline{S;}\}$$
$$S ::= x\ =\ e \mid e.f = e \mid \mathrm{if}\ (e)\ B\ \mathrm{else}\ B \mid x\ =\ e.m(\overline{e}) \mid x\ =\ \mathrm{new}\ C{<}\overline{\rho}{>}$$
$$e ::= x \mid e.f \mid \mathrm{true} \mid \mathrm{false} \mid \mathrm{null} \mid \mathrm{this} \mid e\ ==\ e$$

図 1　OO_G の構文

のアノテーションを新たに定義する．

2　機密度パラメータと情報流解析

機密度をパラメータに取るクラス定義を導入したオブジェクト指向言語 OO_G と，OO_G プログラムに対する情報流解析のための型システムを [5] に従って示す．以下では，機密度定数の束 $(\mathcal{H}, \sqsubseteq)$ と機密度パラメータ全体の集合 $\mathcal{Y}$ を仮定する．束の最小元を $\perp_{\mathcal{H}}$ と表す．機密度 ρ を機密度定数 $\eta \in \mathcal{H}$ と機密度パラメータの集合 $\mathcal{X} \subseteq \mathcal{Y}$ の組 $(\eta, \mathcal{X})$ として定義する．直観的には，$(\eta, \mathcal{X})$ は η とすべての $X \in \mathcal{X}$ の結びである．機密度の集合 $\mathcal{P} = \mathcal{H} \times 2^{\mathcal{Y}}$ 上に機密度の大小関係 $\preceq$ を $(\eta_1, \mathcal{X}_1) \preceq (\eta_2, \mathcal{X}_2)$ **iff** $\eta_1 \sqsubseteq \eta_2 \wedge \mathcal{X}_1 \subseteq \mathcal{X}_2$ と定義する．この時，$(\mathcal{P}, \preceq)$ は束である．

OO_G の構文を図 1 に示す．型情報 τ はデータ型 $T{<}\overline{\rho}{>}$ と機密度 ρ の組である．$T{<}\overline{\rho}{>}$ は T の機密度パラメータ $\overline{X}$ に機密度 $\overline{\rho}$ を割り当てた型である．T が機密度パラメータを持たず $\overline{X}$ の長さが 0 の場合は単に T と書く．機密度 $(\eta, \mathcal{X})$ について，機密度パラメータの集合 $\mathcal{X}$ が空の時は単に η と書き，機密度定数 η が $\perp_{\mathcal{H}}$ かつ $\mathcal{X}$ が $\{X\}$ の時は単に X と書く．クラス定義 CL は，クラス名 C と，いずれも 0 個以上の機密度パラメータの宣言 $\overline{X}$，フィールドの宣言 $\overline{\tau\ f;}$，メソッド定義 $\overline{M}$ からなる．

OO_G の型付け規則を図 2 に示す．$glevel(T{<}\overline{\rho}{>})$ は $T{<}\overline{\rho}{>}$ の機密度，$gsfields(T{<}\overline{\rho}{>})$ は $T{<}\overline{\rho}{>}$ が持つフィールドの名前と型の集合，$gsmethod(m, T{<}\overline{\rho}{>})$ は $T{<}\overline{\rho}{>}$ が持つメソッド m の型を表す．$\trianglelefteq$ はサブタイプ関係を表す．文とブロックの型判定式 $\Delta \vdash S : (\rho_s, \rho_h)$ は，S で代入される変数の機密度が ρ_s 以上，フィールドへの代入などで変更されるヒープ上のデータの機密度が ρ_h 以上であることを表す．式の型判定式 $\Delta \vdash e : (T{<}\overline{\rho}{>}, \rho)$ は，e のデータ型が $T{<}\overline{\rho}{>}$ かそのサブタイプ，機密度が ρ 以下であることを表す．

3　型検査アルゴリズム

型検査は，(1) プログラムが満たすべき機密度に関する制約集合を求め，(2) 得られた制約集合の充足可能性を判定する，という手順で行う．制約集合が充足可能であれば型検査に成功，充足不能であれば失敗と判定する．CDEC 規則より，型検査はメソッド宣言ごとに独立して実施できる．簡単のため，データ型については正しく型付けされていることを前提とする．

制約集合の生成規則を図 3 に示す．図中の κ や κ_s などは機密度定数，ν や ν_s などは機密度パラメータの集合を表す変数である．プログラム中の文や式の機密度を，機密度定数および機密度パラメータの集合を表す新しい 2 つの変数から構成し，図 2 の型付け規則に従って機密度のうち機密度定数に関する制約集合と機密度パラメータの集合に関する制約集合を別々に生成する．$\Delta \Vdash S : ((\kappa_s, \nu_s), (\kappa_h, \nu_h)) \parallel \mathsf{C}; \mathsf{D}$ は，文あるいはブロック S が型環境 Δ の下で型付け可能であるための機密度定数と機密度パラメータの集合に関する制約集合がそれぞれ C と D であることを表す．式についても同様である．メソッド定義に C-MDEC 規則を適用して得られる制約集合 C と D がともに充足可能であればそのメソッド定義は型検査に成功する．紙数の制限により証明は省くが，あるメソッド定義について，制約集合が充足可能であれば解に基づいて型付け可能であり，型付け可能であれば制約集合は充足可能である．

$$\frac{\begin{array}{l} glevel(D{<}\overline{\rho}{>}) \preceq \rho \quad C{<}\overline{X}{>}\ \rho \text{ extends } D{<}\overline{\rho}{>} \vdash M \text{ for each } M \in \overline{M} \\ glevel(D{<}\overline{\rho}{>}) \neq \rho \Rightarrow \\ \quad \text{every } m \text{ with } gsmethod(m, D{<}\overline{\rho}{>}) \text{ defined is overridden in } C \end{array}}{\vdash C{<}\overline{X}{>}\ \rho \text{ extends } D{<}\overline{\rho}{>}\ \{\overline{\tau\ f;}\ \overline{M}\}} \text{[CDEC]}$$

$$\frac{\begin{array}{l} \overline{x : \tau_x},\ \text{this} : (C{<}\overline{X}{>}, \rho),\ result : \tau_r \vdash B : (\rho_s, \rho'_h) \\ gsmethod(m, D{<}\overline{\rho}{>}) \text{ is defined } \Rightarrow gsmethod(m, D{<}\overline{\rho}{>}) = \overline{x : \tau_x} \xrightarrow{\rho_h} \tau_r \\ \rho_h \preceq \rho'_h \end{array}}{C{<}\overline{X}{>}\ \rho \text{ extends } D{<}\overline{\rho}{>} \vdash \tau_r\ m(\overline{\tau_x\ x})\ \rho_h\ B} \text{[MDEC]}$$

$$\frac{\Delta,\ \overline{x : (T_x{<}\overline{\rho_x}{>}, \rho_x)} \vdash S_i : (\rho_s^i, \rho_h^i) \quad \rho_s \preceq \rho_s^i \quad \rho_h \preceq \rho_h^i \quad i \in \{1, \ldots, n\}}{\Delta \vdash \{\overline{(T_x{<}\overline{\rho_x}{>}, \rho_x)\ x;}\ S_1; \ldots S_n;\} : (\rho_s, \rho_h)} \text{[BLOCK]}$$

$$\frac{\begin{array}{l} \Delta \vdash x : (T_x{<}\overline{\rho_x}{>}, \rho_x) \quad \Delta \vdash e : (T_e{<}\overline{\rho_e}{>}, \rho_e) \\ T_e{<}\overline{\rho_e}{>} \trianglelefteq T_x{<}\overline{\rho_x}{>} \quad \rho_e \preceq \rho_x \quad \rho_s \preceq \rho_x \end{array}}{\Delta \vdash x = e : (\rho_s, \rho_h)} \text{[ASSIGN1]}$$

$$\frac{\begin{array}{l} \Delta \vdash e_1 : (T_1{<}\overline{\rho_1}{>}, \rho_1) \quad \Delta \vdash e_2 : (T_2{<}\overline{\rho_2}{>}, \rho_2) \\ f : (T_f{<}\overline{\rho_f}{>}, \rho_f) \in gsfields(T_1{<}\overline{\rho_1}{>}) \\ T_2{<}\overline{\rho_2}{>} \trianglelefteq T_f{<}\overline{\rho_f}{>} \quad \rho_1 \preceq \rho_f \quad \rho_2 \preceq \rho_f \quad \rho_h \preceq \rho_f \end{array}}{\Delta \vdash e_1.f = e_2 : (\rho_s, \rho_h)} \text{[ASSIGN2]}$$

$$\frac{\begin{array}{l} \Delta \vdash x : (T_x{<}\overline{\rho_x}{>}, \rho_x) \quad \Delta \vdash e : (T_e{<}\overline{\rho_e}{>}, \rho_e) \\ y_1 : (T'_1{<}\overline{\rho'_1}{>}, \rho'_1), \ldots, y_n : (T'_n{<}\overline{\rho'_n}{>}, \rho'_n) \xrightarrow{\rho'_h} (T_r{<}\overline{\rho_r}{>}, \rho_r) \\ \quad = gsmethod(m, T_e{<}\overline{\rho_e}{>}) \\ \Delta \vdash e_i : (T_i{<}\overline{\rho_i}{>}, \rho_i) \quad T_i{<}\overline{\rho_i}{>} \trianglelefteq T'_i{<}\overline{\rho'_i}{>} \quad \rho_i \preceq \rho'_i \quad i \in \{1, \ldots, n\} \\ T_r{<}\overline{\rho_r}{>} \trianglelefteq T_x{<}\overline{\rho_x}{>} \quad \rho_e \preceq \rho_x \quad \rho_r \preceq \rho_x \quad \rho_s \preceq \rho_x \quad \rho_e \preceq \rho'_h \quad \rho_h \preceq \rho'_h \end{array}}{\Delta \vdash x = e.m(e_1, \ldots, e_n) : (\rho_s, \rho_h)} \text{[CALL]}$$

$$\frac{\begin{array}{l} \Delta \vdash x : (T_x{<}\overline{\rho_x}{>}, \rho_x) \quad C{<}\overline{\rho_C}{>} \trianglelefteq T_x{<}\overline{\rho_x}{>} \\ glevel(C{<}\overline{\rho_C}{>}) \preceq \rho_x \quad \rho_s \preceq \rho_x \quad \rho_h \preceq glevel(C{<}\overline{\rho_C}{>}) \end{array}}{\Delta \vdash x = \text{new } C{<}\overline{\rho_C}{>} : (\rho_s, \rho_h)} \text{[NEW]}$$

$$\frac{\begin{array}{l} \Delta \vdash e : (\text{Bool}, \rho_e) \quad \Delta \vdash B_t : (\rho_s^t, \rho_h^t) \quad \Delta \vdash B_f : (\rho_s^f, \rho_h^f) \\ \rho_e \preceq \rho_s \quad \rho_s \preceq \rho_s^t \quad \rho_s \preceq \rho_s^f \quad \rho_e \preceq \rho_h \quad \rho_h \preceq \rho_h^t \quad \rho_h \preceq \rho_h^f \end{array}}{\Delta \vdash \text{if } (e)\ B_t \text{ else } B_f : (\rho_s, \rho_h)} \text{[IF]}$$

$$\frac{(T{<}\overline{\rho}{>}, \rho) = \Delta(x)}{\Delta \vdash x : (T{<}\overline{\rho}{>}, \rho)} \text{[VAR]} \qquad \frac{\begin{array}{l} \Delta \vdash e : (T_e{<}\overline{\rho_e}{>}, \rho_e) \\ f : (T_f{<}\overline{\rho_f}{>}, \rho_f) \in gsfields(T_e{<}\overline{\rho_e}{>}) \\ \rho_e \preceq \rho \quad \rho_f \preceq \rho \end{array}}{\Delta \vdash e.f : (T_f{<}\overline{\rho_f}{>}, \rho)} \text{[FIELD]}$$

$$\frac{c \in \{\text{true}, \text{false}\}}{\Delta \vdash c : (\text{Bool}, \bot_{\mathcal{H}})} \text{[BOOL]} \qquad \frac{}{\Delta \vdash \text{null} : (\text{Null}, \bot_{\mathcal{H}})} \text{[NULL]}$$

$$\frac{(T{<}\overline{\rho}{>}, \rho) = \Delta(\text{this})}{\Delta \vdash \text{this} : (T{<}\overline{\rho}{>}, \rho)} \text{[THIS]} \qquad \frac{\begin{array}{l} \Delta \vdash e_1 : (T{<}\overline{\rho}{>}, \rho_1) \quad \Delta \vdash e_2 : (T{<}\overline{\rho}{>}, \rho_2) \\ \rho_1 \preceq \rho \quad \rho_2 \preceq \rho \end{array}}{\Delta \vdash e_1 == e_2 : (\text{Bool}, \rho)} \text{[EQ]}$$

図 2　型付け規則

$$\frac{\begin{array}{l}\overline{x:\tau_x},\ \mathrm{this}:(C<\overline{X}>,\rho),\ \mathit{result}:\tau_r \Vdash B:((\kappa_s,\nu_s),(\kappa_h,\nu_h)) \parallel \mathsf{C_B};\mathsf{D_B}\\ \mathsf{C}=\mathsf{C_B}\cup\{\eta\sqsubseteq\kappa_h\}\quad \mathsf{D}=\mathsf{D_B}\cup\{\mathcal{X}\subseteq\nu_h\}\end{array}}{C<\overline{X}>\ \rho\ \mathrm{extends}\ D<\overline{\rho}>\Vdash \tau_r\ m(\overline{\tau_x\ x})\ (\eta,\mathcal{X})\ B \parallel \mathsf{C};\mathsf{D}}\ [\text{C-MDEC}]$$

$$\frac{\begin{array}{l}\Delta,\ \overline{x:(T_x<\overline{\rho_x}>,\rho_x)}\Vdash S_i:((\kappa_s^i,\nu_s^i),(\kappa_h^i,\nu_h^i))\parallel \mathsf{C}_i;\mathsf{D}_i\quad i\in\{1,\dots,n\}\\ \mathsf{C}=\bigcup_i(\mathsf{C}_i\cup\{\kappa_s\sqsubseteq\kappa_s^i,\kappa_h\sqsubseteq\kappa_h^i\})\quad \mathsf{D}=\bigcup_i(\mathsf{D}_i\cup\{\nu_s\subseteq\nu_s^i,\nu_h\subseteq\nu_h^i\})\end{array}}{\Delta\Vdash\{\overline{(T_x<\overline{\rho_x}>,\rho_x)\ x};\ S_1;\dots S_n;\}:((\kappa_s,\nu_s),(\kappa_h,\nu_h))\parallel \mathsf{C};\mathsf{D}}\ [\text{C-BLOCK}]$$

$$\frac{\begin{array}{l}\Delta\Vdash x:(T_x<\overline{\rho_x}>,(\kappa_x,\nu_x))\parallel \mathsf{C_x};\mathsf{D_x}\quad \Delta\Vdash e:(T_e<\overline{\rho_e}>,(\kappa_e,\nu_e))\parallel \mathsf{C_e};\mathsf{D_e}\\ \mathsf{C}=\mathsf{C_x}\cup\mathsf{C_e}\cup\{\kappa_e\sqsubseteq\kappa_x,\kappa_s\sqsubseteq\kappa_x\}\quad \mathsf{D}=\mathsf{D_x}\cup\mathsf{D_e}\cup\{\nu_e\subseteq\nu_x,\nu_s\subseteq\nu_x\}\end{array}}{\Delta\Vdash x=e:((\kappa_s,\nu_s),(\kappa_h,\nu_h))\parallel \mathsf{C};\mathsf{D}}\ [\text{C-ASSIGN1}]$$

$$\frac{\begin{array}{l}\Delta\Vdash e_1:(T_1<\overline{\rho_1}>,(\kappa_1,\nu_1))\parallel \mathsf{C}_1;\mathsf{D}_1\quad \Delta\Vdash e_2:(T_2<\overline{\rho_2}>,(\kappa_2,\nu_2))\parallel \mathsf{C}_2;\mathsf{D}_2\\ f:(T_f<\overline{\rho_f}>,(\eta,\mathcal{X}))\in \mathit{gsfields}(T_1<\overline{\rho_1}>)\\ \mathsf{C}=\mathsf{C}_1\cup\mathsf{C}_2\cup\{\kappa_1\sqsubseteq\eta,\kappa_2\sqsubseteq\eta,\kappa_h\sqsubseteq\eta\}\quad \mathsf{D}=\mathsf{D}_1\cup\mathsf{D}_2\cup\{\nu_1\subseteq\mathcal{X},\nu_2\subseteq\mathcal{X},\nu_h\subseteq\mathcal{X}\}\end{array}}{\Delta\Vdash e_1.f=e_2:((\kappa_s,\nu_s),(\kappa_h,\nu_h))\parallel \mathsf{C};\mathsf{D}}\ [\text{C-ASSIGN2}]$$

$$\frac{\begin{array}{l}\Delta\Vdash x:(T_x<\overline{\rho_x}>,(\kappa_x,\nu_x))\parallel \mathsf{C_x};\mathsf{D_x}\quad \Delta\Vdash e:(T_e<\overline{\rho_e}>,(\kappa_e,\nu_e))\parallel \mathsf{C_e};\mathsf{D_e}\\ y_1:(T'_1<\overline{\rho'_1}>,(\eta_1,\mathcal{X}_1)),\dots,y_n:(T'_n<\overline{\rho'_n}>,(\eta_n,\mathcal{X}_n))\\ \quad\xrightarrow{(\eta_h,\mathcal{X}_h)}(T_r<\overline{\rho_r}>,(\eta_r,\mathcal{X}_r))=\mathit{gsmethod}(m,T_e<\overline{\rho_e}>)\\ \Delta\Vdash e_i:(T_i<\overline{\rho_i}>,(\kappa_i,\nu_i))\parallel \mathsf{C}_i;\mathsf{D}_i\quad i\in\{1,\dots,n\}\\ \mathsf{C}=\mathsf{C_x}\cup\mathsf{C_e}\cup\bigcup_i(\mathsf{C}_i\cup\{\kappa_i\sqsubseteq\eta_i\})\cup\{\kappa_e\sqsubseteq\kappa_x,\eta_r\sqsubseteq\kappa_x,\kappa_s\sqsubseteq\kappa_x,\kappa_e\sqsubseteq\eta_h,\kappa_h\sqsubseteq\eta_h\}\\ \mathsf{D}=\mathsf{D_x}\cup\mathsf{D_e}\cup\bigcup_i(\mathsf{D}_i\cup\{\nu_i\subseteq\mathcal{X}_i\})\cup\{\nu_e\subseteq\nu_x,\mathcal{X}_r\subseteq\nu_x,\nu_s\subseteq\nu_x,\nu_e\subseteq\mathcal{X}_h,\nu_h\subseteq\mathcal{X}_h\}\end{array}}{\Delta\Vdash x=e.m(e_1,\dots,e_n):((\kappa_s,\nu_s),(\kappa_h,\nu_h))\parallel \mathsf{C};\mathsf{D}}\ [\text{C-CALL}]$$

$$\frac{\begin{array}{l}\Delta\Vdash x:(T_x<\overline{\rho_x}>,(\kappa_x,\nu_x))\parallel \mathsf{C_x};\mathsf{D_x}\quad (\eta,\mathcal{X})=\mathit{glevel}(C<\overline{\rho_C}>)\\ \mathsf{C}=\mathsf{C_x}\cup\{\eta\sqsubseteq\kappa_x,\kappa_s\sqsubseteq\kappa_x,\kappa_h\sqsubseteq\eta\}\quad \mathsf{D}=\mathsf{D_x}\cup\{\mathcal{X}\subseteq\nu_x,\nu_s\subseteq\nu_x,\nu_h\subseteq\mathcal{X}\}\end{array}}{\Delta\Vdash x=\mathrm{new}\ C<\overline{\rho_C}>:((\kappa_s,\nu_s),(\kappa_h,\nu_h))\parallel \mathsf{C};\mathsf{D}}\ [\text{C-NEW}]$$

$$\frac{\begin{array}{l}\Delta\Vdash e:(\mathrm{Bool},(\kappa_e,\nu_e))\parallel \mathsf{C_e};\mathsf{D_e}\\ \Delta\Vdash B_t:((\kappa_s^t,\nu_s^t),(\kappa_h^t,\nu_h^t))\parallel \mathsf{C_t};\mathsf{D_t}\quad \Delta\Vdash B_f:((\kappa_s^f,\nu_s^f),(\kappa_h^f,\nu_h^f))\parallel \mathsf{C_f};\mathsf{D_f}\\ \mathsf{C}=\mathsf{C_e}\cup\mathsf{C_t}\cup\mathsf{C_f}\cup\{\kappa_e\sqsubseteq\kappa_s,\kappa_s\sqsubseteq\kappa_s^t,\kappa_s\sqsubseteq\kappa_s^f,\kappa_e\sqsubseteq\kappa_h,\kappa_h\sqsubseteq\kappa_h^t,\kappa_h\sqsubseteq\kappa_h^f\}\\ \mathsf{D}=\mathsf{D_e}\cup\mathsf{D_t}\cup\mathsf{D_f}\cup\{\nu_e\subseteq\nu_s,\nu_s\subseteq\nu_s^t,\nu_s\subseteq\nu_s^f,\nu_e\subseteq\nu_h,\nu_h\subseteq\nu_h^t,\nu_h\subseteq\nu_h^f\}\end{array}}{\Delta\Vdash \mathrm{if}\ (e)\ B_t\ \mathrm{else}\ B_f:((\kappa_s,\nu_s),(\kappa_h,\nu_h))\parallel \mathsf{C};\mathsf{D}}\ [\text{C-IF}]$$

$$\frac{(T<\overline{\rho}>,(\eta,\mathcal{X}))=\Delta(x)}{\Delta\Vdash x:(T<\overline{\rho}>,(\eta,\mathcal{X}))\parallel\emptyset;\emptyset}\ [\text{C-VAR}]\qquad \frac{(T<\overline{\rho}>,(\eta,\mathcal{X}))=\Delta(\mathrm{this})}{\Delta\Vdash \mathrm{this}:(T<\overline{\rho}>,(\eta,\mathcal{X}))\parallel\emptyset;\emptyset}\ [\text{C-THIS}]$$

$$\frac{c\in\{\mathrm{true},\mathrm{false}\}}{\Delta\Vdash c:(\mathrm{Bool},(\bot_{\mathcal{H}},\emptyset))\parallel\emptyset;\emptyset}\ [\text{C-BOOL}]\qquad \frac{}{\Delta\Vdash \mathrm{null}:(\mathrm{Null},(\bot_{\mathcal{H}},\emptyset))\parallel\emptyset;\emptyset}\ [\text{C-NULL}]$$

$$\frac{\begin{array}{l}\Delta\Vdash e:(T_e<\overline{\rho_e}>,(\kappa_e,\nu_e))\parallel \mathsf{C_e};\mathsf{D_e}\\ f:(T_f<\overline{\rho_f}>,(\eta,\mathcal{X}))\in\mathit{gsfields}(T_e<\overline{\rho_e}>)\\ \mathsf{C}=\mathsf{C_e}\cup\{\kappa_e\sqsubseteq\kappa,\eta\sqsubseteq\kappa\}\quad \mathsf{D}=\mathsf{D_e}\cup\{\nu_e\subseteq\nu,\mathcal{X}\subseteq\nu\}\end{array}}{\Delta\Vdash e.f:(T_f<\overline{\rho_f}>,(\kappa,\nu))\parallel \mathsf{C};\mathsf{D}}\ [\text{C-FIELD}]$$

$$\frac{\begin{array}{l}\Delta\Vdash e_1:(T<\overline{\rho}>,(\kappa_1,\nu_1))\parallel \mathsf{C}_1;\mathsf{D}_1\quad \Delta\Vdash e_2:(T<\overline{\rho}>,(\kappa_2,\nu_2))\parallel \mathsf{C}_2;\mathsf{D}_2\\ \mathsf{C}=\mathsf{C}_1\cup\mathsf{C}_2\cup\{\kappa_1\sqsubseteq\kappa,\kappa_2\sqsubseteq\kappa\}\quad \mathsf{D}=\mathsf{D}_1\cup\mathsf{D}_2\cup\{\nu_1\subseteq\nu,\nu_2\subseteq\nu\}\end{array}}{\Delta\Vdash e_1\ ==\ e_2:(\mathrm{Bool},(\kappa,\nu))\parallel \mathsf{C};\mathsf{D}}\ [\text{C-EQ}]$$

図 3　制約集合の生成規則

```
// (a)
@Target(ElementType.TYPE)
public @interface SecrecyVariables {
  String[] value();
}

// (b)
@Target({ElementType.TYPE,
  ElementType.TYPE_USE})
public @interface Secrecy {
  SecLattice value() default BOT;
  String[] params() default {};
}

// (c)
@Repeatable(Assigns.class)
@Target(ElementType.TYPE_USE)
public @interface Assign {
  String param();
  Secrecy arg();
}
@Target(ElementType.TYPE_USE)
public @interface Assigns {
  Assign[] value();
}
```

図 4　Java アノテーション

機密度定数に関する制約 $\kappa_1 \sqsubseteq \kappa_2$ と機密度パラメータの集合に関する制約 $\nu_1 \subseteq \nu_2$ の両辺が取り得る値は，それぞれ束 $(\mathcal{H}, \sqsubseteq)$ の要素と束 $(2^{\mathcal{V}}, \subseteq)$ の要素であるため，図 3 のアルゴリズムが生成する 2 種類の制約集合はいずれも標準的な制約解消アルゴリズムによって充足可能性を判定できる．

4　Java アノテーション

情報流解析を行うためには変数の型などの一部として機密度を記述する必要があり，例えば OO_G では専用の構文を備えている．しかし，既存のプログラミング言語に対して構文レベルの変更を行うことは容易ではなく，解決策の一つとして Java プログラムに対するアノテーションを活用した情報流解析の実現手法が提案されている [7]．本稿では，既存手法を拡張して機密度パラメータに対応した Java アノテーションを提案する．以下では紙数の制限により主要な変更点のみを示す．既存のアノテーションの全体像は [7] を参照されたい．既存手法に従い，機密度定数の束を表す列挙型は開発者が定義し，機密度を表すアノテーションなどこの列挙型に依存するアノテーションは自動生成する．

機密度パラメータの導入に伴い，クラス定義における機密度パラメータの宣言，機密度定数と機密度パラメータの集合の組としての機密度，インスタンス生成における機密度の機密度パラメータへの割り当て，の 3 点に対応する必要がある．これらに対応するアノテーションの定義を図 4 に示す．図 4(a) の@SecrecyVariables は機密度パラメータを宣言するためのアノテーションであり，クラス定義に付与される．図 4(b)(c) の 3 つのアノテーションは機密度定数の束を表す列挙型に（推移的に）依存するため自動生成の対象であり，ここでは列挙型を仮に SecLattice としている．(b) の@Secrecy は機密度を表し，要素 value が機密度定数，要素 params が機密度パラメータの集合を表す．デフォルト値の指定により機密度を OO_G と同様な省略形で記述できる．BOT は最小の機密度定数を指す．(c) の@Assign は，インスタンス生成における機密度パラメータに対する機密度の割り当てを表す．要素 param が割り当てたい機密度パラメータ，要素 arg が割り当てる機密度を表す．@Assign は 1 つの機密度パラメータへの割り当てを表すため，クラスが複数の機密度パラメータを持つ場合は複数の@Assign を与える必要がある．Java の仕様では同一の構文要素に対して同名のアノテーションを複数与えられないため，この制限を回避するために標準で用意されている@Repeatable を利用する．デフォルトで指定されるため図 4 では省略されているが，これらのアノテーションの情報をクラスファイルに含めるため RetentionPolicy を CLASS とする．検査対象のプログラムが参照するクラスの機密度情報をコンパイルに必須のクラスファイルから取得するためである．

アノテーションの利用例と OO_G プログラムとの対比を図 5 に示す．ここで，L と H が機密度定数である．Pair クラスの機密度パラメータ F と S を`@SecrecyVariables`

```
// Java
@SecrecyVariables({"F", "S"})
@Secrecy(L)
public class Pair {
  @Secrecy(params = "F") boolean first;
  @Secrecy(params = "S") boolean second;
}
```

```
// OOG
class Pair<F, S> L {
  (Bool, F) first;
  (Bool, S) second;
}
```

```
// Java
pair = new
       @Assign(param = "F", arg = @Secrecy(H))
       @Assign(param = "S", arg = @Secrecy(L))
       Pair();
```

```
// OOG
pair = new Pair<H, L>;
```

図 5 Java アノテーションの利用例と OO_G プログラムとの対応

`({"F", "S"})` のように文字列として宣言する．フィールド first の機密度が F であることを@Secrecy の params 要素に F を指定して記述する．省略せずに記述すれば`@Secrecy(value = L, params = {"F"})` である．Pair クラスのインスタンス生成において，機密度パラメータ F に機密度 H を割り当てるために，@Assign を利用し param 要素を`F`，arg 要素を`@Secrecy(H)` とする．機密度パラメータ S に対する機密度 L の割り当ても同様である．

5 おわりに

本稿では，機密度パラメータに対応した情報流解析のための型検査アルゴリズムと Java アノテーションを提案した．型検査は制約集合の充足問題に帰着して実現される．機密度は機密度定数と機密度パラメータの集合の組であるため，機密度定数に関する制約集合と機密度パラメータの集合に関する制約集合を個別に生成し，ともに充足可能であれば型検査に成功と判定する．Java アノテーションは，情報流解析に必要な機密度を Java プログラム中に記述するための手段である．既存の情報流解析のためのアノテーションを拡張し，機密度を構成する機密度パラメータの集合の記述と，インスタンス生成における機密度の機密度パラメータへの割り当ての記述を可能にした．今後の課題として，制約付き機密度パラメータへの対応や型検査と Java アノテーションの実装が挙げられる．

謝辞 本研究の一部は JSPS 科研費 JP15K00112，JP17K12666，JP18K11241 および 2019 年度南山大学パッヘ研究奨励金 I-A-2 の助成による．

参考文献

[1] Anindya Banerjee and David A. Naumann. Secure Information Flow and Pointer Confinement in a Java-like Language. In *Proceedings of the 15th IEEE Computer Security Foundations Workshop*, pp. 253–267, 2002.

[2] 黒川翔, 桑原寛明, 山本晋一郎, 坂部俊樹, 酒井正彦, 草刈圭一朗, 西田直樹. 例外処理付きオブジェクト指向プログラムにおける情報流の安全性解析のための型システム. 電子情報通信学会論文誌 D, Vol. J91-D, No. 3, pp. 757–770, 2008.

[3] Andrei Sabelfeld and Andrew C. Myers. Language-Based Information-Flow Security. *IEEE Journal on Selected Areas in Communications*, Vol. 21, No. 1, pp. 5–19, 2003.

[4] Dennis Volpano, Geoffrey Smith, and Cynthia Irvine. A Sound Type System for Secure Flow Analysis. *Journal of Computer Security*, Vol. 4, No. 2, pp. 167–187, 1996.

[5] 吉田真也, 桑原寛明, 國枝義敏. オブジェクト指向言語の情報流解析における機密度のパラメータ化. コンピュータ ソフトウェア, Vol. 36, No. 1, pp. 48–65, 2019.

[6] 桑原寛明. 型検査に基づく手続き型言語向け情報流解析における型エラースライシング. コンピュータソフトウェア, Vol. 27, No. 4, pp. 221–227, 2010.

[7] 吉田真也, 桑原寛明, 國枝義敏. 情報流解析のための Java アノテーション. コンピュータ ソフトウェア, Vol. 34, No. 4, pp. 47–53, 2017.

確率的モデル検査器を用いた制御ループの定量的検証の試案

A proposal of quantitative verification of control loop using probabilistic model checker

青木 善貴 [*] 小形 真平 [†] 小林 一樹 [‡] 中川 博之 [§]

あらまし システムが重大な事故を引き起こす要因は，制御とフィードバックの循環的構造である制御ループ内に潜みやすい．IoT や CPS(CyberPhysicalSystem) では，多数の独立的に動くコンポーネントが存在し，それらが密な連係の中で協調して目的を達成する．そのため，連携するコンポーネント間での振る舞いがうまく協調しない場合，複数の制御ループの相互作用の影響により，システムが想定外の振る舞いを起こし，事故につながる可能性が高い．

我々はこれまで，高安全なアーキテクチャモデルを作成する支援として，アーキテクチャモデリング手法 TORTE とモデル検査器 NuSMV を組み合わせて制御ループの振る舞いに着目した検証自動化支援手法を提案してきた．ただし，これは単体の制御ループの停止性を検証するもので複数の制御ループの相互作用の影響を検証するものではなかった．本稿では，先行研究の手法を応用し，複数の制御ループの相互作用の影響を検証するために，制御ループの「振る舞いの複雑さの度合い」を定量的に表す方法を新規に提案する．実働する CPS である農園監視モニタリングシステムを適用事例とし，提案手法の有効性を確認した．

1 はじめに

さまざまな構成要素をもつ CPS では，構成要素間の相互作用により予期せぬ事故が生じないように安全性を保証することが不可欠である．構成要素間に周期的な振る舞いが生じる循環的な構造，すなわち制御ループが形成されるならば，制御ループ内で予期しない振る舞いが生じると，想定外の事故を引き起こし，ユーザに害を及ぼすことになる．安全性解析の観点から制御ループは重要と見なされている [6] [7]．

そしてアーキテクチャの設計とそれに基づく相互作用はシステムの核心であり，その適合性は上流工程で十分に保証されるべきである．しかし，CPS はサイバースペースと物理スペースにまたがり，コンポーネント間の関係は複雑である．伝統的なモデル表記法では，CPS アーキテクチャは十分に記述できていない [8]．また，CPS の安全性を検証する方法についても，その振る舞いを把握することが難しいため，確立されているとは言えない [9]．CPS を効率的に開発し運用するためには，システムを包括的に把握することができるモデリング表記の確立，及びシステムの信頼性，ひいては安全性の検証方法の確立が望まれる．特に複数の制御ループの相互作用の影響を検証できることが重要になると考える．

我々は，アーキテクチャのモデリング手法として TORTE を提案し [5]，さらにモデル検査器 NuSMV [10] を用いて CPS の制御ループの安定性を検証する手法を提案した [1]．この提案手法は制御ループが停止性を時相論理による検査式で問うことにより不具合の発見を行うものである．これは単体の制御ループの検証を想定したものであり，複数の制御ループの相互作用の影響や実際の振る舞いの複雑さの度合いを計測するものではなかった．

[*] Yoshitaka Aoki, 日本ユニシス株式会社

[†] Shinpei Ogata, 信州大学

[‡] Kazuki Kobayashi, 信州大学

[§] Hiroyuki Nakagawa, 大阪大学

複数の制御ループの相互作用の検証を目指して，本論文では確率を扱えるモデル検査器 PRISM を用いて，制御ループの振る舞いの複雑さの度合いを定量的に表して，振る舞いを決定する要因を検証する手法を提案する．提案手法による振る舞いの定量化により客観的な評価のための指標を提供し，システムの振る舞いの評価及び評価の共有の容易化を図る．

2 CPS の検証について

CPS は設計思想が統一されていない多様な要素で構成され，かつそれらが相互作用を行うものである点で事故の想定 (発想) が困難といえる．また多くの一般ユーザとの関係があるため，想定される境界を超えて影響を受ける可能性がある．CPS はまだ発展の初期段階であり，さらに段階が進んでいき，Human-in-the-Loop Cyber-Physical System(HiLCPS) [4] と呼ばれる"人間の認知活動を測定し，それをユーザの意図としてシステムと相互作用を行う"段階にまで至れば，現時点では全く予期できない内容のサービスが提供されるようになると考えられる．そうなると過去の事故事例に基づく事故の想定 (発想) はより一層困難になってくる．CPS は，サイバースペース内のロジックが物理空間の連続システムを制御するため，物理環境内の不確実性やノイズを考慮する必要がある．このようなシステムでは，事故を想定したテストケースで検査することは困難だが，制御ループの振る舞いを検証する方法が確立できれば，想定外の事故に対する安全性の検証が可能になると考える．従来のソフトウェア工学による検証では十分ではなく，形式手法による検証は補完に有効であると考えられる．

3 課題

モデル検査は形式手法の一つで，システム仕様の妥当性を数学的に検証する．システムの振る舞いは数学的モデルによって定義され，満たすべき性質を表わす時相論理式（検査式）でその充足関係を検証する．特性が満たされない場合，モデル検査は不満足な状態になる状況を反例として出力する．モデル検査がもつ基本的な検証の特性は,「到達可能性」,「安全性」,「公平性」,「活性」である [2]．これらの特性の意味は，p と q を基本命題 [1] とすると,「到達可能性」は「いつか p が成り立つ」であり,「安全性」は「p が成り立つことは決してない」,「公平性」は「p が無限回成り立つ」,「活性」は「p が成り立てばいつか q が成り立つ」である．これらの特性による検証は，時間軸を無限にとりその中で特性が満たされるかを判断する．以前提案した制御ループの安定性を検証する手法 [1] では，公平性を用いて制御ループが継続し続けるかの検証を行った．

本研究の目的は，制御ループの振る舞いの複雑さの度合いを定量的に表すことであるため，時間軸を無限にとると検証結果が収束せず，定量化ができない．従って制御ループの振る舞いの複雑さの度合いを定量的に表すためには，ある時点 i からある時点 j までの間で発生しうる振る舞い（以降，過渡的な振る舞い）に区切って検証する必要がある．

そのため本研究では，確率的モデル検査器である PRISM [3] を用いる．PRISM は，確率的な振る舞いを示すシステムの形式的モデリング及び分析のためのツールである．また，PRISM は時相論理をサポートすると同時に，モデルの定量的特性の分析も時間制約を付加して行えるため，過渡的な振る舞いを定量的に示せる．

[1] 論理式をつくる際の出発点となる命題，検査したいシステムがもつ性質 [2]

4 提案手法

本研究では，TORTEアーキテクチャモデルにおける制御ループの振る舞いをモデル検査器PRISMにより検証する．

4.1 TORTE

我々はIoT・CPSのアーキテクチャをモデリングする手法としてTORTE [5] を提案している．TORTEは，IoT・CPSのコンポーネント間の関係性を要求/監視/制御/データ転送/エネルギー供給/使用の六つに分類してモデルを記述するため，見たい要素・関係性だけを抽出でき，システムの振る舞いを把握しやすくできる．図1は，データ転送の関係性のモデルであり，コンポーネント1からコンポーネント2へデータ転送があることを示している．

TORTEのモデルの編集は，UMLモデリングエディタAstahのプラグインで作成したエディタで行う．このエディタは，記述したTORTEのモデルよりPRISMのモデルを生成する機能をもつ．

4.2 検査モデルの基本的な考え

TORTEでは，要求/監視/制御/データ転送/エネルギー供給/使用の六つの関係性をコンポーネント間の有向線により表す．PRISMのモデルでは，この有向線を，コンポーネントが有効になる「発火」の状態，コンポーネントがもつ機能を実行する「実行」の状態，その機能が相手側コンポーネントへ出力する「送信」の状態，相手側のコンポーネントが出力を受ける「受信」の状態の状態遷移に置き換える．上記四つの状態は，待機中，実行中の二つの値をもつ．図1は，データ転送のモデルの状態遷移の考え方を示したものである．各状態の値は以下のように変化する．

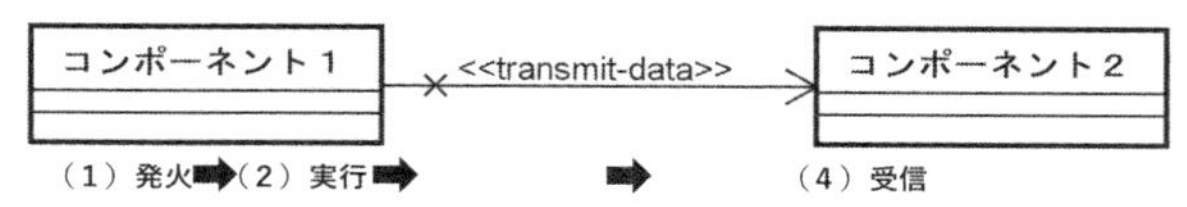

図1 状態遷移モデルの考え方

(1) 発火：待機中 ⇒ 実行中
(2) 実行：待機中 ⇒ 実行中
(3) 送信：待機中 ⇒ 実行中
(4) 受信：待機中 ⇒ 実行中　送信：実行中 ⇒ 待機中

この基本的な考え方は，他の関係性でも同様であるが，コンポーネントの機能と合致しない場合は手動で修正する．

4.3 モデル検査器PRISMについて

PRISM [3] は確率的モデル検査器である．検査対象のシステムは，時相論理に基づいたPRISMの特性仕様言語で記述され，検査特性は時相論理式で記述し，自動的に検証される．PRISMは複数タイプの確率モデルをサポートしている．以下の特徴がある．

- 仕様として書かれた状態へ到達できる確率が得られる
- 状態及び遷移に対するreward（報酬）の累積値が得られる
- 時間を扱えるため，モデルの過渡的な状態の検証結果が得られる

4.4 検証手法の基本的な考え

PRISM は確率と reward（報酬）という定量的な特性が扱え，さらに時間特性も付加できる．検証には，状態の reward を指定時間で累積した値を用いる．累積の方法は，状態を表す変数が特定の値にあるとき PRISM の 1 単位時間につき reward を 1 加算するものとする．こうして得られたある状態の累積値を，関連がある他の状態の累積値と比較して状態の偏りを知り，過渡的な振る舞いを捉える．

4.2 節で述べた「送信」と「受信」の状態を表す変数がともに実行中ならば状態遷移が起き，接続が成立していると見なすことができる．これを PRISM で定義すると図 2 となる．送信状態の変数=0 かつ 受信状態の変数=0 のとき reward が 1 加算される．また送信側単独，受信側単独の reward も同様に計測する．

こうすることにより，ある時間内にどの程度接続が成立していたかが分かる．計測した接続成立及び送信側単独，受信側単独の reward のばらつきの程度を検証すれば，送信側と受信側の同期の程度も分かり，ある時間内においてコンポーネント間で発生しうる TORTE の六つの関係性の振る舞い（過渡的な振る舞い）を定量的に捉えられる．

```
//0:実行中　1:待機中
rewards
   送信状態の変数=0 & 受信状態の変数=0 :1;
endrewards
```

図 2　reward 定義

5　適用事例

4 章で提案した手法を農園監視モニタリングシステムに適用する（図 3）．このシステムは，農場に設置されたカメラから画像を定期的に取得し，インターネット上のサーバに画像をアップロードする．そしてその画像を処理して農民や消費者に提供する．太陽光発電による電力システムから電力が供給される．クラウドサービスには，Google ドライブ，Web サーバー，写真共有サイト Flikcr がある．

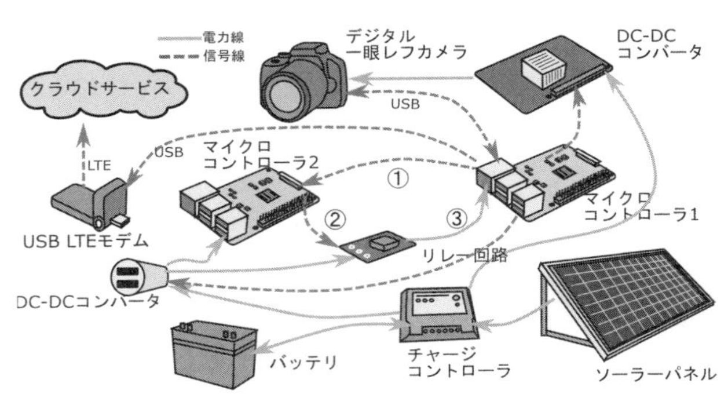

図 3　農園監視モニタリングシステム

先行研究 [1] では，この事例で制御ループが停止する振る舞いを見つけることができた．今回は制御ループの過渡的な振る舞いを検証する．

図 3 にある① ⇒② ⇒③が制御ループである．マイクロコントローラ 1(MC1) は定期的に起動して撮影を行うため，次回の起動時間のデータをマイクロコントローラ 2(MC2) へデータ転送する (①)．MC2 はその起動時間に MC1 の電源が入るようにリレー回路を制御し (②)，リレー回路は MC1 に電源を供給する (③)．図 4 は

データ転送の関係性のモデルであり① が含まれ，図5は制御の関係性のモデルであり②が含まれ，図6はエネルギー供給の関係性のモデルであり③が含まれる．これらの TORTE のモデルから PRISM のモデルを自動生成した．生成された PRISM のモデルにおけるモジュール及びモジュール間の関係性を表したものが図7であり，①②③全て含まれる．この PRISM のモデルに対して，4.2 節で述べた手法を適用する．

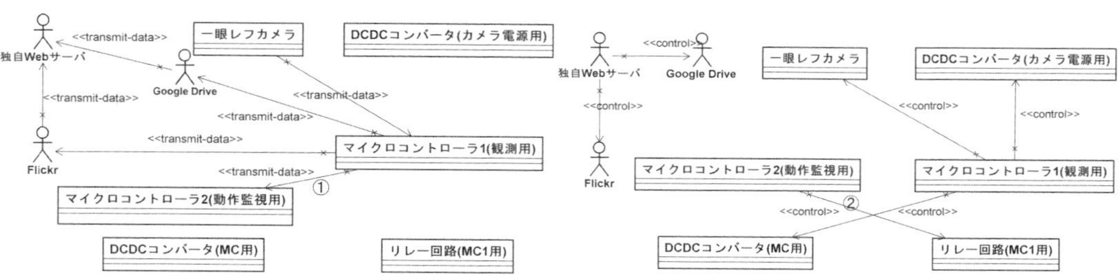

図4　TORTE データ転送モデル

図5　TORTE 制御モデル

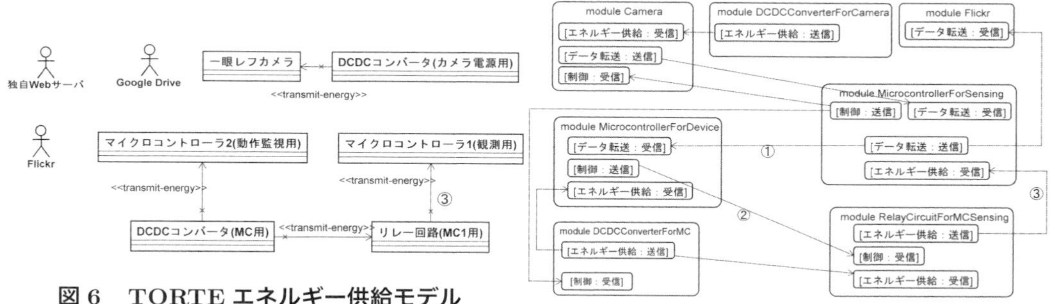

図6　TORTE エネルギー供給モデル

図7　PRISM モジュール構成

① に対する reward の定義は図8になる．データ転送の関係性において，MC1 の「送信」が実行中かつ MC2 の「受信」が実行中の場合に reward が 1 加算される．変数名の規則は，「自コンポーネント名+関係性名+active（送信側） or passive（受信側）+相手コンポーネント名」である．「Loop1」は reward の名称である．検査式は図9である．① の接続成立の reward を取得する．記述にある「R{Loop1}=?」は名称が Loop1 の reward（報酬）の累積を求めることを示し，「C <= 100」は，累積時間が 100 単位時間であることを示している．

```
rewards "Loop1" //0:実行中　1:待機中
  //(送信状態の変数：MC1_データ転送_受信側_MC2)
  microcontrollerfordevice_transmit_data_passive_microcontrollerforsensing=0
  //(受信状態の変数：MC2_データ転送_送信側_MC1)
    & microcontrollerforsensing_transmit_data_active_microcontrollerfordevice=0 :1;
endrewards
```

図8　reward 定義

②③についても同様に行う．①の検査結果は，接続成立が 1.00，送信側単独が 2.24 で受信側単独が 22.49 であった．送信処理の頻度は少ないが，送信が行われれば接続が成立する可能性が高いといえる．②の検査結果は，接続成立が 1.00，送信側単独が 6.08 で受信側単独が 2.00 であった．送信側より受信側の reward が少ないことから受信側の受け入れが間に合っていないことがわかる．③の検査結果は，接続成立が 89.75，送信側単独が 89.75 で受信側単独が 90.75 であった．エネルギー供給であるため一旦接続されたあとはずっと継続してつながっていることがわかる．

R{"Loop1"}=? [C <= 100]

図 9 検査式

①②③をつなげた制御ループで見ると，MC1 の送信頻度を上げればループの頻度も上がるため，①がこの制御ループの振る舞いを決定する大きな要因といえる．これは先行研究 [1] で特定した制御ループが停止する要因である「MC1 のデータ転送先が複数あるため，他の転送先へのみ転送が行われた場合に MC2 へのデータ転送が行われず，制御ループが停止する」とも合致する．また②においてリレー回路の制御に関する受信処理の円滑化について検討する必要があることもわかった．

6 まとめ

本稿では，確率を扱えるモデル検査器 PRISM を用いて，制御ループの振る舞いの複雑さの度合いを定量的に表して検証する手法を提案した．この提案手法では，PRISM がもつ特性である「状態の reward」を指定時間で累積して制御ループの過渡的な振る舞いを定量的に表し，それを基に制御ループの振る舞いを検証する．

今回の適用事例の検証結果は，先行研究の検証結果 [1] と合致するものであり，さらにその時気づかなかった別の要因も指摘できた．コンポーネントの機能により PRISM のモデルに手動で修正を入れる必要があることを課題として認識しており，適用事例を積み重ねて必要な修正パターンを選別していく予定である．今後も検証手法の研究を進めていき，複数の制御ループの相互作用による影響を検証できるようにすることを目指していく．

参考文献

[1] Y. Aoki, S. Ogata, K. Kobayashi, H. Nakagawa: Verification of CPS Based on Control Loop Using Model Checking, 25th Asia-Pacific Software Engineering Conference (APSEC) p678-682 ,2018.
[2] 産業技術総合研究所システム検証研究センター:モデル検査 上級編 − 実践のための三つの技法−, pp.4-5，近代科学社，2010.
[3] M. Kwiatkowska, G. Norman, and D. Parker: PRISM 4.0: Verification of Probabilistic Real-time Systems, In Proc. 23rd International Conference on Computer Aided Verification (CAV'11), pp.585-591,2011.
[4] G. Schirner, D. Erdogmus, K. Chowdhury, T. Padir: The Future of Human-in-the-Loop Cyber-Physical Systems, Computer, vol.46, no.1, pp.36-45, 2013.
[5] S. Ogata, H. Nakagawa, Y. Aoki, K. Kobayashi, Y. Fukushima: A Tool to Edit and Verify IoT System Architecture Model, MODELS 2017, pp.571-575, 2017.
[6] Nancy G. Leveson: Engineering a Safer Work, The MIT Press,2012.
[7] J. A. Stankovic: Research Directions for the Internet of Things, IEEE Internet of Things Journal, vol.1, no.1, pp.3-9,2014.
[8] M. P. Alves, F.C . Delicato, P. F. Pires: IoTA-MD: a model-driven approach for applying QoS attributes in the development of the IoT systems, SAC '17, pp.1773-1780, 2017.
[9] X. Zheng, C. Julien: Verification and Validation in Cyber Physical Systems: Research Challenges and a Way Forward, 2015 IEEE/ACM 1st International Workshop on Software Engineering for Smart Cyber-Physical Systems, pp.15-18, 2015.
[10] A.Cimatti, E. M. Clarke, F. Giunchiglia, M. Roveri: NuSMV: A new symbolic model checker, STTT, vol.2, no.4, pp410-425, 2000.

Adaptation Plan Policy in Traffic Routing for Priority Vehicle

Adaptation Plan Policy in Traffic Routing for Priority Vehicle

Krishna Priawan Hardinda*, Yuichi Sei*, Yasuyuki Tahara*, Akihiko Ohsuga*

Summary. The self-adaptive systems have been proposed by researchers as one of the approaches to manage the complexity of the software. The traffic routing is an example of complex software which can be modeled as a multi-agent system. The traffic routing often raises several problems that require a solution to tackle the uncertainties. Road closure, failures in systems, and destination changes are a few illustrations for problems in traffic routing. In this paper, we present the problems occurred in traffic routing related to priority vehicle. We define the problem with a number of scenarios which express the uncertainties during the run-time. Then, we propose our adaptation plan policy to address the issues occurred during the experiments. We show that the approach has a guarantee that the priority vehicle satisfied its primary goals while maintaining the other objectives of its traffic routing mechanisms.

1 Introduction

The complexity of current software systems has brought a challenge for the researcher to be able to manage the software in a proper way. There are several existing approaches to tackle these problems, one of those is a self-adaptive system. Self-adaptive systems can manage the complexity by building more self-managed systems that transforming complexity from users to the software itself. Furthermore, self-adaptive systems have an ability to organize themselves with specified goals in advance without conscious awareness from the users [1, 2].

One of the real problems that depict the complexity of software is traffic systems. The implementation of self-adaptive systems is applicable to this problem since traffic systems contain numbers of large agents, limited information and large numbers of uncertainties [4]. Specifically, the problem that is used in [4], Automated Traffic Routing Problem (ATRP), has demonstrated the needs of self-adaptive approach to tackle the problem. Then with their proposed approach, the problem was solved with a solution and later its solution was evaluated along with a set of comparable dimensions.

However, the scenarios in ATRP related to priority vehicles such as ambulance remain. To the best of our knowledge, existing research papers that address this issue are limited. Specifically, we are facing the lack of techniques that has the incorporation between the self-adaptive approach with the ATRP in the priority vehicle problem. Although several types of research have been conducted related to ambulance routing problem [3], most of them are the focus on hardware and network layer.

In this paper, we address a number of problems. Traffic congestion is one of the problems in the urban area. The congestion often hinders the priority vehicle to travel in the area. The emerging area of smart cyber-physical systems requires a decentralized approach to handle uncertainties between independent system agent.

*The University of Electro-Communications, Tokyo, Japan

We focus on specific priority vehicle, the ambulance since it carried a critical mission and required fast response. In addition, the ambulance has multiple goals to be satisfied that often has a conflict between other agents (other vehicles).

The purpose of this paper can be elaborated into at least three points. Achieving the main goal of the ambulance: arrive at the target location of the patient and then travel to the hospital as soon as possible. Moreover, maintain the flow of other traffic in the whole system, then manage and handle the uncertainties which might occur during the run-time. Lastly, define the set of the adaptation plan to handle uncertainties.

The rest of this paper is structured as follows. Section 2 highlights the motivating problem for traffic routing with priority vehicle. Section 3 features our approach to deal with the problem and its implementation on the simulation, Section 4 highlights our experiment with the number of scenarios. Section 5 presents our results and discussion regarding the experiment that we have been conducted. Then, Section 6 compares our work to prior research. Finally, Section 7 concludes our contribution.

2 Motivating Problem

Traffic routing arises several problems in the urban area. The vehicle must travel to one point to another point by going through intersections and traffic lights. Since the traffic congestion is inevitable events in this traffic routing, the vehicle must find a solution to minimize the impact of this traffic congestion to their traveling time. Initially, the vehicle computes the estimated time to reach the destination by calculating the distance from the initial position to the destination. However, the congestion might occur during the journey of the vehicle. In response to that situation, the vehicle must recompute in every single time the vehicle facing this situation.

In our paper, we are addressing the issue when the simulator called ADASIM [4] was failed to make the priority vehicle or ambulance to arrive at the destination with speedy movement. The inability to achieve this goal has raised the problem for an ambulance to fulfill the initial mission of the ambulance. Since the ambulance carries a critical mission for saving a life, it is mandatory to ensure that the ambulance arrives at the destination on time. In addition to that, the level of uncertainties in the simulation impacts the traveling time of the ambulance to the destination. In such a situation, the vehicle and other agents (traffic agent and road closure agent) only have partial knowledge. The incapability of grasping the knowledge are drawbacks to satisfy the initial goals. In contrast, they are expected to have an accurate decision-making mechanism to achieve their goals.

3 Approach

The motivating problem we illustrated in Section 2 has encouraged us to propose a novel approach to this problem. The problem in traffic routing related to a priority vehicle that we want to tackle is the lack of an adaptation strategy corresponding to the priority vehicle in [4]. Here, we defined several adaptation plans and strategies then incorporated with the ADASIM simulator to support the routing for priority vehicle. Thus, our approach on this paper is Priority Routing Algorithm with predetermined adaption plan and strategy.

As shown in Fig.1, our approach is to introduce an adaptation plan policy as a strategy to manage the systems. We propose adaptation policy to remove the obstacles during the ambulance journey. The policy that we use in this approach

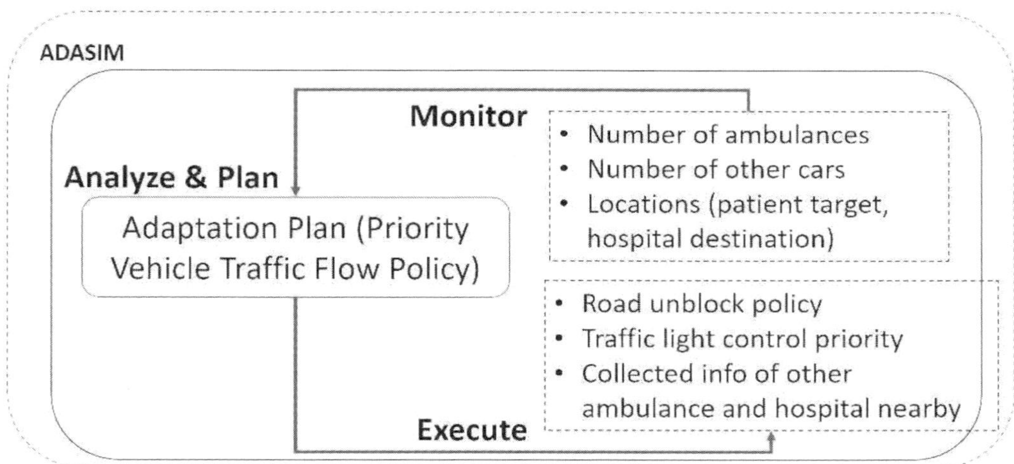

Fig.1 Approach Overview

is *Removing Obstacles* for ambulances to clear a road. This action can be achieved by unblocking the road that has been closed due to constructions or accidents. In the case of the accidents, the priority vehicles become the priority to pass this road to handle this situation. An action can be achieved by monitoring the closed road during this cycle, then the Road Closure Agent will open the road if the ambulance needs to pass this road. In this approach, we are incorporated the MAPE feedback loop to handle the issues.

- Monitor: roadblock due to construction or accidents are being monitored frequently.
- Analysis: the impact of unblocking the road are calculated to give the effect of enacting this action.
- Planning: finding the shortest path to the destination if the road is unblocked.
- Execution: recompute and update the estimated time arrival at the destination

In algorithm 1, *RemovingObstacles* is incorporated in *PriorityRoutingAlgorithm* class. The base class implementing a modified version of Dijkstras algorithm. This class comes with two constructors. The zero-argument constructor (used when this class is instantiated from a configuration file) creates an instance of the strategy that will compute shortest paths based on node weights alone and will never recompute a path. The second constructor takes two arguments: *lookahead* and *recompute*. These two parameters determine how far away from its current node a car can perceive traffic, and how often to recompute the path, respectively.

Tab.1 Scenario Table

Scenario	Intersection units	Closed-road Probability	Congestion
1	100	0.3	Low-Medium
2	100	0.5	Medium-High
3	200	0.3	Low-Medium
4	200	0.5	Medium-High
5	500	0.3	Low-Medium
6	500	0.5	Medium-High

Algorithm 1 Priority Routing Algorithm

$r \leftarrow roadSegments$
$s \leftarrow startNode$
$t \leftarrow targetNode$
procedure RemovingObstacles(r, s, t)
  if t = *closed* **and** *isEffectiveBlocked(t)* **then**
    $t \leftarrow$ *setOpen()*
    path ← *recomputePath(s,t)* ▷ find new path
    time ← *recalculateTime(s,t)* ▷ update new ETA
    return *time*
  end if
end procedure

4 Experiments

This experiment is conducted with a number of scenarios. As shown in Tab.1, there are 6 scenarios and each scenario consists of a different number of intersections, probability of closed road and the severity of traffic congestion. The number of intersection portray the size of the map. Probability of closed road depicts the level of uncertainties that might occur during the simulation. The priority vehicle equipped with Priority Routing algorithm is expected to the response of this situation by taking an adaptation plan to open the road. We further set the number of priority vehicle for each scenario. The number of priority vehicles is 10% of overall cars on the map.

Each of the scenarios will be run in 10 number of iterations. Every iteration has a variation of a number of cars, starting from 10 to 500 cars. Then, we calculate the average travel time for each scenario group by the number of the car. The car in the simulation has a start and destination node. The ADASIM simulator [4] has built-in algorithms for a non-adaptive and adaptive solution, *ShortestPath* and *TrafficLookahead* respectively. In each iteration, we will compare the two prior solutions with our approach: *PriorityRouting*.

5 Results & Discussion

Fig.2 shows the average travel time for the Priority Routing and *TrafficLookaheadRouting* algorithm. These findings deduce that the *PriorityRouting* outperform the *TrafficLookaheadRouting* at all of our predefined scenarios. The *PiorityRouting* is yielded less than 50% of the average travel time for *TrafficLookaheadRouting*. In addition, the *PriorityRouting* algorithm average travel time for all scenarios generated the stable average time a regardless number of car for each scenario.

Furthermore, in scenario 3 and 4 shows that the average travel time for *PriorityRouting* algorithm starts with a high number for a low number of vehicles. Instead of increasing, the average travel time is decreasing alongside an increasing number of vehicles. At this stage, we assume this situation occurred since the probability of closed road was arbitrary.

In addition, we also found that the number of intersections or size of the map has no correlation with the results of average travel time for *PriorityRouting*. The average travel time difference between each of the scenarios are hardly seen. The result from scenario 2 compare to scenario 6 suggests that there is merely 1 unit

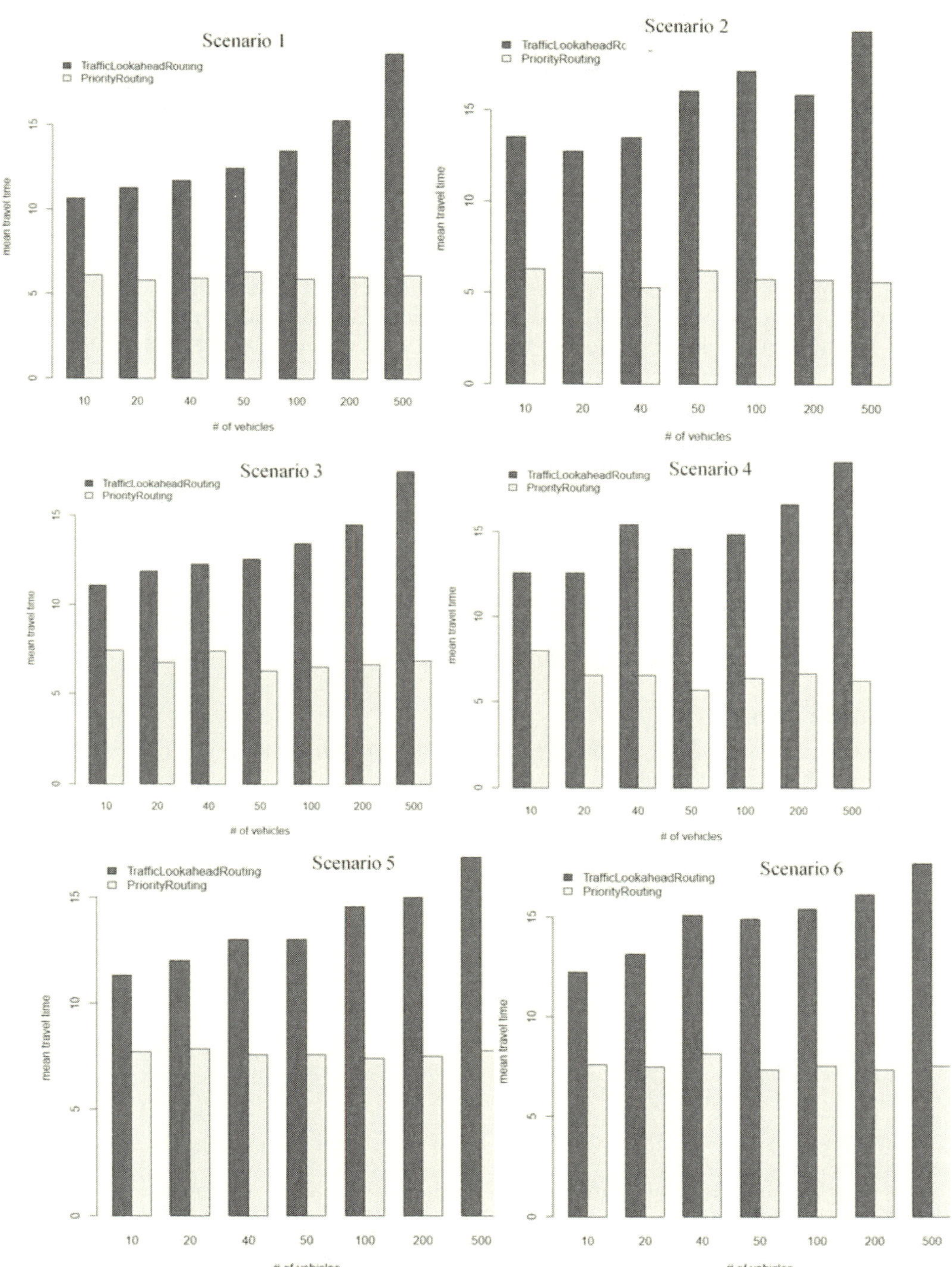

Fig.2 Comparison of results

travel time gap between these two scenarios. Based on this finding, we infer that our scenario might be less complex than it is expected. Another stimulating finding is that although we incorporated our approach to the simulation, we still managed to keep the average travel time for the prior algorithm: *TrafficLookaheadRouting* at a low level. In the scenario, we keep adding the number of priority vehicle along with the number of other vehicles. This action was expected to adding more average time for other vehicles since it will hinder other vehicle traffic flow. Instead, the average travel time for other vehicles is still at a low level.

6 Related Work

Research has discussed the strategic layer for selecting the routes and adaptive learning behavior in a multi-agent framework based on JADE [5]. This JADE framework interacted with traffic simulator called SUMO that supplies the tactic layer of simulation: vehicle changing the lane, breaking, and accelerating. On the other hand, this paper focus on finding the best route to reach the destination while monitoring the current situation of the traffic. This action is necessary to maintain the primary goal of the priority vehicles as well as other vehicles in the traffic system

Eventually, the ADASIM simulator [4] itself has presented novel benchmark tools with a set of dimensions along which solutions should be evaluated. The related challenges such as scalability, robustness, and balancing the precision and performance of monitoring has been highlighted. In contrast to our paper, we focus on specific traffic routing problem related to priority vehicle which has not been addressed by prior research. Regarding the results, we have improved the mean travel time for the priority vehicles.

7 Conclusion

This paper has proposed a *PriorityRouting* algorithm with a set of adaptation plans for traffic routing problem related to priority vehicle. We have successfully reduced the average travel time for priority vehicle. We believe that the adaptation plans we have implemented are suitable for such a scenario.

For future work, we will investigate more accurate travel time for an ambulance in the urban area. We plan to create a more realistic simulation of traffic that is able to model the traffic flow in the urban area as well as traffic congestion. We also interested to apply the machine learning technique to make a finer adaptive learning technique to be incorporated in the simulation process.

References

[1] De Lemos, Rogrio, et al. "Software engineering for self-adaptive systems: A second research roadmap." Software Engineering for Self-Adaptive Systems II. Springer, Berlin, Heidelberg, 2013.

[2] J. O. Kephart and D. M. Chess. The vision of autonomic computing. IEEE Computer Society Press, 36:4150, 2003.

[3] Derekenaris, Grigoris, et al. "Integrating GIS, GPS and GSM technologies for the effective management of ambulances." Computers, Environment and Urban Systems 25.3 (2001)

[4] Wuttke, J., Brun, Y., Gorla, A., Ramaswamy, J. (2012). Traffic routing for evaluating self-adaptation. ICSE Workshop on Software Engineering for Adaptive and Self-Managing Systems, 2012.

[5] G. Soares, Z. Kokkinogenis, J. L. Macedo, and R. J. Rossetti, Agent-based traffic simulation using sumo and jade: an integrated platform for artificial transportation systems, in Simulation of Urban MObility User Conference. Springer, 2013

Web API の保守性の評価を可能とする環境構築と提供者視点での活用方法の提案

An Environment for Evaluating Web API Maintainability and its Usages from the Perspective of Web API Providers

福寄 雅洋* 関口 敦二† 上原 忠弘‡ 山本 里枝子§ 青山 幹雄**

あらまし 筆者らは Web API の保守性を評価するための品質指標として相互運用性を提案した[1]. 相互運用性を定量的に評価するためには(1)Web API の時系列変化が取得可能であること, (2)Web API のインタフェース定義ファイルが機械処理可能なデータ形式であること, という 2 つの前提条件がある. 通常の Web API では最新版のインタフェース定義ファイルのみが自然言語で提供されていることが多く, 前提条件を満たすことが難しい. 本稿では, 相互運用性の活用を広めるために, Web API 提供者が満たすための条件を明らかにし, その方法を提案すると共に, Web API 利用者だけでなく Web API 提供者が相互運用性を活用する方法を提案する.

1 はじめに

Web API を利用してアプリケーションを開発する場合, 外部にある Web API の変更を制御できないため変更への追従が課題となる. 図 1 に Web API の品質に関与するステークホルダを示す. 著者らは, これまで明確に議論されてこなかった Web API の利用者視点からの品質モデルを提案し, 外部から Web API の品質を定量的に評価可能とした[1]. 提案した Web API 品質モデルの一つである相互運用性を算出するためには, 次の 2 つの条件を満たす必要がある.

(1) Web API の時系列変化が取得可能であること

(2) Web API のインタフェース定義ファイルが機械処理可能なデータ形式であること

しかし, Web API では, 最新のインタフェース定義のみが, 自然言語など任意の形式で公開される場合が多く, (1), (2)の条件を満たす場合は多くない. そこで, 先行研究[1]では, (1), (2)の条件を満たす Web API の例として, クラウドの IaaS 環境を構築する OSS である OpenStack[2]を対象とした. しかし, 相互運用性の活用を広めていくためには, (1), (2)を満たす環境の構築が必要となる. そこで, 本稿では直接(1), (2)の条件を満たさない場合に, 間接的な情報から相互運用性を定量的に評価可能とする方法を提案し, その有効性を示す.

本稿の貢献は以下である.

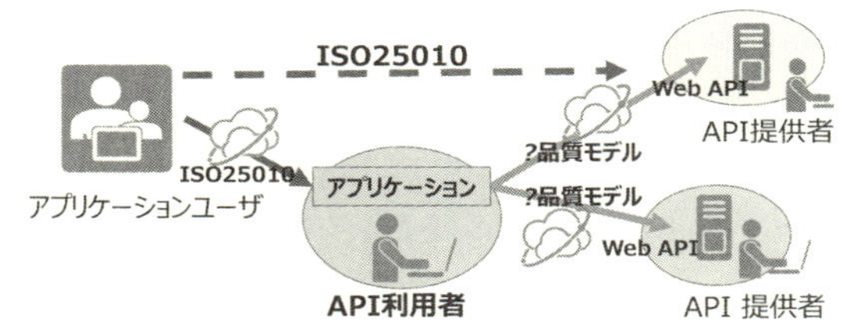

図 1 Web API 品質に関与するステークホルダ

* Masahiro Fukuyori, (株)富士通研究所, Fujitsu Laboratories LTD.
† Atsuji Sekiguchi, (株)富士通研究所, Fujitsu Laboratories LTD.
‡ Tadahiro Uehara, (株)富士通研究所, Fujitsu Laboratories LTD.
§ Rieko Yamamoto, (株)富士通研究所, Fujitsu Laboratories LTD.
** Mikio Aoyama, 南山大学, Nanzan University.

(1) Web API の相互運用性算出を広めるための新たな方法の提案.
(2) (1)の方法を支援するツールの試作を行い，その有効性の提示.
(3) 従来対象としてきた Web API 利用者に加えて，新たに Web API 提供者視点での相互運用性の活用方法の提示.

2 関連研究

API の進化は古くから課題であり，さまざまな研究が行われている[3]. Raemaekers らは「ソフトウェアライブラリのユーザが対応を要するかもしれない，時間の経過に伴い積み重なっていくインタフェースや実装の変更の度合い」として「安定性」を定義し，利用者がライブラリの利用を判断する指標としての利用を提案した[4]. この取り組みはローカルなライブラリにとどまらず，Web API にも展開されてきた. Web API の変更を分析する試みとして，Li らはローカルな API の問題と比較して Web API 固有の問題を明らかにするとともに Web API の変更を 16 パターンに分類し，研究の礎とした[5]. Wang らはさらに調査を進め 21 パターンに分類するとともに，StackOverflow で議論されている内容の特徴からパターンと関連付けて問題を明確にした[6]. これらの研究をもとに，著者らは，Web API の品質を外部から評価するための Web API の品質モデルを提案し，利用者にとって開発初期に重要な習得容易性と相互運用性を定義した[1]. この中で相互運用性の定量的評価のためには，ある前提条件を満たす必要があり，利用を広めていくためにはその前提条件を満たす環境の構築が課題となることを明らかにした. しかし，この前提条件を満たさない場合や前提条件を満たした場合の具体的な定量的評価の方法については明らかとなっていない.

3 Web API の保守性判断を可能とする品質指標とその課題

3.1 Web API の相互運用性

Web API には，次の 2 つの特徴がある[1].
(1) 実装言語と独立したインタフェース定義を利用する.
(2) Web API 提供者はその利用者と独立に API を変更できる.

Web API 利用者は(1)のインタフェース定義を参照してアプリケーションを作成するが，(2)の特徴から利用者とは独立に Web API が変更されるため，その結果，利用者のアプリケーションにとって障害となる問題がある. その場合，利用者は Web API の変更へ対応するために想定外の工数を要する場合がある. Web API を利用する前に，その変更の性質を事前に知ることが重要である. そこで，著者らは以下の Web API の相互運用性を提案した[1].

定義 1: Web API の相互運用性とは，Web API のインタフェースがある期間に維持される度合いである. 維持される度合いが大きい場合は相互運用性が高く，小さい場合は低くなる.

Web API の相互運用性は，過去に発生した API 変更に基づき，以下の式(1)で計算する.

$$\text{Web API の相互運用性} = \frac{1}{1+\sum_{s=1}^{|S|-1}(k_i I(s)+k_c C(s))hw(s)} \quad (1)$$

式(1)で用いる変数を表 1 に示す. ここで，非互換差分量とは，Web API に変更が発生した場合に API 利用者が変更を必要とするような非互換な変更の要素数を意味し，API 削除数，リクエストパラメータ削除数，リクエストパラメータ必須属性(False→True)変更数，レスポンスデータ要素削除数，レスポンスステータスコード削除数の総和で

表 1 評価式(1)の変数定義

記号	説明
s	ソフトウェアの特定のスナップショットを示す番号，1 から始まり過去にさかのぼるにつれて増加する
S	すべてのスナップショットの集合
k_i	非互換差分量係数
k_c	互換差分量係数
$I(s)$	非互換差分量(s+1 から s の間に発生した差分量)
$C(s)$	互換差分量(s+1 から s の間に発生した差分量)
$hw(s)$	時間係数 1/2^s

ある．また互換差分量は，API 利用者が変更を必要としないような互換性のある変更の要素数を意味し，API 新規追加数，リクエストパラメータ新規追加数，リクエストパラメータ必須属性(True→False)変更数の総和である．ライブラリの安定性[4]と同様に，「時間の経過に応じて変更の影響は小さくなる」という仮定から，それぞれの差分量に時間係数を利用する．また，非互換差分量が互換差分量よりも API 利用に与える影響が大きいという仮定から係数を用いて非互換差分量の重みが強くなるようにする．Web API の相互運用性は 0 から 1 の値を取り，1 に近ければ相互運用性が高く，0 に近ければ相互運用性が低い．Web API 利用者は相互運用性から，その Web API が今後変わりやすいかどうかを予測可能となる．それにより，Web API 変更に要するコストを見積もることが可能となり，事前に対策を講じることができるようになる．

3.2 相互運用性算出の前提条件

Web API の相互運用性は，時系列変化の情報を，対象の時間ウインドウで処理する必要があるため，効率的に算出するためには機械処理可能なデータ形式が必要となる．以上のことから相互運用性が定量的評価可能な前提条件は以下となる．

(1) Web API の時系列変化が取得可能であること

(2) Web API のインタフェース定義ファイルが機械処理可能なデータ形式であること

これらの条件が満たせない場合，式(1)の変数が取得できなくなり，相互運用性が算出できない．前提条件(1)にあげた Web API の時系列変化については，一般に，公式 Web ページ等で通知される[7][8]．しかし，自然言語で表現される場合が多く，機械処理可能なデータ形式での公開はほとんど見られない．Web API のインタフェースを機械処理可能な標準データ形式として表現する OpenAPI[9]の利用が広まりつつあるが Web API 提供者が公開するケースは多くない．そのため，Web API の相互運用性の利用を進めるためには，前提条件(1)(2)を満たす環境の構築が必要となる．

4 相互運用性の定量的評価方法の提案

著者らは先行研究[1]にて，安定性の定量的評価を行うための前提条件である 3.2 の(1), (2)を満たす Web API の例として，OpenStack を対象とした．OpenStack は Web API のインタフェース定義を公式ページの API reference で公開している．その元となるファイルは reStructuredText と呼ぶ独自の形式ではあるが，Web API の仕様を表すルールに沿って記載されており，機械処理可能なデータ形式となっている．また，GitHub[8]でソースコードが公開されており，Web API の時系列変化も確認できた．このように前提条件 3.2 の(1), (2)を満たしており，相互運用性の定量的評価が可能であった．

Web API が，GitHub 等でソースコードのリポジトリが公開されている場合は，前提条件 3.2 の(1), (2)を満たす場合が多い．企業内システムをサービスとして分割し，Web API として利用する場合は，ソースコードを利用できる場合が多いが，SNS のように一般に公開されているサービスの Web API の場合は，ソースコードが利用できる場合はほとんどない．そのようなサービスを利用する場合においても，Web API の時系列変化が機械処理可能なデータ形式で取得できる条件を満たす方法を検討した．その結果，前提条件 3.2 の(1), (2)を満たすためのデータが直接入手できない場合に，間接的に同等のデータを取得可能ではないかと考えた．以下では，その方法を提案する．

4.1 Web API の SDK

Web API 提供者は，Web API 利用者が WebAPI を容易に利用できるために SDK を提供する場合が多い．SDK では複数のプラットフォームをサポートすることが多い．それが可能な理由の一つは，インタフェース定義ファイルを用いて Web API を定義することで，インタフェース定義ファイルから SDK の生成処理の大部分を自動化できることがあげられる．そのため，SDK が提供される場合はインタフェース定義ファイルが利用できる可能性が高い．また，SDK は利用者が自由にソースコードを修正できるように GitHub 等でソースコードのリポジトリが公開されることが多い．そのため SDK が提供されている場合，相互運用性の定量的評価の前提条件 3.2 の(1), (2)を満たす可能性が高い．

4.2 SDK からの Web API の抽出

SDK 内の Web API のインタフェース定義ファイルを利用する場合，そのファイルが存在する場所を特定する必要がある．例えば，インタフェース定義ファイルが OpenAPI2.0*の場合，ファイル形式が JSON または YAML であるため，拡張子が“.json”または“.yaml”であるファイルを対象としてソースコードのリポジトリ内を検索する．そして OpenAPI であることを示す文字列「“swagger”: “2.0”」が JSON または YAML の要素として存在することを確認することでインタフェース定義ファイルの格納場所が特定できる．また，インタフェース定義ファイルを格納しているディレクトリやファイルの名前に”api”というキーワードがつくことがあるため，それを手掛かりにできる場合もある．

5 提案方法の検証

提案方法について，相互運用性の定量的評価の前提条件 3.2(1), (2)を満たすことが可能か，実際に Web API を提供するサービスの事例で確認する．ただし，インタフェース定義ファイルとその履歴を利用する，という相互運用性の定量的評価の処理に着目するため，インタフェース定義が SDK 内に存在する場合を対象とする．そこで，本稿では SDK がリポジトリの形で提供されており，インタフェース定義ファイルが利用可能な SORACOM と AWS を例として取り上げる．

5.1 SORACOM，AWS の事例

SORACOM[12]は IoT プラットフォームである．IoT 機器との連携を実現するプラットフォームの機能をプログラムから利用するために Web API を提供している．そして Web API 利用者向けに GitHub で SDK(コマンドラインツール)を公開している．そのため，ソースコードの変更履歴が参照可能であり，時系列変化が利用可能である．よって，相互運用性の定量的評価の前提条件 3.2 の(1), (2)の両方を満たす．そこで GitHub から得られる Web API のインタフェース定義ファイルの時間変化より，相互運用性を算出した．ただし，今回は時間変化の各スナップショットについて，時間ではなく，バージョンを基準とし，また，インタフェース定義ファイルに同じファイル名が利用されていた 0.1.5 から 0.2.3 までを利用した．図 4 は相互運用性の推移であり，図 5 は相互運用性の算出に利用した Web API の変更量である．このように SDK から相互運用性の定量的評価が可能であることを示すことが可能となった．

AWS[13]は Amazon が提供するクラウドサービスである．IaaS などの機能をプログラムから利用するために Web API を提供している．AWS では様々な言語向けに SDK が用意されている．SDK は GitHub で公開されており，ソースコードの変更履歴が参照可能であり，時系列変化が利用可能である．その中の一つである JavaScript 向け SDK では API が機械処理可能な JSON 形式で公開されている．実際，様々な Web API の OpenAPI 形式のファイルを公開している APIs guru では，この JSON ファイルから OpenAPI を生成し，GitHub で公開している[14]．これらより，相互運用性算出の前提条件 3.2 の(1), (2)の両方を満たす．それらのファイルを用いて算出した AWS EC2 の相互運用性の推移を図 2 に，また，各変更量の推移を図 3 に示す．

6 考察

6.1 提案方法の考察

相互運用性を直接的に定量的評価するための前提条件が満たせない場合，間接的に定量的評価に必要なデータを抽出する方法として，Web API 提供者が提供している SDK から Web

* 2019 年 7 月 20 日時点で OpenAPI の最新版は 3.0.2 であるが普及している 2.0 を対象とした．

API のインタフェース定義ファイルを抽出し，SDK のソースコード管理システムの変更履歴よりインタフェース定義ファイルの変更履歴を取得する方法を提案した．提案方法は従来困難であった相互運用性の定量的評価の対象を拡張できることを示した点で意義があるといえる．

また，SDK を利用する方法を，SORACOM と AWS の Web API に適用し，相互運用性の定量的評価が可能となることを示し，その前提条件である 3.2 の(1), (2)を満たす環境が構築可能であることを示した．このことは，環境構築方法の有効性を示している．

6.2　相互運用性の定量的評価例からの示唆と Web API 提供者視点での相互運用性の利用方法の提案

SDK を利用する提案方法を適用した SORACOM の例において，図 4 ではバージョン 0.1.8 において相互運用性が大きく低下していることがわかる．そこで相互運用性の算出に利用している Web API の非互換差分量を確認したところ図 5 に示す通り 17 個の Web API が非互換であることが判明した．さらに，バージョン 0.1.7 と 0.1.8 のインタフェース定義ファイルを比較したところ，非互換に結びつく変更は図 6 に示す 1 つのデータ構造の削除のみであった．そのデータ構造の利用個所を確認したところ，影響を受けている 17 個の Web API が抽出された．これは，インタフェース定義ファイル上では変更量が少ない場合でも，多くの Web API に影響を与える場合があることを示している．

この事例から，インタフェース定義ファイルへの小さな変更が意図せぬ大きな影響を Web API にもたらすケースを防ぐ対策が必要であることが明らかになった．そこで，このような影響をフィードバックする方法として Web API 提供者へ相互運用性を提示することを提案する．これによって，Web API 提供者はインタフェース定義ファイルへの変更がどれだけ利用者に影響を与えるかを意識して開発を進めることができると考えられる．図 7 はその適用例である．Web API 提供者が開発物のソースコードリポジトリに変更を提出した際(①)，相互運用性の変化を計算し

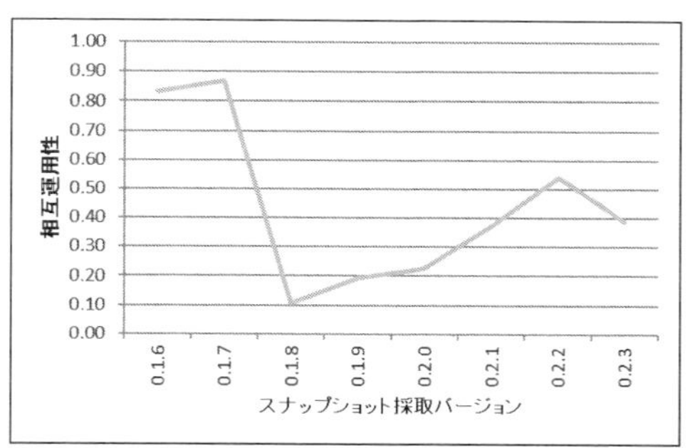

図 4 SORACOM-cli の相互運用性の推移

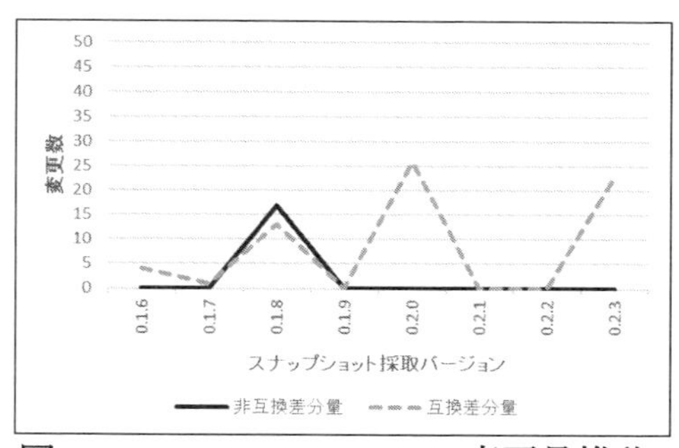

図 5 SORACOM-cli の API 変更量推移

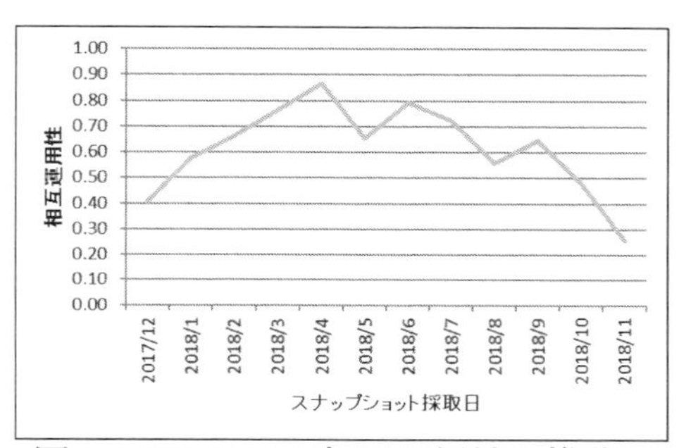

図 2 AWS EC2 の相互運用性の推移

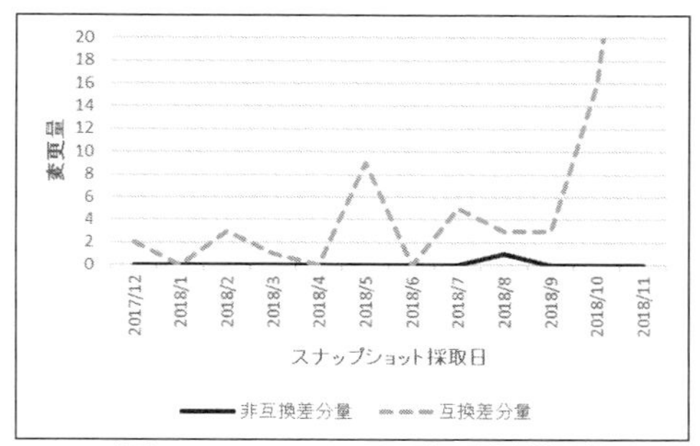

図 3 AWS EC2 の変更量推移

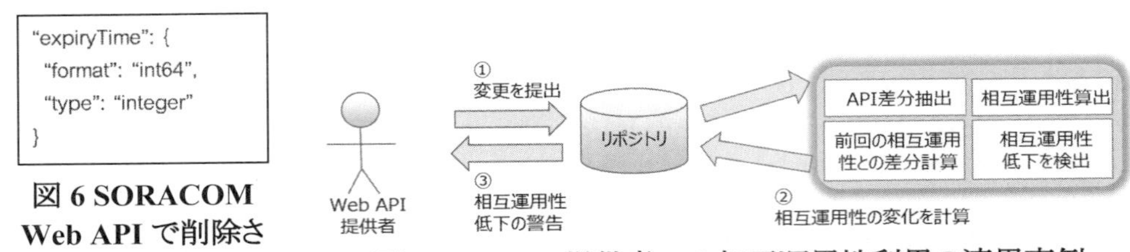

図 6 SORACOM Web API で削除されたデータ構造の例

図 7 Web API 提供者への相互運用性利用の適用事例

(②), 相互運用性を大きくさげる変更を提出した場合は警告を提示する(③), という仕組みによって Web API 利用者への影響を意識した開発が可能になる.

7 まとめ

本稿では, Web API 利用者の保守性を評価する品質指標として提案した相互運用性の利用を進めるため, 定量的評価を支援する環境構築の方法として SDK から入手できる情報を用いる方法を提案した. SORACOM, AWS を例として相互運用性を算出し, 提案方法の有効性を示した. また, 本稿における定量的評価事例より, 相互運用性を有効に活用する方法として, Web API の利用者視点での活用に加えて提供者視点での活用方法があることを提案した.

本稿では SDK に Web API のインタフェース定義ファイルが存在する場合について検証を行ったが, 存在しない場合も想定されるため, 今後, 静的解析や動的解析を用いて SDK から Web API を抽出する方法を検討する予定である. また, Web API の利用者に変更を発生させずに機能追加を行うような進化を促進し「Web API の価値が高まる」ことを評価できる方法についても検討が必要だと考えている.

8 参考文献

[1] 山本 里枝子, 他: Web API の習得容易性と相互運用性, 及び, その定量評価方法の提案と適用評価, 情報処理学会論文誌, Vol. 60, No. 10, Oct. 2019, pp. 1896-1914.
[2] OpenStack: https://www.openstack.org/.
[3] Bennet, K. H. et al.: Software Maintenance and Evolution: A Roadmap, The Future of Software Engineering, Proc. of ICSE 2000, ACM, May 2000, pp. 75-87.
[4] Raemaekers, S. et al.: Measuring Software Library Stability through Historical Version Analysis, Proc. of ICSM 2012, IEEE, Sep. 2012, pp. 378-387.
[5] Li, J., Xiong et al.: How Does Web Service API Evolution Affect Clients?, Proc. of ICWS 2013, IEEE, Jun.-Jul. 2013, pp. 300-307.
[6] Wang, S. et al.: How Do Developers React to Restful API Evolution?, Proc. of ICSOC 2014, LNCS Vol. 8831, Springer, Nov. 2014, pp. 245-259.
[7] Twitter Changelog: https://developer.twitter.com/en/docs/changelog/enterprise/.
[8] GitHub: https://github.com/.
[9] OpenAPI Specification: https://github.com/OAI/OpenAPI-Specification/.
[10] Wittern, E. et al.: Statically Checking Web API Requests in JavaScript, Proc. of ICSE 2017, IEEE, May 2017, pp. 244-254.
[11] S. M. Sohan et al.: SpyREST: Automated RESTful API Documentation Using an HTTP Proxy Server, Proc. of ASE 2015, IEEE, Nov. 2015, pp. 271-276.
[12] SORACOM: https://SORACOM.jp/.
[13] AWS: https://aws.amazon.com/jp/.
[14] APIs Guru: https://github.com/APIs-guru/openapi-directory/.

ネストの深さと繰り返し回数に着目したゲームループの実装ソースコードの検出

Detecting game loop implementations by nest depths and loop conditions

金森 公洋 [*]　森崎 修司 [†]　山本 修一郎 [‡]

あらまし　アクションゲームの更新や拡張に新たに着手する開発者はソースコード中のゲームループを特定する必要がある．ゲームループは，個々のゲームオブジェクトを実装するプログラムに均等に実行の機会を与えることでプロセッサやユーザの入力に依存せず，ゲームを設計通りに進行するための基盤部分である．本稿は，ループのネストの深さ，繰り返し回数の特徴を用いてソースコード中のループからゲームループを検出するための手順を提案し，3 件のオープンソースのゲームソフトウェアにおいて提案手法を評価する．評価の結果，関数の呼び出し階層の上限は 4，ループのネストの深さは 1 という条件下で，3 件のソフトウェアすべてにおいて，ゲームループの候補として挙げたループの中にゲームループが含まれることがわかった．

1　はじめに

近年，コンピュータゲームを対象とする研究への関心が高まってきており，ゲームとそれ以外のソフトウェアにおけるソフトウェアエンジニアリングの違いも広く研究されている．そのような研究で挙げられた違いとして，Modding [1]，テストプレイによるフィードバックの繰り返し [2] [3]，早期の実装が求められること [4] [5] がある．Modding はゲームソフトウェアを再利用・進化させるための独特な方法である．Scacchi は Modding を，オープンソースソフトウェアに似たオープンなイノベーション手法であると説明している [1]．

ゲームの Modding やオープンソースゲームの更新や拡張に新たに着手する開発者は既存ソースコードを理解する必要がある．アクションゲームにおいては，対象ソースコードの理解の起点となるゲームループを実装する箇所を最初に特定することで対象ソースコードの理解を効率化できる．ゲームループは，ゲームキャラクタ，障害物，背景といったゲームに登場するオブジェクト (ゲームオブジェクト) の振る舞いを実装した関数を短い間隔で均等に実行し，ゲームオブジェクトが並行して動作しているように見せるゲームプログラムの基盤となるループである．ゲームオブジェクトの追加や更新時には，ゲームループとその付近のソースコードを変更することが多いため，ソースコード全体の中で，ゲームループは更新頻度の大きい部分 (ホットスポット) となる．一般的なソフトウェアの進化やメンテナンスにおいてもホットスポットとそうでない箇所があることが知られており [6]，ソースコードリポジトリが記録している更新履歴を利用する等して，頻繁に更新されているクラスやソースコードモジュールをホットスポットとして検出できる．しかし，ゲームソフトウェアでは，既存の商用ゲームを後年にオープンソース化した場合をはじめとして，完成済みのソースコードを一括して登録している場合も多く，更新履歴が存在しない場合がある．そうした場合には，Unstable interface パターン [7] のようなパターンによって，アーキテクチャからホットスポットを特定する方法が必要になる．

著者らは文献 [8] においてコールフロー分析を利用してアクションゲームのソース

[*]Koyo Kanamori, 名古屋大学大学院

[†]Shuji Morisaki, 名古屋大学大学院

[‡]Shuichiro Yamamoto, 名古屋大学大学院

コードのホットスポットの特定をした結果，ゲームループが実装されている関数や呼び出し関係において付近にある関数を特定できたことを報告しているが，ゲームループの検出はできていない．ゲームループそのものを検出できれば，それを実装する関数の規模が大きい場合でも容易にゲームループにたどり着けるため，関数単位の検出よりも実用的であると考えられる．本稿では，アクションゲームのソースコードにおいてゲームループを検出するための手法を提案し，既存のオープンソースゲームを用いて提案手法の効果を評価する．

2 ゲームループ

ゲームループは，ユーザ入力やプロセッサ速度に依存することなくゲームを進行させるためのループである [9]．ほとんどのアクションゲームに共通して用いられているため，ゲームのアプリケーションアーキテクチャの構成要素の一つである．ゲームオブジェクト（ゲームに登場するキャラクタや物体）を少しずつ動かしたりその場面を描画したりする処理を，短い周期（1/60 秒など）で繰り返し行うことで，入力やプロセッサに依存せず設計通りのタイミングで滑らかに動き続けるようにする．このとき，複数のゲームオブジェクトが並行して動いているように見せるために，ゲームオブジェクトのすべてを均等に少しずつ動かす．各ゲームオブジェクトを別々のスレッドで動かす方法が用いられないのは，それらが動く機会を均等にするための制御が難しいからである [10]．

ゲームループ内の処理は通常，次の四つの処理で構成される．

G_1 ユーザ入力の受付
G_2 ゲームオブジェクトの更新
G_3 ゲームの場面の描画
G_4 ゲームの実行速度の制御（待機処理）

ゲームの実行時間のほとんどは G_1 から G_4 が繰り返し実行されている．C 言語によるゲームループのコード例をソースコード 1 に示す．ソースコード 1 の 5 行目と 14 行目の `getCurrentTime` は現在時刻を取得する関数，14 行目の `sleep` は引数で与えた時刻まで待機する関数，1 行目と 14 行目の `MS_PER_FRAME` はループを 1 巡する時間を表す定数である．ここでは最も単純な Synchronized Coupled Model [11] の場合を示しているが，他の種類のゲームループでも同様に考えることができる．

ソースコード 1　ゲームループのコード例

```
1  #define MS_PER_FRAME (16)
2
3  int main() {
4    while(1) {
5      double start = getCurrentTime();
6      G1();
7      G2();
8      G3();
9      G4(start);
10   }
11 }
12
13 void G4(double start) {
14   sleep(start + MS_PER_FRAME - getCurrentTime()):
15 }
```

3 提案手法

3.1 前提

ゲームループと一般的なループの違いとして，次のような特徴があると考えた．

特徴 1: ゲームループは深くネストされない．

ゲームループを終了するとゲームを続けることが不可能であるため，通常，ゲームループを終了したあとはアプリケーション終了の処理を行う．つまり，一旦終了したゲームループを再開する必要性がないため，ゲームループが多重ループの内側に存在する可能性は低い[1].

特徴 2: ゲームループの実行は繰り返し回数に依存しない.

ゲームループを終了するタイミングはユーザ入力に依存するため，通常，ゲームループの繰り返し回数に上限は設けられていない．すなわち，ゲームループは無限ループであるか，ゲーム終了フラグの真偽値を判定するといった継続条件式を持っている．

よって，あるゲームのソースコードに存在するすべてのループの中から，このような特徴をもつループを見つけることで，ゲームループを検出できると考えられる．

3.2 手順

探索する呼び出し階層の最大数を n (≥ 1)，ループのネストの最大数を m (≥ 1) とし，ゲームループ検出を行う具体的な方法として次の手順を提案する．ここで呼び出し階層とは，ある関数からエントリポイント E まで呼び出し元を辿ると最小で何個の関数があるかを表す整数 (≥ 1) であり，E の呼び出し階層を 1 とする．

手順 1: n 階層目までのすべてのループをゲームループの候補として取り出す.

次の手順で，n 階層目までの関数に存在する文のうち繰り返し構文 L に該当するものを，ゲームループの候補集合 C に加える．たとえば一般的な C 言語プログラムでは，$E = \mathrm{main}$ 関数，$L = \{\text{for 文}, \text{while 文}, \text{do〜while 文}\}$ である．

手順 1-1 E の定義に含まれる文 s_j ($j \geq 1$) のうち，種類が $\exists l \in L$ であるものを C に加える．探索済みの呼び出し階層 $k := 1$ とする．

手順 1-2 $k = n$ となるまで，手順 1-2-1〜手順 1-2-2 を繰り返す．

手順 1-2-1 次の呼び出し階層 $k+1$ に存在する関数の集合 F_{k+1} を得る．

手順 1-2-2 $f_i \in F_{k+1}$ ($i \geq 1$) のそれぞれに存在する文 s_{ij} ($j \geq 1$) のうち，種類が $\exists l \in L$ であるものを C に加える．$k := k + 1$ とする．

手順 2: ネストの深さが m より大きいループを候補から除外する.

通常，ゲームループは多重ループの内側となっていないため（特徴 1），ネストが浅いもののみに絞り込む．そのために，あるループ $s_j \in C$ のネストの深さを $d(s_j)$ とし，$C := C - \{s_j | s_j \in C \land d(s_j) \geq m + 1\}$ とする．ここでネストの深さ $d(s_j)$ は，E から s_j のブロック内に至るまでに，何個のループの内側に入る必要があるかを表す整数 ($d(s_j) \geq 1$) とする．s_j が最も外側のループであるとき，$d(s_j) = 1$ となる．

手順 3: 繰り返し回数に上限があるループを候補から除外する.

ゲームループは繰り返し回数に上限のない実装が一般的であるため（特徴 2），そのようなループのみに絞り込む．for 文については，すべての式を省略した `for(;;)` 以外は C から除外する．また，for 文以外であっても継続条件式に不等式を含むものは繰り返し回数に上限があると考えられるため C から除外する．

4 評価

提案手法によって実際にゲームループを発見することができるかどうかを確かめるために，既存のオープンソースゲームのソースコードに提案手法を適用する．

4.1 対象ゲーム

2018 年 4 月 4 日時点で GitHub 上に存在する注目度の高いゲームを対象とするた

[1]例外としては，ゲームループ内で一つのステージの開始から終了までの処理のみを行っており，別のステージに移る際には一旦ゲームループを終了してステージ選択に戻るような実装となっている場合が考えられる．

表 1　対象ゲーム

タイトル	Star 数	コミット数	E	ゲームループが存在する関数
DOOM	2941	3	main	D_DoomLoop（3 階層目）
Quake III Arena	2539	1	WinMain	WinMain（1 階層目）
Wolfenstein 3D	854	3	main	GameLoop（3 階層目）

め，以下の手順を実行した．

GitHub 上に存在するゲームのリポジトリを得る．
ゲームのリポジトリを得るために，GitHub のソースコード検索機能を用いて，ダブルクォーテーション付きのキーワード"game loop" で検索した．この検索キーワードでは,「game」と「loop」がこの順で並んでいる箇所（「game」と「loop」の間に記号がある箇所も含む）があるリポジトリがヒットする．

注目度の高いゲームのリポジトリに絞り込む．
注目度の高いゲームのリポジトリを得るために，検索によって得られたゲームを Star 数（リポジトリに Star をつけたユーザの人数）が上位のゲームに絞り込んだ．あるリポジトリ A に Star をつけることは，ユーザが A の管理者を高く評価していることを示すものでもあると考えられている [12]．注目度の高いリポジトリは，多くのユーザが理解できる一般的な実装となっていると考え，提案手法の効果を確認する対象とした．
言語の違いによる手順の違いをなくすため，Star 数で降順ソートして上位に現れた C 言語ゲーム 3 件に絞り込んだ．検索結果 155568 件に含まれていた C 言語ソフトウェアのリポジトリは 11845 件であり，ゲーム以外にもゲームエンジン・ゲーム用ライブラリといったリポジトリが多く含まれていたため，上位 13 件の内容を目視にて確かめることで上位 3 件の C 言語ゲームを得た．

4.2　提案手法の適用と結果

4.1 で得られた 3 件のゲームに対し，3.2 で定義した提案手法を適用した．ゲームループが存在する階層はゲームによって異なるため $n = 1, 2, 3, 4$，ゲームループがネストされている可能性は低いため $m = 1$ とし，それぞれの条件で得られた候補にゲームループが含まれているかどうかを確かめた．

4.1 で得られた 3 件のゲームの概要を表 1 に，それぞれについて提案手法を適用した結果を表 2 に示す．ゲームループが存在する呼び出し階層まで探索したすべての場合で，候補集合にゲームループが含まれていた．ゲームループ以外で候補集合に含まれていたものは，無限ループや，真偽値をもつフラグを組み合わせた継続条件式をもつループ，カウンタのインクリメント・デクリメントを含む継続条件式をもつループであった．

5　考察

5.1　提案手法の評価と改善点

本稿で対象としたゲームでは，ゲームループが存在する呼び出し階層まで探索すれば必ずゲームループを候補集合に含めることができるとわかった．過不足なくゲームループだけを検出できたのは「Quake III Arena」の $n = 1, 2$ の場合のみであったものの，それ以外の場合についても，手順 2 から手順 3 までの過程で 20%（「DOOM」，$n = 3$），11%（「Wolfenstein 3D」，$n = 3$）まで候補のループを絞り込むことができた．提案手法によって絞り込まれた候補に基づいて目視でゲームループを探せば，提案手法を使わない場合よりも効率的にゲームループを見つけることができる．対象ゲームはいずれもコミット数が少なく，更新履歴を用いたゲームループ特定は

表 2　結果

タイトル	n	m	探索した関数（手順 1）	深さ m までの全ループ（手順 2）	候補のループ（手順 3）	ゲームループ
DOOM	1	1	0	0	0	含まれない
	2	1	2	2	1	含まれない
	3	1	34	20	4	含まれる
	4	1	106	46	8	含まれる
Quake III Arena	1	1	1	1	1	含まれる
	2	1	12	3	1	含まれる
	3	1	90	12	8	含まれる
	4	1	256	28	10	含まれる
Wolfenstein 3D	1	1	0	0	0	含まれない
	2	1	9	7	1	含まれない
	3	1	61	35	4	含まれる
	4	1	193	72	10	含まれる

困難であるが，提案手法を用いることでこのようなゲームについても容易にゲームループが特定できる．

本稿で提案手法を適用して得られた候補集合には，カウンタのインクリメント・デクリメントを含む継続条件式をもつループがあった．不等式が含まれていなくても，インクリメントやデクリメントが含まれる場合は繰り返し回数に上限があると考えられ，ゲームループである可能性は低い．手順 3 でそのようなループについても除外することで，候補集合をさらに絞り込むことができる．

候補集合を絞り込む手順のあとに，候補集合をソートする手順を加えることで提案手法を改善できる．本稿の提案手法では，候補集合に複数のループが残った場合，それ以上の手がかりなしに目視でゲームループを探す必要がある．候補集合を，ゲームループである可能性の高さで降順ソートすることができれば，上位から順に目視で確認することでより効率的にゲームループを発見できる．

候補集合をソートするための基準として，候補となるループ以下の Function Call 数 [8] を用いることが考えられる．Function Call 数は，ある関数から直接的または間接的に呼び出されているすべての関数を数えたものであり，静的解析ツールを用いて計算することができる．文献 [8] は，Function Call 数によってゲームループが存在する関数またはそのような関数と呼び出し関係のある関数を検出できたと報告している．候補集合を Function Call 数でソートすることによりゲームループである可能性が高い候補が上位に現れれば，さらに効率的にゲームループを発見できるようになる．

本稿では，ゲームソフトウェアにおけるホットスポットとなりうるアーキテクチャとしてゲームループを取り上げ，それを検出する手法を提案した．しかし，ゲームループ以外であっても同様の特徴をもつアーキテクチャであれば提案手法が適用できる．たとえば，GUI アプリケーションにおけるイベントループはゲームループと同様に，ネストされている可能性が低く，繰り返し回数に依存しないと考えられる．このようなアーキテクチャに対応できるよう拡張することで，より多くのソフトウェアにおけるホットスポット特定に役立てることができる．

5.2　妥当性

本稿では 3 件のオープンソースゲームのみを対象としている．これらのゲームではいずれもゲームループを候補に含めることが可能であったが，さらに多くのゲームを対象としたり，商用ゲームを対象としたりしてもゲームループを検出できるかどうかを確かめるのは今後の課題の一つである．

提案手法には n，m の二つのパラメータがある．n を大きくするとゲームループが存在する関数まで確実に探索することができるようになるが，探索すべき関数が増加するため結果を得るまでにかかる時間が増加する．m を大きくするとゲームループがネストされている場合にも対応できるようになるが，候補集合が大きくなり，目視で確認すべきループが増加する可能性がある．本稿では $n = 1, 2, 3, 4$，$m = 1$ として提案手法を適用したが，適切な値を設定するための方法を検討することは今後の課題である．

6 まとめ

本稿では，ゲームソフトウェアにおけるホットスポットを特定するための手法を提案し，その効果を評価した．ゲームループを検出するための手法として，ゲームのソースコードに含まれるループを，二つの特徴を踏まえて絞り込む手順を提案した．さらに，提案手法を 3 件のオープンソースゲームに適用した結果，適切なパラメータを設定すれば，そのすべてにおいて実際のゲームループを含む複数のループを候補に挙げられることが確認できた．

提案手法によってゲームループを含む候補の集合が得られることから，この集合に含まれるループを目視で確認することにより，効率的にゲームループを検出できると考えられる．しかし，より多くのゲームを対象とした場合にもゲームループを検出できるかどうかや，さらに効率よくゲームループを検出する方法，適切なパラメータの設定方法などは今後の課題である．

謝辞 本研究は，科学研究費補助金 17K00102 の助成を受けたものである．

参考文献

[1] W. Scacchi: Modding as an Open Source Approach to Extending Computer Game Systems, IFIP Advances in Information and Communication Technology, vol. 365, pp. 62-74, 2011.

[2] G. N. Yannakakis, J. Hallam: Capturing Player Enjoyment in Computer Games, Advanced Intelligent Paradigms in Computer Games, Studies in Computational Intelligence, vol. 71, pp. 175-201, 2007.

[3] E. Murphy-Hill, T. Zimmermann, N. Nagappan: Cowboys, Ankle Sprains, and Keepers of Quality: How is Video Game Development Different from Software Development?, In Proc. of the 36th International Conference on Software Engineering, pp. 1-11, 2014.

[4] D. Callele, E. Neufeld and K. Schneider: Requirements Engineering and the Creative Process in the Video Game Industry, In Proc. of 13th IEEE International Conference on Requirements Engineering, pp. 240-250, 2005.

[5] P. Stacey, J. Nandhakumar: A Temporal Perspective of the Computer Game Development Process, Information Systems Journal, vol.19, no.5, pp. 479-497, 2009.

[6] T. Girba, A. Kuhn, M. Seeberger and S. Ducasse: How Developers Drive Software Evolution, Eighth International Workshop on Principles of Software Evolution (IWPSE'05), pp. 113-122, 2005.

[7] R. Mo, Y. Cai, R. Kazman and L. Xiao: Hotspot Patterns: The Formal Definition and Automatic Detection of Architecture Smells, 2015 12th Working IEEE/IFIP Conference on Software Architecture, pp. 51-60, 2015.

[8] S. Morisaki, N. Kasai, K. Kanamori, S. Yamamoto: Detecting Source Code Hotspot in Games Software Using Call Flow Analysis, 20th IEEE/ACIS International Conference on Software Engineering, Artificial Intelligence, Networking and Parallel/Distributed Computing (SNPD 2019), 2019.

[9] R. Nystrom: Game Programming Patterns, 1 edition, Genever Benning, 2014.

[10] R. Rucker: Software Engineering and Computer Games, 1 edition, Addison-Wesley, 2002.

[11] L. Valente: Real Time Game Loop Models for Single-Player Computer Games, Proceedings of the IV Brazilian Symposium on Computer Games and Digital Entertainment, pp.89-99, 2005.

[12] GitHub Help "About stars - User Documentation", `https://help.github.com/articles/about-stars`, accessed on 2018.9.11.

ソフトウェア工学基礎から機械学習ソフトウェア工学基礎への考察

Some Throughts on the Foundation of Machine Learning Software Engineering from the Foundation of Software Engineering

青山 幹雄*

あらまし 本稿では機械学習ソフトウェア工学の基礎の確立をめざして，ソフトウェア工学の基礎を起点とした機械学習ソフトウェア工学の基礎に関する論点の提示と幾つかの示唆を述べる．機械学習ソフトウェア工学の基礎の研究への議論を喚起することを期待したい．

Summary. This article discusses the machine-learning software engineering based on the software engineering and comparison between software systems and machine-learning software systems.

1 研究の背景と課題

機械学習アルゴリズムを組込んだソフトウェアシステムの開発が多様な応用分野へ急速に広がっている．しかし，実際の開発において様々な問題があることが指摘されている[11][20]．このため，ソフトウェア工学の視点から機械学習ソフトウェア開発の諸問題の解決が試みられるようになっている[2][3][8]．一方，機械学習アルゴリズムをソフトウェア工学の問題に適用する研究も活発に行われている．わが国でも，2018 年に機械学習工学研究会が発足し，研究の活性化が図られている．

ここで，一般のソフトウェアに対し，機械学習アルゴリズムを組み込んだソフトウェアを機械学習ソフトウェア(以後，MLS と略記)と呼ぶこととする．筆者らも過去数年間，幾つかの MLS の開発を行ってきた．その経験から，本稿では，MLS の開発技術体系として機械学習ソフトウェア工学(以後，MLSE と略記)の枠組みを議論したい．特に，ソフトウェア工学の基礎を起点として，ソフトウェアと MLS との対比を通して，MLSE の基礎に関する幾つかの示唆を提示したい．

2 関連研究

MLS の開発課題にソフトウェア工学の知見を応用する試みが提案されている[2][3][11][12][13]．丸山らは，このような問題の全体層像を俯瞰して議論している[12]．また，Arpteg らは，7 つの開発のケーススタディにより MLS 開発の課題を提示している[3]．同様に，Lwakatare らは 6 社における開発のケーススタディにより MLS 開発の課題を提示している[11]．一方，MLS の開発プロセスに関して，Amershi らは，Microsoft における開発事例に基づき，開発からデプロイ，モニタリングに至る 9 段階のワークフローを提示している[2]．国内でも MLS 開発の実践経験をまとめた例もある[1]．しかし，これらの研究は個別の課題の提示や実践経験の集積に留まり，MLS 開発技術の包括的な議論にまでは至っていない．

一方，機械学習をソフトウェア工学の問題に適用する研究は数多くある[13]．著者らも，Web API の説明記述の機械学習からその API 仕様の生成[15]や要求工学におけるステークホルダ分析のために，開発会議の発話からステークホルダ分析を行う MLS[7][9]を開発してきた．特に，[9]では，発話毎の発話意図の分類にランダムフォレストを用い，その分類に基づき，文脈の中で発話意図を推定するために LSTM(Long Short Term Memory)を用いる 2 段階の発話意

* Mikio Aoyama，南山大学

図推定方法を提案し，1 段階の分類に対して 2 段階目の文脈を含む学習により発話意図をより正確に推定できることを示した．このように，高い精度を達成するために複数の機械学習アルゴリズムを組合せる方法が増えている．このことは，MLS の複雑化を招き，その開発にソフトウェア工学のアプローチが必要であることを示唆している．

一方，MLS の開発にソフトウェア工学の技術を応用して，インクリメンタルな機械学習プロセスを提案し，学習モデル開発の効率化と精度の向上の速度向上を実現した[16]．さらに，このアプローチに基づき，実際の自動車に搭載されているセンサデータの特性をモデル化する MLS を開発し，高い推定精度を達成した[19]．これらの研究は，ソフトウェア工学の技術の中には MLS の開発に有効となりえる技術があることを示唆している．

また，MLS の研究，開発において，同一の用語がソフトウェア工学とは異なる意味で定義されているものがある[22]．これらの差異を整理し，相互に理解できるようためには，2 つの工学分野の概念を整理し，技術の対応づけを行うことも必要である．

3 アプローチ

本稿では，図 1 に示すように MLS(機械学習ソフトウェア)を機械学習サブシステムを内包したソフトウェアとする．これに基づき，図 2 に示す，従来のソフトウェアと MLS との対比から，ソフトウェア工学の幾つかの概念と MLSE の概念との共通性と差異の議論に基づき，MLSE の基礎への示唆を得るアプローチをとる．

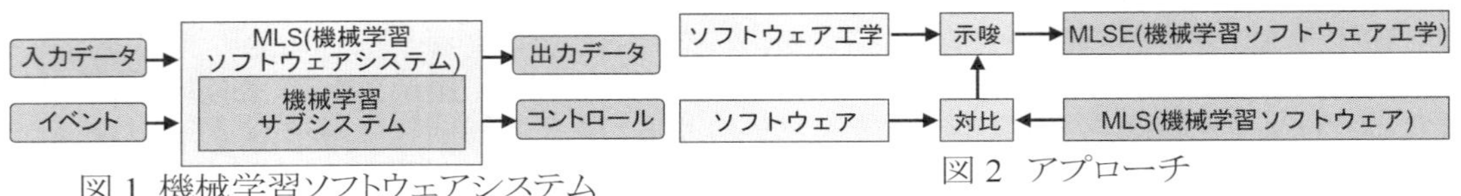

図 1 機械学習ソフトウェアシステム

図 2 アプローチ

4 MLSE(機械学習ソフトウェア工学)の基礎の確立に向けて

MLSE の基礎を確立するために，その位置づけ，開発プロセス，モデル化の点で議論する．

4.1 MLSE の位置づけ

まず，ソフトウェア工学に対する MLSE の位置づけについて議論する．論点として，次の 2 つの位置づけがある．

(1) MLSE は MLS という一つのドメインのソフトウェア工学である．

(2) MLSE はソフトウェア工学を基礎としているが，多くの応用分野があることから，それ自体がソフトウェア工学と同様の体系である．

本稿では，図 1 のモデルから(2)で指摘しているように，MLS の応用範囲は従来のソフトウェアと同様，エンタープライズドメインから組込みドメインにわたり，特定のドメインによらないことから，図 3 に示すように，ソフトウェア工学を基礎とする工学体系と位置づける．さらに，ソフトウェア工学と同様，MLSE にもエンタープライズドメインや組込みドメイン固有の課題がありえると考えている．例えば，[21]で指摘されているモバイルアプリケーションにおけるストリームデータを用いる機械学習ソフトウェア開発では，データの非定常性に基づくコンセプトドリフと呼ばれる学習モデルとデータの不適合問題[5]や利用のコンテキストやユースケースの変化による問題がある．さらに，自動運転システムなどのセフティクリティカルソフトウェアへの応用では，安全性の保証などの品質要求を満たす必要がある[10].

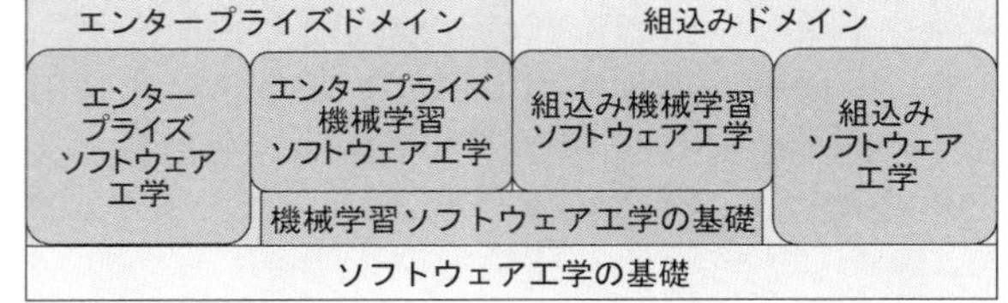

図 3 機械学習ソフトウェア工学の位置づけ

4.2 ソフトウェア開発と機械学習ソフトウェア開発の前提の対比

図4に著者が考えているソフトウェア開発とMLS開発の前提を対比して示す．ここで，論点として考慮すべき特性として次の2つがある．

(1) モデル化

従来のソフトウェア開発では対象世界を人手によりモデル化する．モデル化においては，対象世界のコンテキストを定義し，モデルの境界を明確に定義し，完全性を満たすと考えられるクローズドなモデルを定義する必要がある．クローズドなモデルでなければ実装できないからである．

これに対して，MLS の開発では，データから機械学習によりモデルを生成するデータ駆動のアプローチとなる．しかし，機械学習に用いるデータやその性質が開発に先立ってすべて明らかになっていることは希である．さらに，2 章で述べたように，機械学習で学習したモデルに対してデータが変化すると，モデルがデータと不適合となるコンセプトドリフトなどが起こるため，再学習や追加学習が必要となる．このように，データと共にモデルが変化する意味でモデルがクローズドであること，ならびに，モデルの安定性の保証などを前提とできないと考えられる．例えば，400 件以上のユースケースへの機械学習の応用事例分析から，34%でモデルの更新(refreshment)が必要であり，その中の 77%は少なくとも1ヶ月に1回の更新が必要であったことが報告されている[4]．

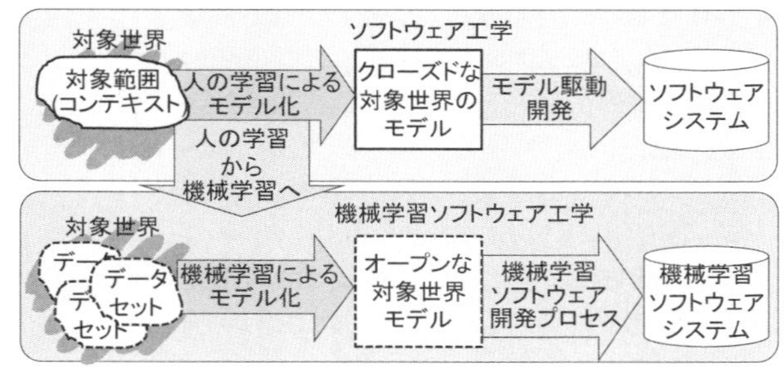

図4　ソフトウェア開発と
機械学習ソフトウェア開発の前提の対比

(2) 開発技術

現在のソフトウェア開発では，特に，オブジェクト指向開発で普及してきた抽象データ型を基礎とする開発方法を基礎としている．抽象データ型が定義できればそれを操作するメソッドが設計できる．

これに対して，MLS の開発方法は確立されているとは言えない．上述のように，MLS 開発ではデータに基づく学習を基礎としていることから，データのモデル化が開発の中心課題となる．しかし，ソフトウェア工学における抽象データ型の階層のようなデータの階層のモデル化はMLS においては議論がされてこなかった．MLSE の基礎を確立するためには，ソフトウェア開発におけるデータ抽象化との共通性と差異を明らかにし，MLS の開発方法，アーキテクチャについて議論を深める必要がある．

4.3 機械学習ソフトウェア開発プロセス

前節 4.2 で議論した前提に基づき，MLS の開発プロセスについて議論する．

(1) ソフトウェア開発プロセスと対比した MLS 開発プロセスの議論

MLS 開発プロセスに関する研究は萌芽期にある．図 5 はソフトウェア開発プロセスとその相似形として表した MLS 開発プロセスの概形に幾つかの要素技術をマッピングして示す．

MLS の開発プロセスでは，図中で学習モデル設計と呼んでいる対象データに応じた学習アルゴリズムの選択や組合せなどにより学習モデルの設計とその実行の制御が中核的な課題である．

このような学習モデルの設計は対象データの性質などに依存し，不確定性が高いことからPoC (Proof of Concept)フェーズとして先行して実施することが勧められている[1]．例えば，[1]では，「計画・準備」，「分析実行」「検証評価」の 3 つのステップから成る PoC のプロセスが提案されている．しかし，そのプロセスは比較的簡略であり，MLS 開発の課題を捉えた PoC の研究が必要である．例えば，Perez-Breva は PoC におけるスケールアップと PoC の反復の必要性を示している[18].

また，PoC はソフトウェア開発ではプロトタイピングに相応する．プロトタイピングでは，その目的や作成の度合いにより幾つかのパターンがある．しかし，MLS の開発における PoC ではそのようなパターン化は示されていない．今後の研究課題である．

さらに，学習モデルの実行制御には，データの選択などのデータ設計が必要となると考えられる．

(2) MLS 開発プロセスのモデル

ソフトウェア工学におけるプロセスプログラミングの概念と同様，MLS 開発プロセスの構造やそのライフサイクルを通した支援が課題となっている．

MLS 開発では，PoC を含む不確定性を扱える必要があることから，アジャイル開発が適しているとの報告がある[2]．さらに，MLS 開発では，コンセプトドリフトなどのデータの変動に対するモデルの不一致や再現性(Reproducibility)などの新たな課題もある[23]．このような MLS 開発の問題を扱える開発プロセスの研究が必要である．

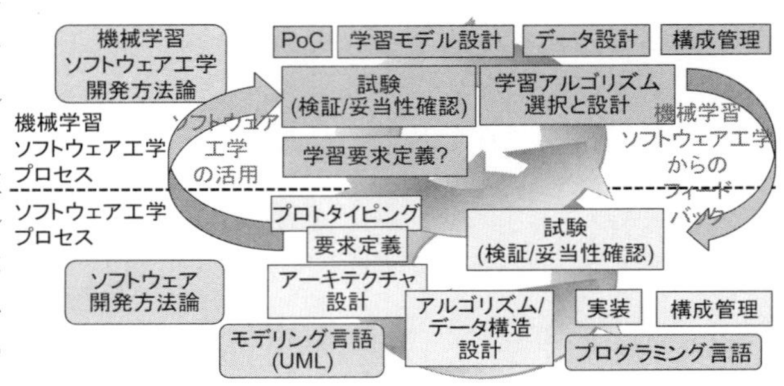

図 5 ソフトウェア開発プロセスと機械学習ソフトウェア開発プロセスの対比

(3) MLS 開発プロセス記述言語とその支援環境

Python を用いた MLS の開発に適用されている支援環境の一つとして Jupyter Notebook[17] がある．Web ブラウザ上の GUI を介した対話型機械学習ソフトウェア開発支援環境である．Jupyter Notebook は言語独立であるが，専用の GUI が提供され，そのカーネル上で実行するアーキテクチャとなっている．

一方，MLFow[23]は MLS 開発の PoC に相当する実験(Experiment)からデプロイまでのライフサイクルプロセスを支援する機能を REST API として提供する．学習モデルを Python の関数として定義して提供し，ユーザが YAML 形式でプロジェクトを記述する方針をとっている．いずれにしても，開発プロセスライフサイクル支援には十分とはいえない．今後，MLS 開発プロセスとその支援環境の研究が必要である．

(4) 教師あり学習のためのインクリメンタルなソフトウェア開発プロセスモデル

機械学習の主要な目的である予測を行うためには教師あり学習が適している．著者らも幾つかの教師あり学習を用いた MLS を開発してきた．教師あり学習における重要な課題として次の 2 つがある．

a) 教師データの選択と作成: どのような教師データの選択に加えて，現在，主として人手に頼っている教師データ作成の効率化が課題である．
b) 機械学習への教師データの適切なソフトウェア: 教師データの機械学習ソフトウェアへの入力方法と学習アルゴリズムの適用方法．

このような課題を解決し，データに起因する不確実性に対応できるためには，インクリメンタル開発，あるいは，アジャイル開発[2]などの反復を通してフィードバックを可能とするプロセスが適していると考えられる．この考えに基づき，教師あり学習を対象とした MLS のインクリメンタル開発プロセスの概形を図 6 に示す．

ここで，データ選択とその入力の制御にはフィーチャ工学[6]の成果を活用することを想定している．さらに，学習モデルの評価に基づきデータ選択と入力制御へフィードバックすることにより，教師データの入力を調節可能とする．

フィードバック制御と組み合わせたこの開発プロセルに基づき，著者らは CNN (Convolutional Neural Network)を用いた画像解析の機械学習ソフトウェアを開発し，学習データ量の削減と学習速度の向上を同時に達成する成果を得ている[16]．

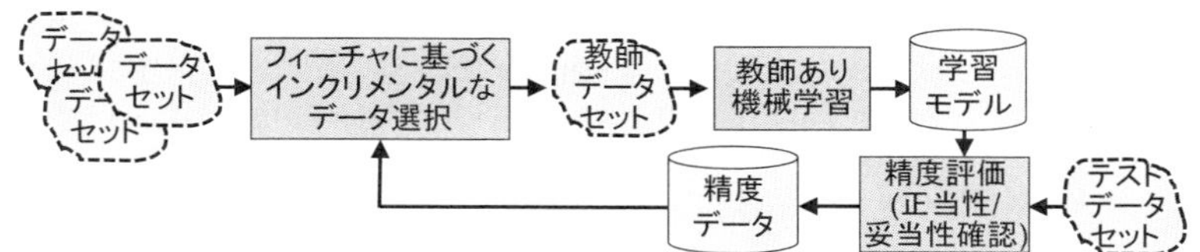

図 6　機械学習ソフトウェアのインクリメンタル開発プロセス

4.4　データに基づくモデル化

4.2 で述べたように，MLS の開発ではデータが中核的な設計課題となる．しかし，ソフトウェア工学における抽象データ型のような概念は確立されていない．本節ではソフトウェア工学におけるデータ型の概念と MLS におけるデータに関する概念を対応づけ，MLSE の基礎に関する示唆を述べる．

(1) ソフトウェア工学との対比による MLS のデータ階層モデル

表 1 にソフトウェア工学におけるデータ型の諸概念と MLS の諸概念を対応づけて示す．

表 1 に示すように，ソフトウェアにおける諸概念と MLS における諸概念には対応づけできるものもあるが，異なる用語で定義されているものもある．特に，機械学習における特徴量，すなわち，フィーチャはデータの属性に相当する重要な概念であるが，ソフトウェア工学ではプロダクトラインなどで機能としての意味で用いており，混乱を招く用語である．

また，MLS ではデータの集合が処理の基礎となることから，データ集合に対する概念が重要になる．それに対して，ソフトウェア工学では個々のデータの要素が中核的概念であり，集合的な扱いの枠組みは弱いといえる．

表 1　ソフトウェア工学と MLSE のデータに対する概念の対比

比較項目	ソフトウェア工学	機械学習ソフトウェア工学
データ定義	属性(Attribute)	特徴量/フィーチャ(Feature)
データ型	数値(整数等)，文字列	数値，カテゴリカル(文字列)
データ構造	データを要素として扱う構造	データを集合として扱う構造 局所特徴量(Local Feature)=空間的データ(画像などの固定長データ集合) 再帰特徴量(Recurrent Feature)=時系列/ストリームデータ(センサデータ音声等の可変長データ)
データの操作	メソッド	タスク

(2) フィーチャ工学

上記の議論から，MLS の開発ではフィーチャの設計が中核的課題であると言える．そのため，近年，フィーチャ工学(Feature Engineering)の研究が活発になっている[6]．

著者らは，機械学習を適用したフィーチャの特定方法を考案し，それに基づくデータ選択方法を提案し，インクリメンタル開発プロセスとの組合せにより学習データ量の削減と学習速度の向上を達成している[16]．フィーチャ工学における主要な課題はフィーチャの特定と選択である．これは，オブジェクト指向開発におけるクラスの特定に対応する．表 1 に示す共通性と差異を考慮したフィーチャの特定と選択の方法に関する研究が必要である．

また，特定のドメインではドメイン固有のフィーチャがあることも考慮すべき点である[14]．

5 まとめ

MLSEの基礎に関する幾つかの論点と示唆を述べた．本稿の議論からMLSEの基礎に関する研究が推進されることを期待する．

6 参考文献

[1] アビームコンサルティング P&T Digital ビジネスユニット Advanced Intelligence セクター, 企業ITに人工知能を生かすAIシステム構築実践ノウハウ，日経BP, 2019.

[2] S. Amershi, et al., Software Engineering for Machine Learning: A Case Study Proc. ICSE 2019 Software Engineering in Practice, ACM, May 2019, pp. 291-300.

[3] A. Arpteg, et al., Software Engineering Challenges of Deep Learning, Proc. of SEAA2018, IEEE, Aug. 2018, pp. 50-59.

[4] M. Chui, et al., Noted from the AI Frontier: Insights from Hundreds of Use Cases, Discussion Paper, McKinsey & Company, Apr. 2018, pp. 1-32.

[5] G. Ditzler, et al., Learning in Nonstationary Environment: A Survey, IEEE Computational Intelligence, Vol. 10, No. 5, Nov. 2015, pp. 12-25.

[6] G. Dong and H. Liu (Eds.), Feature Engineering for Machine Learning and Data Analytics, CRC Press, 2018.

[7] 市川 裕也，青山 幹雄，機械学習を用いたステークホルダ分析方法の提案と評価，技術研究報告 知能ソフトウェア工学，電子情報通信学会, Mar. 2017, pp. 61-66.

[8] F. Kohn, et al., Software Engineering for Machine-Learning Applications: The Road Ahead, IEEE Software, Vol. 35, No. 5, Sep./Oct. 2018, pp. 81-84.

[9] 久保井 恵里香 ほか，深層学習(RNN/LSTM)を用いた 2 段階発話意図分析方法の提案とソフトウェア開発会議への適用評価, SES2018 論文集，情報処理学会, Sep. 2018, pp. 64-73.

[10] H. Kuwajima, et al., Open Problems in Engineering and Quality Assurance of Safety Critical Machine Learning Systems, Dec. 2018, arXiv:1812.03057 [cs.CY].

[11] L. E. Lwakatare, et al., A Taxonomy of Software Engineering Challenges for Machine Learning Systems, Proc. XP 2019, LNBIP Vol. 355, Springer, May 2019, pp. 227-243.

[12] 丸山 宏 ほか，機械学習工学への誘い，人工知能, Vol. 33, No. 2, Mar. 2018, pp. 124-131.

[13] K. Meinke and A. Bennaceur, Machine Learning for Software Engineering, Proc. ICSE 2018 Companion, ACM/IEEE, May 2018, pp. 548-549.

[14] 三浦 敦子，青山 幹雄，機械学習を用いた特許文書の分析方法の提案と評価，第 17 回年次学術研究発表会予稿集, No. 1E4, 日本知財学会, Dec. 2019, 6 pages [採録決定済].

[15] 永井 利幸，加納 辰真，青山 幹雄，機械学習(CNN)を用いた語彙分類による Web API 仕様書のモデル化方法の考察，WW2019・イン・福島飯坂論文集，情報処理学会，Jan. 2019, pp. 23-24.

[16] 太田 龍之介，青山 幹雄，深層学習のフィーチャに基づく学習モデル設計方法の提案と評価, SES2019 論文集，情報処理学会, Aug. 2019, pp. 162-170.

[17] F. Perez and B. E. Granger, Project Jupyter: Computational Narratives as the Engine of Collaborative Data Science, Jul. 2015, https://blog.jupyter.org/projectjupyter-computational-narratives-as-the-engine-of-collaborative-data-science-2b5fb94c3c58.

[18] L. Perez-Breva, Innovating, MIT Press, 2016.

[19] 白崎 悠太，永井 利幸，青山 幹雄，学習モデルグラフ上での仮説検証に基づく機械学習モデル生成方法の提案と自動車センサデータへの適用評価，SES2019 論文集，情報処理学会, Aug. 2019, pp. 171-179.

[20] 多田 和市，ほか, AI バブル失敗の法則，日経ビジネス, 2019 年 5 月 25 日号, pp. 24-45, https://business.nikkei.com/atcl/NBD/19/special/00106/.

[21] 田中 優之，青山 幹雄，機械学習ソフトウェアシステムの環境変化適応の課題とアプローチ: スマートフォンのナビゲーションアプリケーションを例として，第 2 回機械学習工学研究会論文集，日本ソフトウェア科学会, Jul. 2019, pp. 49-54.

[22] 手塚 太郎，しくみがわかる深層学習，朝倉書店, 2018.

[23] M. Zaharia, et al., Accelerating the Machine Learning Lifecycle with MLflow, Data Engineering, Vol. 41, No. 4, Dec. 2018, pp. 39-45.

システム運用作業時間と技術者単価に関連する特性の分析

Analysis of Attributes Related to Working Time of System Operation and Unit Cost of Engineers

角田 雅照[1]　松本 健一[2]　大岩 佐和子[3]　押野 智樹[4]

あらまし　近年，情報システムの規模の増大や，システム運用の外部委託の進展に伴い，システム運用に関する注目が高まっている．ただし，システム運用費用が妥当であるかどうかは，システム運用の委託側企業にとって判断が難しい．本稿では，委託側企業がシステム運用費用を見直す際などに，費用の妥当性判断の参考となるような情報の提供を目指し，システム運用費用に影響を与える要因の分析を行う．具体的には，作業時間と技術者の単価から簡易的に価格を推定することを前提とし，作業時間と単価に影響する要因を個別に分析した．その結果，システム運用の作業比率が高まると，作業時間が増加する傾向や，ソフトウェアサポートサービスを業務に含む場合，単価が高くなる傾向が見られた．

1　はじめに

近年，情報システムの規模の増大や，システム運用の外部委託の進展に伴い，システム運用に関する注目が高まっている．情報システムは，コンピュータ，ネットワーク，ソフトウェアから構成される．システム運用では，コンピュータやネットワークを管理し，障害発生時には対応を行ったり，更新されたソフトウェアの入れ替えを行ったりする．システム運用に関する注目の高まりに伴い，ITIL（Information Technology Infrastructure Library）[1]や ISO20000 といった，システム運用プロセスの標準化に対する関心も高まっている．

システム運用費用が妥当であるかどうかは，システム運用の委託側企業にとって判断が難しい．本稿では，委託側企業がシステム運用費用を見直す際などに，費用の妥当性判断の参考となるような情報の提供を目指し，システム運用費用に影響を与える要因の分析を行う．

2 章で詳述するが，受託側の作業時間と運用費用は非常に関連が強いため，受託側作業時間を把握することができれば，標準的な運用費用を推定することができ，契約の妥当性を判断する材料とすることができる．ただし，受託側企業の作業時間を委託側企業が把握することは一般に容易ではない．そこで本稿では，受託側作業時間以外の，委託側企業が把握しやすい情報（ソフトウェアの規模など）を用いて，標準的な費用を推定

1 Masateru Tsunoda，奈良先端科学技術大学院大学，近畿大学
2 Kenichi Matsumoto，奈良先端科学技術大学院大学
3 Sawako Ohiwa，財団法人経済調査会
4 Tomoki Oshino，財団法人経済調査会

することを支援する．すなわち，費用に影響する要因を示し，その要因に基づいて費用を推定することを前提として分析を行う．本稿では作業時間と技術者の単価から簡易的に価格を推定することを前提とし，作業時間と単価に影響する要因を個別に分析した．

我々は文献[3]においても，システム運用費用に影響する要因の分析を行っている．ただし文献[3]のデータでは作業時間の記録が少なく，その代替として技術者数とコンピュータの数を用いた．本稿では作業時間を分析対象としており，運用費用の妥当性判断のためにはより適切である．文献[2]では作業時間を用いて分析しているが，本稿で用いたデータではシステム運用のより詳細な業務内容（例えばシステム運用とシステム管理の業務比率など）が新たに記録されている．このため，分析対象の変数の大部分が文献[2]とは異なる．

2 作業効率と単価に影響する要因の分析

2.1 作業時間と標準化との関係

分析では重回帰分析を用いて，規模（最大利用者数とハードウェアの合計台数）以外で運用金額に影響を与えている要因を分析する．

システム運用作業の効率を高め，トラブル発生を抑えることを目的として，運用作業の標準的な手続きが定められている場合がある．運用プロセスが標準化されていると，同じ作業をより効率的に行えて作業時間が減少するか，逆に手順が増加して作業時間が増える可能性もある．

そこで，運用プロセスの標準化が年間総作業時間に影響しているかを明らかにするために重回帰分析を行った．重回帰分析では最大利用者数とハードウェアの合計台数に加え，運用プロセスの作業標準化を説明変数として分析した．作業標準化とは，ヘルプデスク，問題管理などの作業ごとに標準化しているかどうかを示したものである．

重回帰分析により構築されたモデルの標準化偏回帰係数を表 1 に示す．変数選択の結果，作業標準化の「性能管理」と「定常運用（監視運用）」が説明変数として採用された．前者の偏回帰係数の有意確率は 5%を上回っていたが，有意確率が比較的小さな値だったため，作業標準化の「性能管理」は年間総作業時間と関連を持つ可能性がある．運用プロセス標準化の係数が正の値であったことから，性能管理に含まれる場合，年間作業時間が大きくなる，すなわち作業効率が低くなる傾向があることになる．

作業標準化と年間総作業時間との関係を分析するために，指標として，最大利用者数

表 1　作業標準化などの標準化偏回帰係数

	標準化偏回帰係数	有意確率
ハードウェア合計台数	0.47	0%
最大利用者数	0.45	2%
性能管理	0.20	15%
定常運用（監視運用）	-0.17	23%

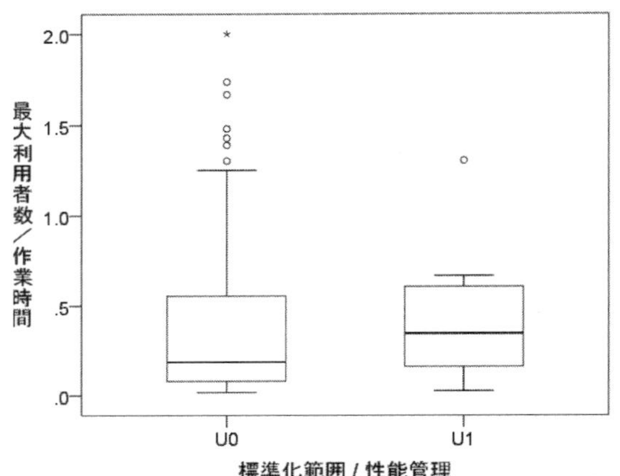

図 1　作業標準化と作業効率との関係

に基づく作業効率（最大利用者数÷作業時間）を用いた．紙面の都合上詳細は省略するが，最大利用者数とハードウェア合計台数はどちらも年間総作業時間と関連するが，最も説明力の高い（調整済み R^2 が最大となる）モデルにおいて，最大利用者数の標準化偏回帰係数のほうが大きくなったため，指標の定義に最大利用者数を用いた．

運用プロセス標準化と作業効率との関係を示す箱ひげ図を図1に示す．図ではU1，すなわち性能管理を標準化しているグループのほうが，作業効率の中央値が高く，重回帰分析と逆の傾向が見られた．これは，標準化していないグループではデータのばらつきが大きく，作業効率が非常に高いデータが複数存在したため，それらが重回帰分析に影響した可能性がある．よって，標準化範囲は作業効率に影響する可能性があるが，効率を高めるかどうかについては明確に結論付けられないといえる．

2.2 作業時間と各作業比率との関係

システム運用業務における作業は，システム運用とシステム管理の2種類に分けられ，それらはより詳細には以下に示すような作業に分類することができる．

- システム運用: 定常運用，非定常運用，障害時運用，媒体管理
- システム管理: ヘルプデスク，問題管理，アクセス管理，変更管理，構成管理，資産管理，リリース管理・配布管理，性能管理，セキュリティ管理，継続的サービス改善の支援

運用対象のシステムによって，上記の作業比率は異なる．例えば，あるシステムではシステム運用が60%，システム管理が40%などである．さらに，より詳細に見た場合，システム運用60%のうち，定常管理が40%，非定常運用が20%などとなっている．これらの作業比率が変われば，同程度の規模のシステムを運用する場合でも，作業時間が変化する可能性がある．例えば，非定常運用が多い場合，手順が決められていないため作業時間が延びやすくなる可能性がある．

そこで重回帰分析により，各作業比率が年間総作業時間に与える影響を分析した．最初にシステム運用の作業比率（「システム管理の作業比率 = 1 - システム運用の作業比率」であるため，システム管理の作業比率とみなすこともできる）の影響を分析した．重回帰分析では最大利用者数とハードウェアの合計台数に加え，システム運用の作業比率を説明変数として分析した．

重回帰分析により構築されたモデルの標準化偏回帰係数を表2に示す．変数選択の結果，システム運用の作業比率が説明変数として採用された．偏回帰係数の有意確率が5%を下回っていたため，年間総作業時間と関連を持つといえる．偏回帰係数が正の値であったことから，システム運用の作業比率が高まると，年間作業時間が大きくなる傾向があることになる．

次に，定常運用の作業比率，非定常運用の作業比率などの，より詳細な作業レベルに着目して各作業比率の影響を分析した．重回帰分析ではこれらと最大利用者数，ハードウェアの合計台数を説明変数とした．

重回帰分析により構築されたモデルの標準化偏回帰係数を表3に示す．変数選択の結果，継続的サービス改善の支援の作業比率と，定常運用の作業比率が説明変数として採用された．前者の偏回帰係数の有意確率は5%を下回っており，後者はわずかに5%を上回っていた．このことから，少なくとも継続的サービス改善の支援の作業比率は年間総作業時間と関連を持つといえる．偏回帰係数が負の値であったことから，継続的サービス改善の支援の作業比率が高まると，年間作業時間が小さくなる傾向があるといえる．

表 2　システム運用の作業比率などの標準化偏回帰係数

	標準化偏回帰係数	有意確率
最大利用者数	0.64	0%
ハードウェア合計台数	0.44	0%
システム運用の作業比率	0.34	0%

表 3　詳細レベルの作業比率などの標準化偏回帰係数

	標準化偏回帰係数	有意確率
最大利用者数	0.64	0%
ハードウェア合計台数	0.33	2%
継続的サービス改善の支援の作業比率	-0.21	4%
定常運用の作業比率	0.19	6%

図 2　システム運用の作業比率と作業効率との関係

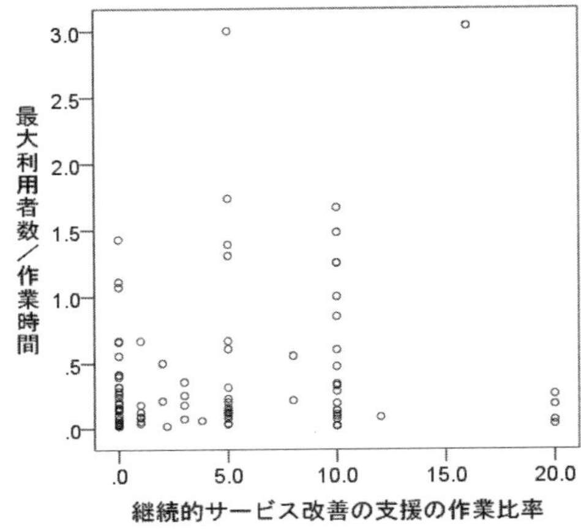

図 3　継続的サービス改善の支援の作業比率と作業効率との関係

システム運用の作業比率と作業効率との関係を示す散布図を図 2 に示す．図からはデータの分布が右下がり，すなわちシステム運用の作業比率が増加すると作業効率が低下する傾向が読み取れる．これは重回帰分析と同様の結果である．継続的サービス改善の支援の作業比率と作業効率との関係を示す散布図を図 3 に示す．図からはデータの分布が右上がり，すなわち継続的サービス改善の支援の作業比率が増加すると作業効率が高まる傾向は読み取れなかった．このことから，継続的サービス改善の支援の作業比率と年間総作業時間との関係について結論付けるためには，さらなる分析が必要であるといえる．

2.3　運用費用とサービスの提供先との関係

作業時間以外で運用費用に影響している要因があれば，その要因は技術者の単価にも影響を与えているといえる．そこで重回帰分析を用いて，作業時間以外で運用費用に影響を与えている要因を分析した．

運用するシステムにより，サービスの提供先が異なる．主に委託者内部のユーザの場合と委託者外部のユーザの場合があり，さらに後者については B to C と B to B の場合がある．サービスの提供先が異なれば，システム運用に必要な業務内容（例えばユーザサポートの必要度など）が異なるため，必要となる技術者も異なり，その結果，技術者単価も異なってくる可能性がある．

そこで，サービスの提供先の違いにより技術者単価が異なるのかを明らかにするために重回帰分析を行った．重回帰分析では，受託側年間作業時間，サービスの提供先を示す4種類のダミー変数と運用費用との関連を分析した．

重回帰分析により構築されたモデルの標準化偏回帰係数を表4に示す．変数選択の結果，委託者外部のユーザ（B to C）と委託者外部のユーザ（B to B）が説明変数として採用された．特に前者の偏回帰係数の有意確率は5%を下回っていたことから，サービスの提供先が委託者外部のユーザ（B to C）かどうかは，運用費用と関連を持つといえる．偏回帰係数が負の値であったことから，委託者外部のユーザ（B to C）の場合，単価が低くなる傾向があることを示している．委託者外部のユーザ（B to C）の場合，類似のシステム運用が多く，そのために作業が定型化され単価の低い技術者の割合が高くても運用可能となっていることも考えられる．

委託者外部のユーザ（B to C）（サービスの提供先）と技術者単価との関係を示す箱ひげ図を図4に示す．図ではU1，すなわち委託者外のユーザ（B to C）グループのほうが，技術者単価が低い傾向が見られた．これは重回帰分析と同様の傾向である．

3　考察

本稿の分析結果は以下の手順で運用費用の計算に活用できると考える．

1. 作業時間に関連のある要因（作業標準化など）の最大利用者数÷作業時間の各箱ひげ図において，自社が当てはまっているデータで最も箱の大きさ（データの散らばり）が小さいものを選ぶ．
2. 箱ひげ図を参考に，最大利用者数÷作業時間を決定する．例えば図1において，作業標準化/性能管理がU1の場合の箱ひげ図を参考に，最大利用者数÷作業時間を0.33とする．
3. 自社の運用システムの最大利用者数プログラムを手順2で決定した数値で割り，おおよその年間総作業時間を推定する．例えば，最大利用者数が2,000人の場合，2,000÷0.33≒6,000時間となる．
4. 手順3で推定した年間総作業時間から，自社（委託側）の年間総作業時間を引き，受託側年間作業時間を推定する．例えば，自社の年間総作業時間が2,000時間の場合，受託側年間作業時間は，6,000時間-2,000時間=4,000時間となる．
5. 時間単価を推定し，受託側年間作業時間に掛けることにより運用費用を計算する．例えば時間単価を8,000円と推定する場合，4,000時間×8,000円/時間=3,200万円となる．

時間単価は一般的な技術者の時間単価から推定してもよいが，本稿の分析結果から，より詳細に推定することもできる．

1. 技術者単価に関連のある要因（作業内容など）の各箱ひげ図において，自社が当てはまっているデータで最も箱の大きさ（データの散らばり）が小さいものを選ぶ．
2. 箱ひげ図を参考に，単価を決定する．例えば図4において，委託者外部のユーザ（B to C）の場合（U1）の技術者済単価の中央値は約5,000円であるため，あてはまっているならば技術者単価を5,000円とする．

表 4　サービスの提供先などの標準化偏回帰係数

	標準化偏回帰係数	有意確率
受託側年間作業時間	0.98	0%
委託者外のユーザ(B to C)	-0.06	1%
委託者外のユーザ(B to B)	0.04	14%

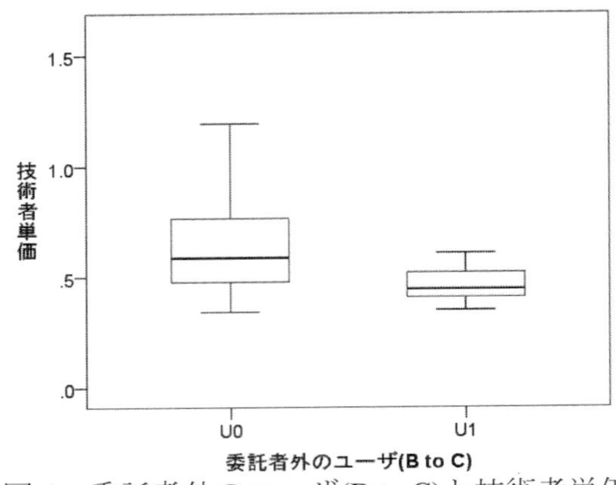

図 4　委託者外のユーザ(B to C)と技術者単価との関係

その他に，本稿の分析結果は価格が変動した場合の妥当性を判断する材料とすることができる．本稿で取り上げた要因が変化した場合，運用金額が変化することは妥当性があることになる．例えば，作業内容が変化した場合，作業時間や技術者単価も変化するため，運用金額にも変化が生じる可能性がある．

さらに，複数のシステムを運用している場合，本稿で取り上げた要因が類似しているか，異なっているかに着目することにより，それぞれの価格の妥当性を判断することができる．要因が類似している場合，価格も類似していることになり，要因が異なれば価格が異なることになる．

4　おわりに

本稿では，委託側企業がシステム運用費用を見直す際などに，費用の妥当性判断の参考となるような情報の提供を目指し，システム運用費用に影響を与える要因の分析を行った．具体的には，作業時間と技術者の単価から簡易的に価格を推定することを前提とし，作業時間と単価に影響する要因をそれぞれ分析した．ただし，各要因の運用費用への影響はそれほど大きくなかったため，本稿の分析結果を絶対視するべきではなく，価格の妥当性を判断する際の参考にとどめるべきである．妥当性判断ための資料として，さらに有用性を高めることは今後の課題である．

謝辞　本研究の一部は，日本学術振興会科学研究費補助金（基盤 A：課題番号 17H00731）による助成を受けた．

5　参考文献

[1] Bon, J. ed.: Foundations of IT Service Management: based on ITIL, Van Haren Publishing (2005).

[2] Tsunoda, M., Monden, A., Matsumoto, K., Ohiwa, S., and and Oshino, T.: Benchmarking It Operations Cost Based on Working Time and Unit Cost, Science of Computer Programming, vol.135, pp.57-87 (2017).

[3] Tsunoda, M., Monden, A., Matsumoto, K., Takahashi, A. and Oshino, T.: An Empirical Analysis of Information Technology Operations Cost, Proc. of International Workshop on Software Measurement (IWSM/Metrikon/Mensura), pp.571-585, Stuttgart, Germany (2010).

ソフトウェアアーキテクチャに基づく組込みシステムの設計法に関する研究

A Study on Design Method based on its Software Architecture

江坂 篤侍* 野呂 昌満† 繁田 雅信‡ 沢田 篤史§

あらまし 組込みシステムにおいて，アクチュエータ群の挙動は，センサの検知する値やシステムの状態に応じて変化し，この組み合わせが増えればシステム全体の挙動は複雑になる．複雑な挙動は，それを仕様化する際に誤りの混入を招き，デッドロックなどの問題の原因となる．本研究の目的は，このような複雑な挙動を持つ組込みシステムの開発を支援するために，ソフトウェアアーキテクチャに基づく設計法を提案することである．この設計法では，組込みシステムにおける関心事を明確に分離したアーキテクチャに基づいて，形式的に仕様を記述するための手順を示す．

1 はじめに

組込みシステムを構成するソフトウェアの制御対象はセンサとアクチュエータに大別され，センサの値の組み合わせに応じてアクチュエータ群は協調動作を行なう．センサの値の組み合わせが増えれば，それぞれの組み合わせ毎の協調動作を定義しなければならず，その記述量は大きくなる．このような組込みシステムの記述を簡便にするために，我々は組込みシステムのためのソフトウェアアーキテクチャを設計した [8]．オブジェクト指向をコアコンサーンとし，オブジェクトをイベントの授受によって協調する並行状態遷移機械として定義した．この基本構造にコンテキスト指向を適用することで，センサ群によって特定されるシステムの状態をコンテキストとし，それに応じたアクチュエータの振舞いを独立して記述することを可能とした．加えて，組込みシステムに重視すべき非機能特性である並行性，実時間性，耐故障性などを横断的コンサーンとする．アスペクト指向を適用し，それぞれを独立して記述することを可能とした．

本研究の目的は，組込みシステムの開発を支援するために，組込みシステムのためのアーキテクチャに基づく設計法を提案することである．この設計法では，システム全体の振舞いの仕様を形式的に記述し，この仕様記述に基づいてコンサーン毎に独立した設計とコーディングを行なう．並行状態遷移機械の協調の論理が複雑になると，仕様への誤りの混入を誘発しデッドロックなどの問題が起こり得る．我々の提案する設計法では，プロセス代数理論として代表的な CSP [2]，および，共有資源に対する操作の実行順序を制限する順路式 [9] を用いて，共有資源上で排他制御を行なうシステムの振舞いの仕様を記述するための手順を示す．

2 組込みシステムのためのソフトウェアアーキテクチャ

我々はこれまで，コンテキストおよび非機能特性を統一的に扱う組込みシステムのためのアーキテクチャを設計してきた [8]．このアーキテクチャでは，コンテキスト指向およびアスペクト指向を適用し，コンテキストおよび非機能特性に関連するコンサーンを分離した構造として設計した．アスペクト指向は静的再構成，コンテキスト指向は動的再構成を行なう自己適応計算である．アーキテクチャを設計する

*Esaka Atsushi, 南山大学理工学部ソフトウェア工学科

†Noro Masami, 南山大学理工学部ソフトウェア工学科

‡Shigeta Masanobu, 富士電機株式会社

§Sawada Atsushi, 南山大学理工学部ソフトウェア工学科

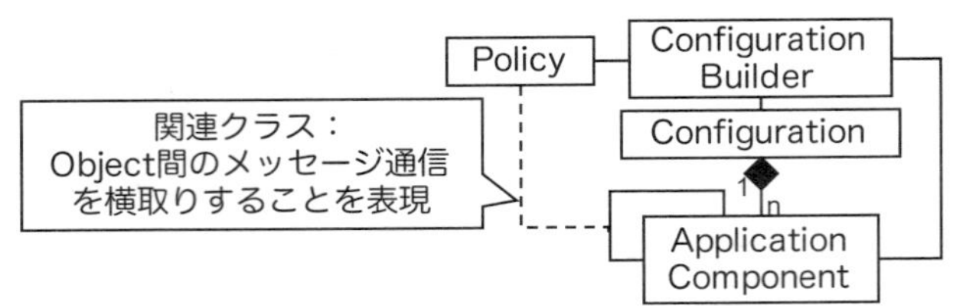

図 1　**PBR** パターンの静的構造

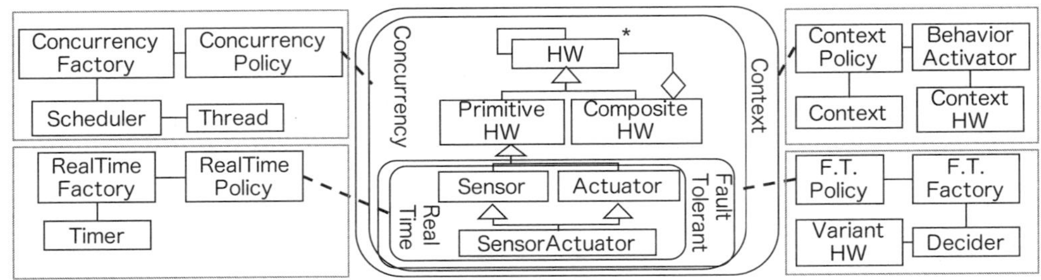

図 2　組込みシステムのためのアーキテクチャ

さいに，自己適応のためのパターンとして PBR(Policy-Based Reconfiguration) パターンを定義し，適用することで，統一的な取り扱いを実現した．PBR パターンは，*Policy*，*ConfigurationBuilder*，*Configuration*，*ApplicationComponent* で構成される (図 1)．*ApplicationComponent* は，特定のコンサーンによって規定されるコンポーネントである．*ConfigurationBuilder* は，*ApplicationComponent* 群による構成 (*Configuration*) を構築する．*Policy* は，特定の条件において *ConfigurationBuilder* を用いて構成を変更し，*ApplicationComponent* にメッセージを送る．再構成のタイミングを静的または動的に決定するものとして *Policy* を記述することで，静的再構成と動的再構成をそれぞれ実現することができる．

図 2 に，[8] で設計した組込みシステムのためのアーキテクチャを示す．オブジェクト指向による分割をコアコンサーンとし，*HW*(ハードウェア) および，その多相型の集合として定義した．この *HW* オブジェクトは並行に動作し，イベントの授受によって協調することから状態遷移機械として実現する．図 2 では，このコアコンサーンに対する横断的コンサーンを丸枠で示し，破線によって関連付けられた枠内に横断的コンサーンに関連する構造を示している．*Scheduler* と *Thread*，*Timer*，*Decider* と *VariantHW*，*Context* と *ContextHW* は，それぞれ横断的コンサーンによって規定されるコンポーネントである．並行性，実時間性，耐故障性コンサーンに関しては，アスペクト指向による静的再構成を行なう構造として設計した．すなわち，それぞれの横断的コンサーンに関連する *Policy* は，特定のオブジェクト間のメッセージ通信を横取りし，アスペクトモジュールを生成し，メッセージを送る．コンテキストコンサーンに関しては，コンテキスト指向による動的再構成を行なう構造として設計した．*ContextPolicy* は，特定のオブジェクト間のメッセージ通信を横取りし，その時の *Context* に応じた振舞いを持つ *ContextHW* による構成を構築する．

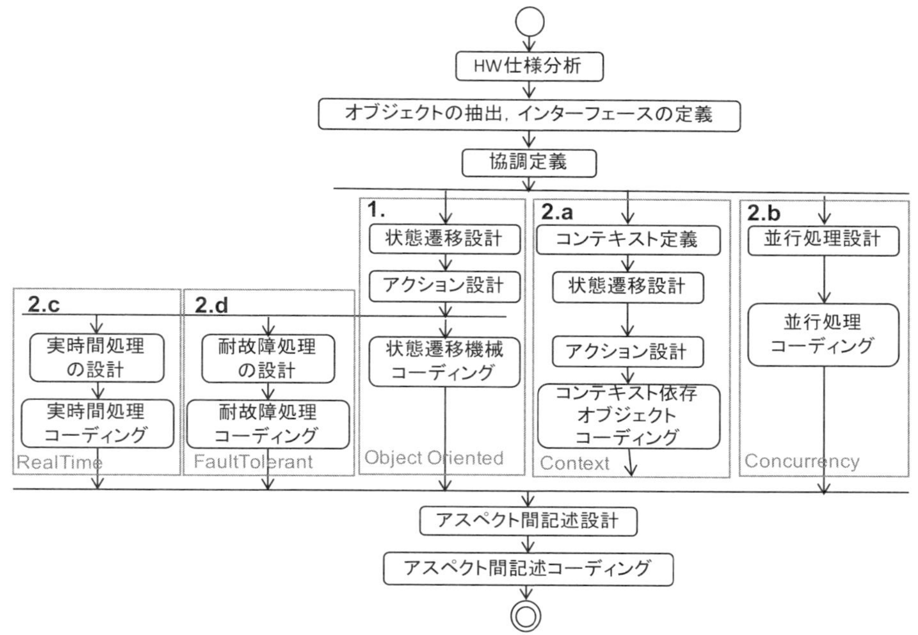

図 **3**　アーキテクチャに基づく開発プロセス

3　組込みシステムのためのアーキテクチャに基づく開発プロセス

アーキテクチャを定義することは，そのモジュール群を開発するためのプロセスを定義することを含意する [5]．本章では，アーキテクチャに基づく開発プロセスの概要および，その詳細として形式手法を用いた設計法について説明する．

3.1　開発プロセスの概要

アスペクト指向アーキテクチャに基づくプロセスでは次の手順で開発を行なう．

1. コアコンサーンによって規定される支配的分割に基づく設計，コーディング
2. 横断的コンサーンによって規定されるアスペクトの設計，コーディング
3. アスペクト間の関連の設計，コーディング

横断的コンサーンによって定義されるアスペクトは独立して定義されることから，それぞれコンサーン毎に並行して開発を行なうことが可能である．横断的コンサーンに関するモジュール群の開発を行なうには，それが横断するモジュール群が定義されている必要がある．例えば，耐故障性コンサーンに関するモジュール群の開発では，ハードウェアの論理が定義されないと，必要な耐故障処理が定義できない．

我々のアーキテクチャ(図 2) に基づいて上の手順を具体化することで，以下の開発プロセスが定義できる．この内容をまとめたものを図 3 に示す．

1. コアコンサーンであるオブジェクト指向に基づいてオブジェクトとそれらの関係を設計し，コーディングする．

2.a コンテキストアスペクトは，コンテキストに応じた振舞いを持つオブジェクトのインスタンス群による構成の変更を実現することから，オブジェクト間の協調が定義された後に設計し，コーディングする．

2.b 並行性アスペクトは，オブジェクトの並行処理およびオブジェクト間の同期を実現することから，オブジェクト間の協調が定義された後に設計とコーディングを行なう．

2.c 実時間性アスペクトは，オブジェクトの操作における実時間制約を実現することから，状態遷移機械のアクション設計後に設計とコーディングを行なう．
2.d 耐故障性アスペクトは，オブジェクトの操作における耐故障処理を実現することから，状態遷移機械のアクション設計後に設計とコーディングを行なう．
3 コンテキスト，並行性，実時間性，耐故障性アスペクトのコーディング後，これらのアスペクト間の関連の設計，コーディングを行なう．

3.2 アーキテクチャに基づく形式手法を用いた設計法

並行オブジェクト間の協調が複雑となる組込みシステムにおいて，デッドロック等の問題が起こる誤った仕様記述を防ぐために，共有資源を特定し，排他制御を設計するための手順を示すことが重要である．図3における「協調定義」では，並行に動作するハードウェアの振舞いを形式的に記述し，実行前に協調が適切に設計されていることを確認する．次に「協調定義」の手順を示す．

1. CSP によるハードウェアの振舞いのモデル化
2. 同期イベントに着目して共有資源を特定
3. 順路式を用いて共有資源内での排他制御を定義

オブジェクト間のメッセージングおよび同期による協調の論理を形式的に記述するために，状態遷移機械として実現される並行オブジェクトのイベント授受に着目する．イベント授受による振舞いの記述には，プロセス代数理論として代表的な CSP を用いる．記述された振舞いは FDR [1] 等のモデル検査器を用いて検証する．

CSP 記述におけるプロセスを特定のオブジェクトの振舞いを表現するものとして捉えれば，同期イベントはオブジェクト間の協調を表す．他のプロセスとの同期を取るプロセスを識別することで，共有資源を特定する．

共有資源に対する操作の実行順序を順路式を用いて記述することで，共有資源上での排他制御を実現する．共有資源への操作の実行順序を制限する順路式を定義することでオブジェクト間の同期を実現することができる [9]．我々のアーキテクチャは，オブジェクトを並行状態遷移機械として実現することから，順路式と親和性が高い．共有資源に対する操作の実行順序を定義した後に，この順路式に従って詳細設計と実装を行なう．

この設計法について例を用いて説明する．図4に Writer，Reader，Buffer によって構成されるシステムの振舞いを示す．枠内には構成要素のアクション実行系列を示し，枠間には構成要素間のイベント授受を示す．Writer は，doWrite アクションを繰り返し実行し，Reader は，doRead アクションを繰り返し実行，Buffer は Writing または Reading アクションを繰り返し実行する．Writer と Buffer は，write イベントで同期を取り，write イベント後に Buffer の Writing アクションが実行される．Reader と Buffer は，read イベントで同期を取り，read イベント後に Buffer の Reading アクションが実行される．Writer の doWrite の後に，Reader と Writer は sync イベントで同期を取り，Reader の doRead アクションが実行される．アクションの実行をイベント，構成要素間のイベント通知を同期イベントとして記述したこの挙動を CSP 記述1に示す．

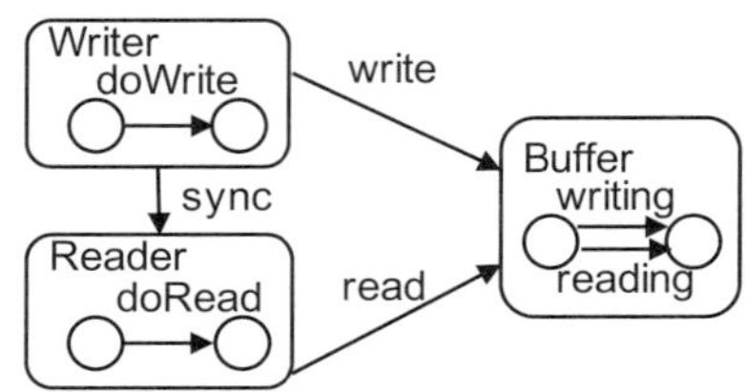

図4 **Writer，Reader，Buffer** の振舞い概要

CSP 記述 1：Writer，Reader，Buffer の振舞い

```
Writer=doWrite->write->sync->Writer
Reader=sync->doRead->read ->Reader
Buffer=write->writing->Buffer [] read->reading->Buffer
System=Buffer[|write , read|] (Writer [|sync|]Reader)
```

CSP 記述 1 の Writer および Reader は Buffer と同期 (write，read) をとり，いずれも Buffer との共同に関するイベントであることから，Buffer は Writer および Reader の共有資源である．sync イベントは，Writer の書き込み完了待ちを表すことから，Writer と Reader 間での Buffer に対する操作における排他制御に関するイベントである．

CSP 記述における排他制御のための同期イベント (sync) に着目して，共有資源に対する操作の実行順序を決定し，この順序を規定する順路式を定義する．前述の通り，sync イベントは Writer の書き込み完了後，Reader による読み込みを実現する排他制御のための同期イベントである．すなわち，共有資源上で排他制御を実現するには，書き込み (Write) と読み込み (Read) の実行順序を共有資源上で制御すれば良い．この実行順序を規定する順路式は次のように記述できる．

path Write, Read end

この順路式に示される操作の順序に基づいて設計した Writer，Reader，Buffer の状態遷移機械を図 5 に示す．この状態遷移機械のアクションの論理の設計と並行して，コンテキストおよび並行性コンサーンに関する設計，コーディングを行ない，アクション論理の設計後，実時間性，耐故障性コンサーンに関する設計，コーディングを行なう．

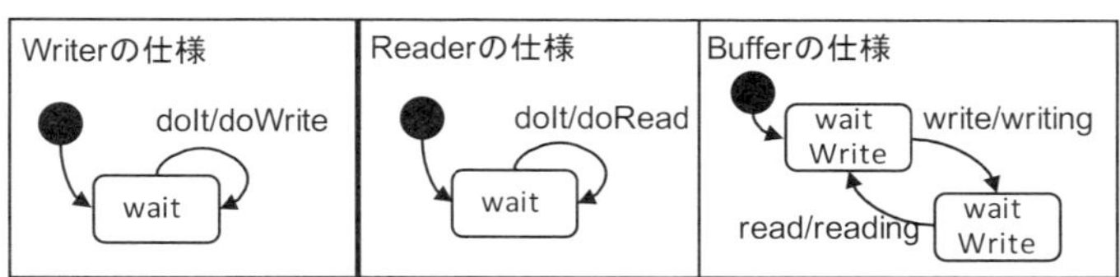

図 5　設計した **Writer，Reader，Buffer**

4　おわりに

本研究では，組込みソフトウェアのためのソフトウェアアーキテクチャに基づく設計法を定義した．ここでは設計法として形式手法を用いた同期を実現するための手順を示した．この手順は，すべての開発者が適切な仕様を記述可能とするものではないが，誤った仕様の記述を減らすことが期待できる．また，FDR 等のモデル検査器を用いて実行前に検査をすることが可能である．提案手法では，並行に動作するシングルスレッドオブジェクトを前提とし，複数のオブジェクトから同時に操作可能なマルチスレッドオブジェクトについては対象としていない．これについては今後の検討課題としたい．

UML の状態遷移図に対してモデル検査器を用いて検証を行なう試みが行われている [4] [6] [7] [3]．Ng ら [4] は，CSP を用いて UML の状態遷移図を形式的に記述する方法を示し，モデル検査器 FDR を用いて検証できることを示している．Roscoe ら [6] は，状態遷移記述を CSP 記述に変換するコンパイラを定義し，FDR を用いてモデル検査を行なっている．Zhang ら [7] は，モデル検査器 PAT を定義している．状態遷移記述を CSP を拡張した CSP#による記述に変換し，この記述を PAT の入力としている．Hsiung ら [3] は，組込みシステム向けの UML モデルからモデル検査やプログラミングを行なうためのアプリケーションフレームワークを提案してい

る．これらは，対象としている図の種類および記述要素，モデルの検査内容が本研究とは異なる．

本研究では，CSP による振る舞いのモデル化および共有資源上での排他制御を設計するための手順を提案した．提案手法では，CSP 記述と UML 記述，プログラムコードとの関係については示していない．関連研究 [4] [6] [7] [3] は，これらの関係を定義し，システムの振る舞いの検証，設計の修正，実装を支援するものである一方で，複雑な並行プロセス間の協調について，適切な仕様の記述や修正を行なうための方法については示されていない．本研究の成果と，これらの成果を用いることにより，並行プロセス間の同期を定義し，その振る舞いの検証を行なう一連のソフトウェアプロセスを支援することが可能となる．

今後の課題として，CSP 記述および順路式を拡張し，マルチスレッドオブジェクトも対象とした設計法を提案すること，提案した設計法に従った開発のための環境を実現することが挙げられる．CSP および順路式はシングルプロセス (スレッド) を前提としていることから，この記述を拡張し，マルチプロセス (スレッド) を記述可能にする必要がある．また，クラス定義に順路式を記述可能とした開発言語の実現と，この言語で記述されたプログラムコードを任意の目的言語にコンパイルするための開発環境を実現することも今後の課題である．我々は，Ruby 言語を拡張した開発言語として SRuby++を試作している．SRuby++の開発環境では，SRuby++で記述されたプログラムコードを目的言語としての C 言語，Ruby 言語にコンパイルする．本研究で提案した設計法から得られる順路式をプログラムコード中に記述し，実行できることから，信頼性が保証された組込みアプリケーションを実現することが容易となる．

謝辞　本研究の一部は，科研費（基盤研究 (C) 19K11911）および 2019 年度南山大学パッヘ奨励金 I-A-2 の助成による．

参考文献

[1] Gibson-Robinson, T., Armstrong, P., Boulgakov, A., and Roscoe, A. W.: FDR3—a modern refinement checker for CSP, *Proc. International Conference on Tools and Algorithms for the Construction and Analysis of Systems*, Springer, 2014, pp. 187–201.

[2] Hoare, C. A. R.: *Communicating Sequential Processes*, Prentice Hall, 1985.

[3] Hsiung, P. A., Lin, S. W., Tseng, C. H., Lee, T. Y., Fu, J. M., and See, W. B.: VERTAF: An application framework for the design and verification of embedded real-time software, *IEEE Transactions on Software Engineering*, Vol. 30, No. 10(2004), pp. 656–674.

[4] Ng, M. Y. and Butler, M.: Towards formalizing UML state diagrams in CSP, *Proc. First International Conference onSoftware Engineering and Formal Methods*, IEEE, 2003, pp. 138–147.

[5] Noro, M. and Kumazaki, A.: On aspect-oriented software architecture: it implies a process as well as a product, *Proc. Ninth Asia-Pacific Software Engineering Conference*, IEEE, 2002, pp. 276–285.

[6] Roscoe, A. W. and Wu, Z.: Verifying statemate statecharts using CSP and FDR, *Proc. International Conference on Formal Engineering Methods*, Springer, 2006, pp. 324–341.

[7] Zhang, S. J. and Liu, Y.: An automatic approach to model checking UML state machines, *Proc. 2010 Fourth International Conference on Secure Software Integration and Reliability Improvement Companion*, IEEE, 2010, pp. 1–6.

[8] 江坂篤侍, 野呂昌満, 沢田篤史, 繁田雅信, 谷口弘一: コンテキストアウェアネスを考慮した組込みシステムのためのアスペクト指向アーキテクチャの設計, ソフトウェア工学の基礎ワークショップ *(FOSE2017)* 論文集, Vol. 24(2017), pp. 3–12.

[9] 土居範久: 順路式, 情報処理, Vol. 19, No. 8(1978), pp. 779–787.

DSSM: 時刻同期を考慮した分散型データストリーム管理ミドルウェア

DSSM: Distributed data stream management middleware toward time synchronization

郡司 凌太 * 福田 浩章 † 長谷川 忠大 ‡

あらまし Streaming data Sharing Manager(SSM) は共有メモリにセンサデータと時刻データを紐づけて保管することで汎用 PC1 台で高速な自律移動ロボットの制御を可能とするロボット制御用ミドルウェアの 1 つである. しかし SSM は 1 台の PC で処理することを前提としているため, 高負荷なプロセスを複数同時に実行すると, PC の処理が間に合わず, センサデータの取りこぼしやロボット制御の遅延を招くという問題があった. そこで本研究では SSM を拡張し, SSM が保持する共有メモリをネットワークを介してアクセス可能にする Distributed Streaming data Sharing Manager(DSSM) の提案と実装を行う. そして, SSM で設計されたロボットを DSSM を使用して 3 台の PC に分散する実験を行うことで DSSM の有用性を示す.

1 はじめに

ロボット開発には機械やソフトウェアなど様々な分野の知識が要求される. また, ロボットは用途によってセンサなどの構成が異なることが多く, ロボット開発には多大なコストと時間が必要であった. このような背景から, Robot Operating System(以下, ROS) [1] や RT-middleware [2] などの既存のプログラムを再利用することが可能なミドルウェアが研究開発されている. Streaming data Sharing Manager(SSM) もそうしたミドルウェアの 1 つであり, 特に汎用 PC での自律移動ロボット開発を容易にする [3] [4] [5]. 汎用 PC でのロボット開発は, 複数のプロセス間でセンサデータを共有する必要がある. SSM ではメインメモリの一部を他プロセスが参照できる共有メモリとして確保し, その共有メモリに対するアクセスの手段を与えることでプロセス間での高速なセンサデータの共有を可能にしている. 自律移動ロボットでは同時刻に取得したセンサデータを使用して制御する. そこで SSM ではセンサデータを書き込む際に, 書き込み時刻を同時に記録する. そして, 時刻を指定したセンサデータ読み出し機能を API として提供することによりセンサデータの同期を支援する. 自律移動ロボット制御には, 自己位置の推定やカメラデータの処理など様々なプログラムが同時に実行されることを必要とする. しかし, SSM はデータの管理を共有メモリで行なっているため, 1 台の PC による制御を想定している. そのため, 高負荷なプロセスが同時に存在すると, 自律移動ロボットの処理が遅延し, センサデータの取りこぼしや同期の遅延などが発生するという問題があった.

そこで本研究では，SSM を拡張し，SSM が保持する共有メモリをネットワークを介してアクセス可能にする Distributed Streaming data Sharing Manager (DSSM) の提案と実装を行う．DSSM では，従来の SSM と同様に同一 PC 内では共有メモリによる高速なデータの読み書きに加え，別の PC で動作する DSSM の共有メモリへのアクセスを TCP 接続を介して行う手段を提供する．また，SSM を利用して動作している制御プログラムの変更を最小限に留めるため，DSSM の設計では SSM の基本構造を維持したまま，二種類のスタブを追加し，スタブ間を TCP で接続する．そのため，PC の負荷状況や，プロセスの役割に応じて容易に複数の PC に処理を

*Gunji Ryota，芝浦工業大学

†Fukuda Hiroaki 芝浦工業大学

‡Hasegawa Tadahiro 芝浦工業大学

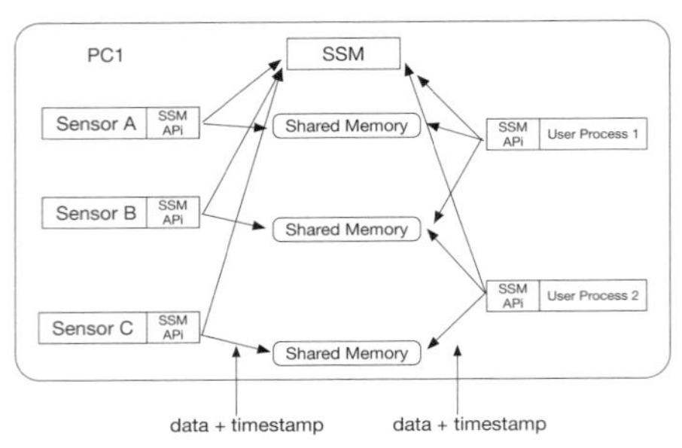

図 1 **SSM の構成**

分散することができる．本論文では, DSSM を既存の自動運転制御プログラムに適用し, CPU 負荷を計測して提案する DSSM のアーキテクチャの有用性を示す.

本論文の構成は以下の通りである．2 節で SSM の構成と実装について述べ, 3 節で DSSM の特徴と実装について述べる. 4 節では実際の自律移動ロボットを 1 台の PC と SSM で動作させた場合と 3 台の PC に分散させた場合の比較と評価を行い, 最後に 5 節でまとめと今後の課題について述べる.

2 SSM

図 1 に, SSM のアーキテクチャを示す. SSM は周期的に流れてくるセンサデータをリングバッファ型の共有メモリに管理する．SSM では，SSM が管理する共有メモリにデータを保存するプログラムをセンサハンドラと呼ぶ．センサハンドラが SSM を利用するには，まず SSM に共有メモリの生成を依頼する．この時，生成する共有メモリを識別するための識別子も同時に付与する．SSM は共有メモリを確保すると，確保したメモリの先頭アドレスをセンサハンドラに返す．以降，センサハンドラは共有メモリに直接データを書き込むことができる．一方，センサデータを利用するユーザプログラムは，識別子を利用して SSM に共有メモリの探索を依頼し，存在する場合にはメモリの先頭アドレスが返される．以降，ユーザプログラムは時間を指定して共有メモリから直接データを読み出すことができる．このように，センサデータの書き込みと読み出しは直接共有メモリのポインタ操作で行われるため高速である．センサハンドラやユーザプログラムは API(以降，SSMApi) を利用してこれらの操作を行う．SSMApi 内部ではメッセージキューを利用して SSM と通信し，メモリの確保だけではなく，メモリの破棄，探索などの要求を SSM に依頼する.

このように，SSM は，各センサデータの取得プログラムを独立したプロセスとして実行し，かつ制御プログラムも独立したプログラムとして実行する．そして，プロセス間通信に共有メモリを使用することで自律移動ロボット全体を制御する．センサハンドラ，および制御プログラムは独立したプロセスで実行しているものの，共有メモリを使用するために同一の PC で実行する必要がある．その結果，例えば画像処理などの処理が重いプロセスを実行すると CPU 負荷が増大し，他のプロセスがその影響を受けた結果，センサデータの取りこぼしや，制御が間に合わずに自律移動ロボットが衝突するなどの結果を招く.

3 DSSM

2 節で述べた SSM の現状を踏まえ，本研究で提案する Distributed Streaming data Sharing Manager (DSSM) の設計と実装について述べる．本節では，まず現状の SSM を踏まえた DSSM のアーキテクチャについて述べた後，DSSM の実行時の振る舞いについて述べる．次に複数の PC に処理を分散することによって生じる時刻同期の

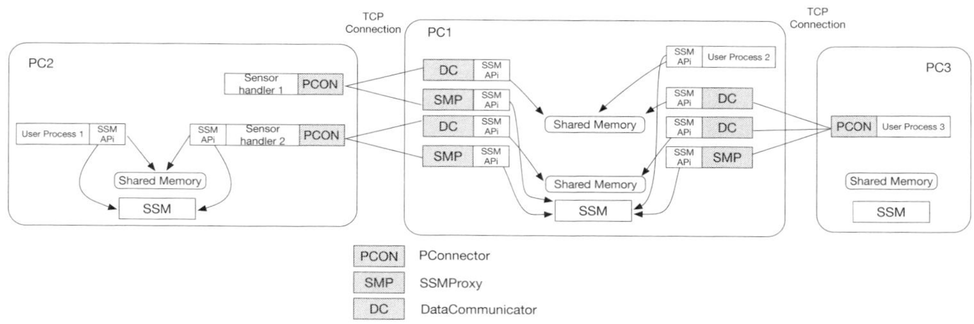

図 2　**DSSM** を使用したシステム構成

問題と対策について述べる.

3.1　DSSM のアーキテクチャ

2 節で述べたように，SSM を利用したプログラムは独立したプロセスとして実行される．そこで DSSM ではこの構造を利用し，各プロセス間をネットワークを介してアクセスする手段を追加することで，1 台の PC で実行している処理を複数台の PC に分散して処理することを可能にする．図 2 に DSSM のアーキテクチャを示す. SSM が数年かけて開発され運用実績が十分にあることを考慮し, 既存のソースコードを変更せずに, 以下の 3 つのモジュールを追加することで, ネットワークを介した共有メモリアクセス手段を提供する.

SSMProxy.: このモジュールは，ネットワークを介して共有メモリにアクセスするセンサハンドラごとに，共有メモリが存在する PC にインスタンス化される．SSM の視点で見ると，このモジュールが従来のセンサハンドラの中で，共有メモリの生成や破棄など，従来メッセージキューを利用したクライアントの役割を果たす.

DataCommunicator.: このモジュールは，SSMProxy のインスタンスごとに，共有メモリが存在する PC にインスタンス化される．共有メモリの視点で見ると，このモジュールが従来のセンサハンドラの中で，共有メモリへの書き込みや読み込みを行う役割を果たす.

PConnector.: このモジュールは，ネットワークを介して共有メモリにアクセスしたいセンサハンドラから利用され，ネットワークを介した処理を隠蔽するクライアントスタブの役割を果たす.

また, 自律移動ロボット制御では同一の観測時刻を持つセンサデータを使用することが必要であるが, 複数台の PC を使用する DSSM では PC の時刻を完全に同期できない. 従って本研究では, SSM が動作する PC(図 2 の PC1) で ntpd を起動し, 他の PC はその ntpd を参照することで時刻同期の問題を解決する. 事前に NTP による時刻データのズレを計測した [1] ところ, 最大でも 6(ms) 程度, 平均で 1.5(ms) であり, 本実験で用いる自律移動ロボットの要件を十分に満たす.

3.2　各コンポーネントの振る舞い

DSSM では，図 2 の PC1 のように異なる PC から共有メモリの生成，データの読み書き要求などのリクエストを受け付ける PC で SSMProxy を独立したプロセスとして実行する．SSMProxy が PConnector からリクエストを受信すると，SSMProxy は子プロセスを生成し，PConnector からのリクエストはすべて子プロセスに処理を委譲する．これは，各センサハンドラから同時に複数のリクエストを処理すると

[1] ntpd を起動して 1 時間毎に，合計 140 回 offset を測定した

図 3　実験に使用した自律移動ロボット

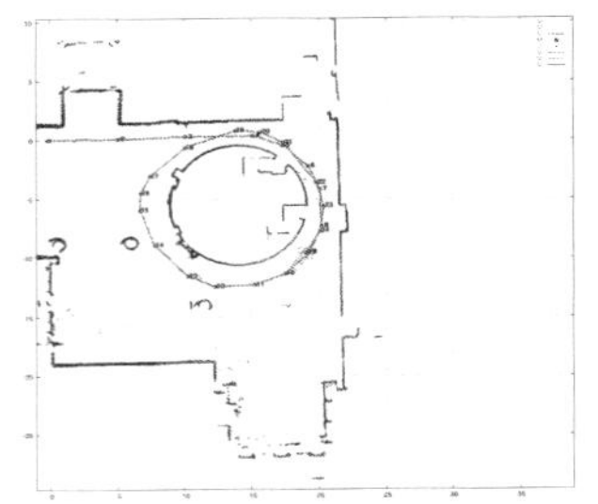

図 4　実験に使用した環境地図データ

いう，SSM の振る舞いを変更しないためである．子プロセスを生成し，処理を委譲することで各センサハンドラは任意のタイミングで SSMProxy にリクエスト/レスポンスを送受信できる．SSMProxy は従来の SSMApi を利用して SSM に共有メモリの生成/削除などの処理を依頼する．

一方，異なる PC に存在する共有メモリにアクセスが必要なセンサハンドラでは，PConnector を利用してその共有メモリにアクセスする．PConnector は SSMProxy や DataCommunicator と TCP 接続でリクエストやレスポンス，読み書きするデータをやり取りする．なお，図 2 の PC2 内部に存在する Sensor Handler2 のように，SSMApi と PConnector を併用することで，自身の共有メモリにデータを書き出しつつ，データを加工してから異なる PC の共有メモリに書き込むこともできる．

SSMProxy が共有メモリ生成リクエストを受け取ると，SSMProxy は SSM に共有メモリの生成を要求すると同時に，DataCommunicator を生成し，別スレッドで実行して PConnector からの読み書きデータ送受信に備える．DataCommunicator を別スレッドで実行するのは，従来の SSM ではセンサハンドラが SSM に対してリクエストを送受信するのとは独立して共有メモリを読み書きするという方式を採用していたためである．スレッド化することにより，PConnector は SSMProxy とは異なる TCP 接続を DataCommunicator と確立し，従来どおりの使用法を実現できる．つまり，PConnector は従来の SSM への要求は SSMProxy と通信し，共有メモリへのデータの読み書きは DataCommunicator を介して行うことになる．

4　実験と評価

本節では, DSSM の性能を評価するための実験概要を述べる．その後，実験結果をもとに DSSM を評価する．実験には, PC1 台で SSM を用いて制御していた自律移動ロボットを使用する. 最初にこの自律移動ロボットを DSSM を用いて PC3 台での分散制御にし，分散する前の自律移動ロボットと同様の動作をすることを確認する. そして, 各 PC の CPU 使用率を記録して評価時の指標とする．

4.1　自律移動ロボット制御の概要

本実験で使用する自律移動ロボットを図 3 に示す. このロボットはあらかじめ決められた図 4 に示した環境地図の赤線に沿うように時速 2.5km で自律走行する. 自律走行を行うためにロボットには図 3 に示した 3 つのセンサを用いる. まず, 図 3-(1) に取り付けた車輪から角速度データを取得し, その回転角度から自己位置を推定するホイールオドメトリを計算する. 同時に, 図 3-(2)[2] のレーザ光を使用して自身と障害物までの距離を計算するセンサ, 図 3-(3) [3]の車体の YAW 軸周りの角速度を計測するセンサを使用し, ホイールオドメトリの補正を行い, 自己位置を推定する.

自律移動ロボットは，センサデータを読み取るセンサハンドラと，読み取ったデー

[2]北陽電機株式会社 UTM-30LX

[3]Pcoket IMUII TAG231

表 1 PC の性能

PC 番号	CPU	メモリ
PC1	Intel Core i7-6600U 2.60Ghz Processer	DDR3 SDRAM 16GB
PC2	Intel Core i7-4600U 2.10Ghz Processer	DDR3 SDRAM 8GB
PC3	Intel Core i5-8350U 1.70Ghz Processer	DDR3 SDRAM 8GB

表 2 CPU 使用率とその割合

	user	nice	system	iowait	steal	idle
PC1 SSM	37.55	0.08	2.53	0.29	0.00	59.55
PC1 DSSM	31.08	0.15	4.81	1.19	0.00	62.78

タをもとに自己位置を推定するプログラム，および推定した自己位置に基づいたナビゲーションを実施するプログラムから構成されている．自己位置推定プログラムは，あらかじめ作成した環境地図と走行中に計算する自己位置とを比較し，比較結果からロボットの位置と方位を推定する．オドメトリは，タイヤが滑るなどの要因で，推定値と実際の値とに誤差が生じ，蓄積されていく．センサの値を読み取る周期はセンサ毎に異なり，現状では測域センサからデータを読み込む周期に合わせ 25ms に一度の割合でオドメトリから得られる位置・方位データを補正して動作している．

4.2 実験概要

今回の実験では，表 1 に示す 3 台の PC を使用する．1 台で従来の SSM を利用して円形コースを走行するプログラムを DSSM と 3 台の PC に分散し，それらを CAT6 の LAN ケーブル, 100BASE-T のスイッチングハブで接続し, 1 台の場合と同等に制御できているかどうかを自己位置推定結果から確認する．そして, 走行時の CPU 使用率を測定し, 処理を複数台に分散したことによる CPU 負荷の変化と高負荷時にもリアルタイム性が保たれるかを評価する．実験で使用する自律移動ロボットの機能を以下のように 3 つに分割し, それぞれの PC で実行する．

PC1 ナビゲーションおよび走行系のプロセス
PC2 自己位置推定に関するプロセス
PC3 センサデータおよび各種データの確認のためのビューワ

具体的には，PC1 のナビゲーションでは，PC2 で計算する自己位置推定結果を反映して車輪を制御する．PC2 ではセンサから距離データを測定して共有メモリに書き出し，別プロセスがその距離データを読み出した後, 環境地図を用いてスキャンマッチング処理をして PC2 の共有メモリに書き出す．その後, PC1 で処理したオドメトリと PC2 のスキャンマッチングデータを融合し, 自己位置推定結果を PC1 の共有メモリに書き出している．PC3 では PC1 の自己位置推定の結果と PC2 の測域センサから得られた距離データを読み出して表示している．なお，走行中は, CPU 使用率を計測するために sar コマンドを使用して, 1 秒間に 1 回, CPU 使用率を計測した．

4.3 結果と考察

自律移動ロボットの自己位置推定 (図 4) を確認したところ，DSSM を用いて 3 台の PC で制御した場合，SSM を用いて 1 台の PC で制御した場合と同様，予定されたコースを時速 2.5km で走行することができた．4.2 節で述べたように，本実験では R2 で複数のプロセスが PC2 の共有メモリを介して自己位置を推定し，結果だけを R1 の共有メモリに書き出している．自己位置の計算は高速に処理する必要があるため R2 の共有メモリだけを使って行い，推定結果だけをを PC1 の共有メモリに書き込むことで，1 台の PC で SSM を用いた場合と遜色ない制御を実現している．

一方，表 2 に示すように，PC3 台で処理を分散した場合，PC1 の CPU 使用率は減少している．しかし，個々の要素で比較すると，system, iowait では CPU 使用率は増加していた．これは，DSSM ではネットワークを使用しているため，従来の SSM よりも I/O を使用したのと，ソケット関係のシステムコールを発行したためだと考えられるが，CPU 使用率全体としては削減することができている．

このように，DSSM を用いることで，高速な処理が要求される場合には 1 台の PC の共有メモリを使用して制御し，分散できる処理はネットワークを利用して別の PC に処理を分離することで，柔軟かつ高速な制御を実現できる．

5 まとめと今後の課題

Streaming data Sharing Manager(SSM) は, 汎用 PC で自律移動ロボットの開発を支援するミドルウェアの 1 つであり, 共有メモリにセンサデータと時刻データを紐づけて管理することによって, 複数プロセス間でのセンサデータの共有と同期を容易にする. しかし, SSM は 1 台での制御を前提としているため, 高負荷なプロセスが複数存在すると, PC の処理が遅延し, センサデータの取りこぼしや同期の遅延を招くという問題があった. そこで本研究では SSM にネットワークを介した共有メモリへのアクセス機能を実装した Distributed Streaming data Sharing Manager(DSSM) の提案と実装を行なった. そして, SSM で制御していた自律移動ロボットプログラムを DSSM に置き換え, 3 台の PC で制御させる実験を行い, SSM 使用時と同等に自律移動ロボットが制御されることを確認した. また, その時の CPU 使用率は SSM 使用時と比較して約半分に軽減されたことを確認した. つまり, DSSM を利用することで高負荷なプログラムを独立した PC で実行し，制御に必要なデータに変換後に共有メモリに書き込むことで負荷分散が可能になる．

今後の課題として, 他の分散型ミドルウェアとの比較が考えられる. DSSM は, 高速な処理が要求される部分には共有メモリによる制御を行い, 速度がそれほど要求されない部分に TCP 通信を用いた制御を行うという設計が可能であるため, 高速な処理にも対応できる分散フレームワークになっている. 近年, このようなリアルタイム型の分散ミドルウェアが開発されており, ROS の後継である Robot Operating System2(以下, ROS2) もその 1 つである. ROS2 は ROS の機能に加えて, Data Distributed Service を実装することでリアルタイム性を担保している [6]. 現在 ROS2 は開発途中であるが, このような同種のミドルウェアとの性能比較をした上で, DSSM の今後の展望を考える必要がある.

参考文献

[1] Morgan Quigley, Brian Gerkey, Ken Conley, Josh Faust, Tully Foote, Jeremy Leibs, Eric Berger, Rob Wheeler, Andrew Ng, “ ROS: An open-source robot operating systems ”, Proc. ICRA Open- Source Softw. Workshop, 2009.

[2] Noriaki Ando, Takashi Suehiro, Tetsuo Kotoku, “A Software Platform for Component Based RT- System Development: OpenRTM-Aist ”, SIMPAR2008: Simulation, Modeling, and Programming for Autonomous Robots pp.87-98, 2008

[3] 竹内栄二郎, “ 汎用 PC を用いた知能移動ロボット開発”, 日本ロボット学会誌 31(3), pp.236-239, 2013-04-15.

[4] ROBOT PLATFORM PROJECT WIKI, “SSM ”, `https://www.roboken.iit.tsukuba.ac.jp/platform/wiki/ssm/index`, 2015.

[5] 坪内孝司, “車輪型移動ロボット制御とサンプリング時間”, 日本ロボット学会誌, vol27, no.4, pp388-391, 2009.

[6] Yuya Maruyama, Shinpei Kato, Takuya Azumi, “Exploring the performance of ROS2”, EMSOFT ’16 Proceedings of the 13th International Conference on Embedded Software Article No. 5, 2016.

複雑化した業務システムの現状分析を支援する業務視点に基づいたシステム分割手法

A system decomposing method to support the analysis of comlicated business systems based on business viewpoints

石津　卓也[*]　上村 学[†]　松尾　昭彦[‡]

あらまし　近年, 業務の変化に合わせて機能を柔軟に変更することが難しい複雑化した既存システムが問題となっている．柔軟な変更が可能なシステムを目指して機能単位に仕分けをしながら段階的に刷新することも考えられるが，仕分けを実施する際にシステムをどのような機能単位で分割するのかが問題になる．既存技術では互いの関係が疎結合になるクラスタリングによって分割を支援するが，業務単位で仕分けようとする開発者には受け入れられないことがあった．そこで，このような既存システムに対して開発者が業務単位で仕分けするために分割する基準を業務視点と定義し，開発者が手作業で行った分割に含まれている業務視点ではない分割を業務視点な分割にする手法を提案する．

1　概要

近年, 業務の変化に伴い業務システムに多様な変更が求められるようになってきている．しかし，従来の業務システムは保守や機能追加により修正を繰り返しているために，内部が複雑化し変更の影響が広範囲に及ぶ構造になっていることが多く，業務の変更に合わせたシステムの変更が大きな負担となっていて問題になっている．このような問題に対して変更に強いシステムへ刷新したいという要望がある．しかしながら，複雑化した既存システムを一度に変更するのは難しいので段階的な刷新が計画される．段階的な刷新には既存システム現状を分析し機能単位で仕分けることが必要である．仕分けとは，機能ごとに再構築や廃棄，塩漬けといった刷新の方針を決めることである．機能単位の仕分けを行うためには現状分析を行いシステムを機能単位に分割する必要があり，その分割を支援する技術の研究が行われている [1] [2].

上村ら [1] はプログラムやデータ（テーブルやファイルなど）の集合に対してクラスタ間の関係が疎結合となるようにクラスタリングする手法を提案している．しかしながら，業務システムが企業内組織に基づいた業務の関係を反映して設計されている場合があり，既存システムを業務単位に分割したい開発者にとって業務を考慮しないクラスタリングの結果を受け入れられないことがあった．本論文では，このような既存システムに対して開発者が業務単位で仕分けするために分割する基準を業務視点と定義した．命名規約や現存するドキュメントを参考に開発者は業務視点な分割をしようとするが，業務視点で分割することが難しいプログラムやデータが存在する場合がある．本研究では手作業による分割が業務視点に近い分割になっていることを前提に，業務視点ではない分割を業務視点な分割になるように分割する手法を提案する．

2　アイディア

開発者が命名規約や現存するドキュメント等をたよりに業務視点で分割すると，図1のように同じフレームワーク上で開発されたプログラムが集められた分割やデー

[*]Takuya Ishizu, 富士通研究所

[†]Kamimura Manabu, 富士通研究所

[‡]Akihiko Matsuo, 富士通研究所

タだけを集合させた分割といった業務視点ではない分割が含まれていることがある．これらのような分割が含まれているとシステムの現状を業務視点で把握するのは難しい．そこで図2のように，業務視点ではない分割に含まれるプログラムやデータの分割先を決める．まず，入力としては分割情報と業務視点ではない分割を指定する．そして，業務視点の分割に含まれるプログラムやデータについてはその分割先を変更せず，業務視点ではない分割については依存関係を用いて分割先を決める．例えば，図1において業務視点ではない分割であるデータ集合に含まれるデータについて，それにアクセスするプログラムの関係を辿ることでデータの分割先が計上に決まる．例外として図2において一部のデータがどこにも分割されていないのは複数の業務からアクセスがあるためである．

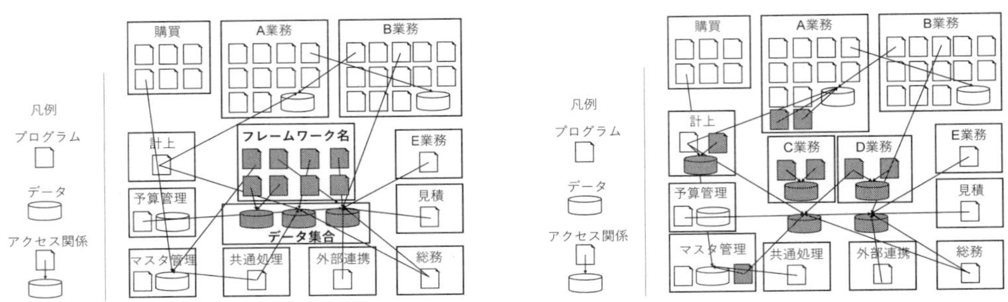

図1　業務視点ではない分割が含まれる業務システムの例.

図2　業務視点ではない分割を業務視点に分割し直した例.

3　適用例

本節では，社内システムにアイディアを適用した事例を説明する．このシステムはファイル数が約6,000本，ステップ数が約220万ステップである．この業務システムについて持ち上がっていた課題は，データの分割について整理しておらず，データが中継となっている各業務間がどのように繋がっているのか把握できていないことであった．クラスタリング技術[1]を適用したところ，同一クラスタに含まれてほしくないプログラムが含まれてしまうなどの問題があった．

提案したアイディアを適用したところ，分割ごとに業務視点でプログラムが含まれ，業務視点ではない分割に含まれていたデータも業務視点の分割に含まれるようになった．また，業務単位の分割間に存在するデータは業務が共有しているデータである可能性が高いことが分かった．

4　今後の課題

業務視点は命名規則やドキュメント等を基に開発者が決定しているが，適切な分割の粒度等について実例をもとに議論する余地がある．また業務システムの分割では他の業務との統合や廃止を検討する場合もある．そのような制約条件を柔軟に与えられるクラスタリング手法を検討する必要があると考える．

参考文献

[1] M. Kamimura, K. Yano, T. Hatano, and A. Matsuo. Extracting candidates of microservices from monolithic application code. In *2018 25th Asia-Pacific Software Engineering Conference (APSEC)*, pp. 571–580, Dec 2018.

[2] Genc Mazlami, Jürgen Cito, and Philipp Leitner. Extraction of microservices from monolithic software architectures. In *2017 IEEE International Conference on Web Services (ICWS)*, pp. 524–531. IEEE, 2017.

学習期間と予測期間による不具合報告数予測モデルの精度評価

Predicting Software Bugs Reliably with Optimized Learning Dataset

稲垣 智宏 * 伊原 彰紀 †

あらまし 本論文は，ソフトウェア開発において発見される不具合報告数の予測モデルの構築を行う．高い精度が得られる予測モデルの構築に向けて，説明変数の収集期間，および，目的変数の不具合報告の対象期間を変動させることによる予測モデルの精度評価の違いを分析する．

1 はじめに

オープンソースソフトウェア（OSS）のリリース間隔は年々短期化し，1 年以内に新たなバージョンをリリースすることが多い．昨今では商用ソフトウェアにおいてもリリース間隔の短期化が進んでいる．このような短期リリースの開発体制は，利用者からの不具合修正要求や機能要求の回収と，迅速な OSS の機能・品質向上を実現している．短期リリースが故に，リリースまでに報告される不具合報告数を正確に見積もることが期待される．

ソフトウェアに発見される不具合数を予測する研究として，ソフトウェア信頼度成長モデルの研究がある [1]．信頼度成長モデルは実施するテストケース数に応じて，ソフトウェアに発見される不具合数を信頼度成長曲線として描画し，ソフトウェア内に残存する不具合数の期待値を予測する手法である．しかし，予測日から長期間先に報告される不具合報を予測することは容易ではない．

本論文は，ソフトウェア開発において発見される不具合の報告数予測モデルにおいて，説明変数の収集期間，および，目的変数の不具合報告の対象期間を変動させることで 81 種類の予測モデルを構築し，精度評価を行う．特に昨今では，ソフトウェア再利用の増加に伴い，他のソフトウェアプロジェクトに貢献する開発者からの不具合報告も多いため，従来研究で使用される対象ソフトウェア開発から計測されるメトリクスに加え，ソフトウェアの依存関係先から計測されるメトリクスも説明変数として予測モデルの構築を行う．

2 実験方法

データセット： 本論文は，GitHub のリポジトリ logging-log4j2 [1]においてソフトウェア開発を管理する log4j プロジェクトを対象とした．本論文では，予測モデル構築における説明変数の収集期間，および，目的変数の不具合報告の対象期間を変動させるため，十分な開発期間を有するプロジェクトを対象とする必要がある．log4j は 6 年以上の間，GitHub で開発を進めているため分析対象とする．また，log4j をこれまでに再利用していたその他のソフトウェアとして，logging-log4j-scala，struts-archetypes，incubator-pulsar，incubator-tamaya-extensions のリポジトリからも説明変数を計測する．

予測モデルの構築方法： 本論文で構築する予測モデルは，分析対象期間を説明変数の収集期間で分割し，同収集期間の次の日を予測日として，予測日から任意の日数で報告される不具合数を予測する．

1. メトリクスの計測．log4j および，log4j を再利用していたソフトウェアから，コミット数，コード追加/削除行数，コミットした開発者の延べ数，変更ファイル

*Tomohiro Inagaki, 和歌山大学

†Akinori Ihara, 和歌山大学

[1] https://github.com/apache/logging-log4j2

の延べ数を計測する．また log4j を再利用するソフトウェアからはコミット数，コード追加/削除行数を計測し，log4j の依存関係数を取得する．メトリクスの計測は log4j の開発期間から，2012 年 7 月 30 日から 2019 年 5 月 15 日までの期間で行なった．目的変数として計測する不具合数は，log4j プロジェクトが使用する不具合管理システム JIRA [2]より不具合報告数を取得する．

2. 予測モデルの構築．予測モデルの構築には，ロジスティック回帰モデルを用いる．説明変数の収集期間を 10 日ごとに 10 日から 90 日までの 9 通り，同様に目的変数の収集期間を 10 日から 90 日までの 9 通りとし，その組み合わせとして，合計 81 個の予測モデルを構築する．モデル構築には，分析対象期間を 2 分割し，前半の期間を学習データ，後半の期間をテストデータとする [2]．また，目的変数は，学習データの不具合報告数の中央値を基準とし，不具合報告数が多い時期，または，少ない時期の 2 クラス分類問題を解く．

2.1 実験結果と考察

図 1 は，予測モデルの精度（適合率，再現率，F1 値）をヒートマップにより可視化している．横軸は説明変数の収集期間（取得期間）を示し，縦軸は目的変数の収集期間（予測期間）を示す．ヒートマップ中の各セルの色の濃度は，適合率，再現率，F1 値の精度を示し，色が薄いほど予測精度が高いことを示す．分析の結果，取得期間を 70 日，予測期間を 40 日とするとき，最も高い F1 値の 0.74（適合率が 0.58，再現率が 1.0）を得た．学習データとテストデータの計測期間を変動させた場合に，学習期間が短い場合に，予測日以降の長期間の不具合報告数を予測することは難しいことがわかった．また，適合率が全体的に低い結果となったのは，不具合報告数が少ない時期に対して予測モデルが多いと予測していることが原因であった．今後は不具合数が少ない時期の特徴を分析することで精度向上を目指す．

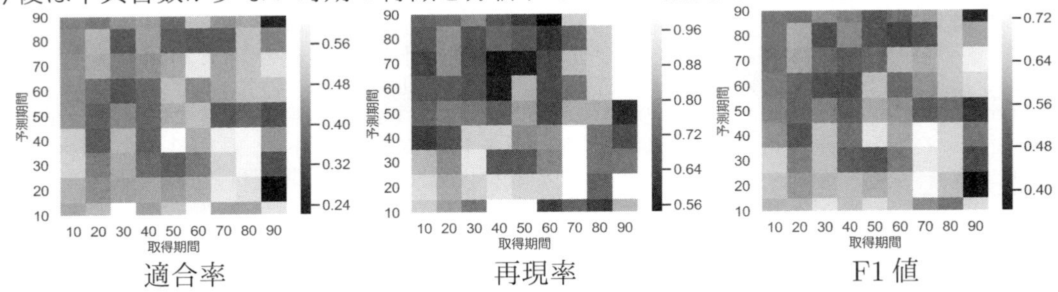

図 1 不具合報告数予測モデルの評価結果

3 終わりに

本論文では，説明変数の収集期間，目的変数の収集期間を変動させた不具合報告数予測モデルを構築し，精度評価を行った．今後は，さらに多くのメトリクスを用い，プロジェクトに応じた予測モデルの最適化を行う．

謝辞 本研究は，JSPS 科研費 18KT0013 の助成を受けたものです．

参考文献

[1] 山田茂,「ソフトウェア信頼性モデル-基礎と応用」，日科技連出版社，2014.

[2] Matthieu Jimenez, Renaud Rwemalika, Mike Papadakis, Federica Sarro, Yves Le Traon, Mark Harman, The importance of accounting for real-world labelling when predicting software vulnerabilities, *Proceedings of the 2019 27th ACM Joint Meeting on European Software Engineering Conference and Symposium on the Foundations of Software Engineering*, August 26-30, 2019, Tallinn, Estonia.

[2]https://issues.apache.org/jira/projects/LOG4J2/

ソフトウェア開発におけるcontext switchの影響

Effect of context switch on software development

井下 瑚都 * Zeynep Yücel† 門田 暁人 ‡

あらまし 本研究では，ソフトウェア開発作業における context switch の影響を実験的に評価する．

1 はじめに

プログラミングやデバッグは強い集中力が求められるため，その効率を高めるためには，作業の切り替えや中断（context switch）が起こらないように配慮することが望ましい．例えば，プログラミング作業中の開発者に気軽に話しかけたり，別の作業を頻繁に依頼することは，慎むべきであると考えられる．ただし，実際の開発現場では，頻繁に届くメールへの対応や会議等により，context switch が発生することは少なくない [1].

本研究では，プログラマの作業を中断させることが作業効率の低下もたらすことを定量的に実証することを目的として，特に,「プログラム理解作業」を対象として，context switch の影響を実験的に評価する．

2 実験

2.1 実験方法

本実験では，プログラム理解作業において，context switch を人為的に発生させた場合とそうでない場合において，プログラム理解に要した時間を比較する．プログラムは，文献 [2] で利用されている 2 種類（A, B として区別する）を用意し，これらを，x，y の 2 グループに分けた被験者に理解させる．グループ x はプログラム A を context switch 有り，プログラム B を context switch 無しで理解する．グループ y はプログラム A を context switch 無し，プログラム B を context switch 有りで理解する．また，実験の順序の影響を排除するために，グループ x, y のそれぞれについて，context switch 有りを先に実験する者と context switch 無しを先に実験する者を同数とする．

プログラム理解においては，各プログラムへの具体的な入力を示し，プログラム中の特定の箇所に実行が達したときに各変数の値，および，プログラム終了時の各変数の値を解答させる．プログラム理解中のメモを取ることは禁止とする．また，学習効果をなるべく排除するために，実験に先立って，練習用のプログラムの理解を行わせた．

context switch の有無は実験開始前に被験者に伝えた．context-switch 有りでは 3 分毎に 5 問の小数及び分数の四則演算を行わせる．その際に，次のルールを設けた．

- 四則演算解答中はプログラム理解を行わない．
- 四則演算をすべて正解したらプログラム理解作業に戻る．

2.2 実験結果

context switch あり，なしのそれぞれについて，プログラム理解に要した時間（単位は秒）を図 1 に示す．図より，context switch がある方がプログラム理解に要す

*Koto Inoshita, 岡山大学工学部情報系学科

†Zeynep Yücel, 岡山大学大学院自然科学研究科

‡Akito Monden, 岡山大学大学院自然科学研究科

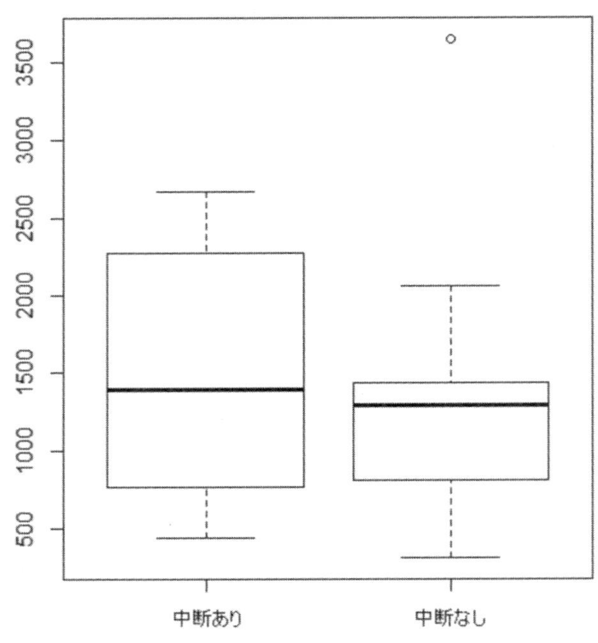

図 1　実験結果

る時間がやや大きくなっている．

context switch がある場合のプログラム理解に要した時間の平均値は 1440 秒，ない場合の平均値は 1310 秒であった．実験結果を内訳を分析すると，context switch がない場合について，極端に大きな値があることが分かった．このケースは，1 回目にプログラム A を理解した試行であったが，1 回目は実験に不慣れであったことに加えて，プログラム A は B と比べて理解の難易度が高かったことから，プログラム理解の途中で混乱が生じたためであると考えられる．そこで，実験結果から最大値と最小値を除外すると，context switch がある場合の平均値は 1440 秒，ない場合の平均値は 1199 秒となった．

3　まとめ

本研究では，ソフトウェア開発作業における context switch の影響を実験的に評価することを目的として，特に,「プログラム理解作業」を対象とした被験者実験を行った．実験の結果，context switch のある場合，ない場合と比べて，プログラム理解に要する時間の平均値が大きくなった．今後は，より多くのプログラム，被験者を用いた実験を行うことが課題となる．

参考文献

[1] bussorenre Laboratory (Ryo Matsumoto), "コンテキストスイッチに立ち向かう - 複数案件を抱える中で生産性を高めるために," Recruit Engineers Advent Calendar 2018, https://bussorenre.hatenablog.jp/entry/2018/12/01/154819.

[2] 中川尊雄, 亀井靖高, 上野秀剛, 門田暁人, 鵜林尚靖, 松本健一, "脳活動に基づくプログラム理解の困難さ測定," コンピュータソフトウェア, Vol.33, No.2, pp.78-89, June 2016.

モデル駆動モダナイゼーションに向けたGUIデザイン評価手法の検討

A GUI Design Evalutation Method for Model-Driven Modernization

鹿糠 秀行* 山田 龍平† 鷲崎 弘宜‡ 深澤 良彰§

Summary. In this paper, we propose the metamodel for modeling GUI design and the detection method of GUI design bad smell to evaluate GUI design based on the metamodel. The method supports the realization of model-driven modernization.

1 はじめに

モデル駆動モダナイゼーションは，既存のソフトウェアシステムをモデル上で分析し，モデルを介して新しいソフトウェアシステムへと改修する開発手法である [1].

我々は Web から Mobile へ GUI をモダナイゼーションする場合に，モデル上で GUI デザインを評価する手法を研究している．GUI の要素と要素間の位置関係を表現する GUI デザインのメタモデルを定義し，既知の GUI デザインパターン [2] を OCL の制約定義しパターンの適用有無を確認する手法を提案した [3]．この手法は，制約を直接メタモデルの中に定義しているため，確認したいパターンの追加や，必要に応じて適用有無を確認するパターンを組み合わせたり切り替えたりする場合に，メタモデルの修正が必要になる場合が多く，拡張や保守の観点で問題があった．

本稿では GUI デザインの評価手法として GUI デザインにおける様々な問題点の兆候として不吉な匂いの検出を目的に，まず GUI レイアウトのメタモデル [4] を参考にして新たに設計した GUI デザインのメタモデルを提示する．次に，メタモデルから制約を分離して定義し評価するために ATL [5] によるモデル変換方式 [6] を採用し，GUI デザインの不吉な匂いを検出する方法について述べる．

2 GUI デザインのメタモデル設計

設計した GUI デザインのメタモデルを図 1 に示す．このメタモデルは GUI レイアウトのためのメタモデル [4] を参考に定義し，独自に GUI デザインの不吉な匂いを表現する BadSmell クラスを継承したクラスを定義したものである。

Screen クラスは画面を表しルート要素である．UIFunctionality クラスとこれを継承したクラスは画面を構成する具体的な GUI の部品を表し，これらの組み合わせを表現する FunctionScreenArea クラスと，さらにそれらを包含する Container-ScreenArea クラスは画面の基本的なレイアウトを表現する．

BadSmell クラスを継承した Moblie クラスや Web クラスは，Mobile や Web の各観点を元に後述の方法で不吉な匂いが検出された場合にインスタンス化される．

3 モデル変換を利用した GUI デザインの不吉な匂いの検出方法

GUI デザインのメタモデルに対して，それとは別に検出したい GUI デザインの不吉な匂いごとに制約として ATL の rule を作成する．

図 2 に示す ATL のコード例は,「Mobile の GUI デザインではコンテンツを縦一列の構成で示し横並びの要素が無いこと」をレイアウトで確認するために，横並びで

*Hideyuki Kanuka, (株) 日立製作所

†Ryuhei Yamada, 早稲田大学

‡Hironori Washizaki, 早稲田大学

§Yoshiaki Fukazawa, 早稲田大学

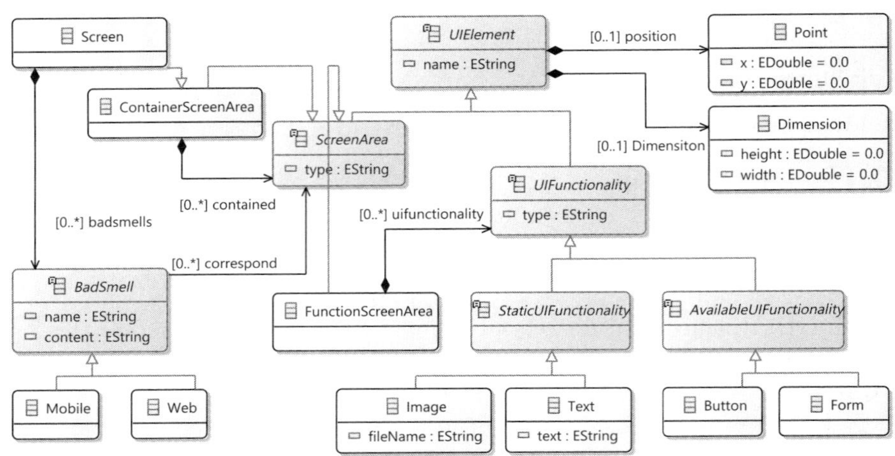

図 1　**GUI** デザインのメタモデル

ない要素の存在を Mobile の不吉な匂いとして検出するための rule である．

ATL の rule はメタモデルに従う GUI デザインのモデルに対して実行され，モデル変換処理を通じて不吉な匂いが発見された場合は BadSmell を継承したいずれかのクラスがインスタンス化され，モデル上で GUI デザインの問題点を評価できる．

```
create OUT : MM refining IN : MM;
rule NonVerticalStack {
  from
    i : MM!Screen (i.contained -> forAll(c1, c2 | c1 <> c2
                        implies c1.position.x <> c2.position.x))
  to
    o : MM!Screen (badsmells <- b),
    b : MM!Mobile (name <- 'NonVerticalStack', correspond <- i.contained)
}
```

図 2　**GUI** デザインの不吉な匂い **"NonVerticalStack"** をモデル変換で検出する **ATL** の **rule** 例

4　おわりに

本手法を利用することで，既存の Web に対して Mobile の観点で GUI デザインの不吉な匂いを検出でき改変すべき点をモデル上で評価できる．この結果，モデル上で既存の Web から Mobile の GUI へのリファクタリングの示唆が得られ，これを実施することで GUI のモデル駆動モダナイゼーションを円滑に実現できる．

参考文献

[1] Stavru Stavros, Iva Krasteva, and Sylvia Ilieva. "Challenges of Model-driven Modernization - An Agile Perspective," MODELSWARD, pp219-230, 2013.

[2] Jenifer Tidwell. "Designing Interfaces: Patterns for Effective Interaction Design," 2011.

[3] 山田龍平, 鷲崎弘宜, 深澤良彰, 鹿糠秀行. "GUI 設計のためのモデルベースデザイン評価手法," 情報処理学会第 81 回全国大会, 講演論文集 (分冊 1), pp213-214, 2019.

[4] Kai Blankenhorn and Mario Jeckle. "A UML profile for GUI layout," Object-Oriented and Internet-Based Technologies. NODe, pp110-121,2004.

[5] Frédéric Jouault and Ivan Kurtev. "Transforming models with ATL," the Model Transformations in Practice Workshop at MoDELS, pp128-138, 2005.

[6] Jean Bézivin and Frédéric Jouault. "Using ATL for checking models," Electronic Notes in Theoretical Computer Science 152, pp69-81, 2016.

OSSプロジェクトにおけるCIツールの変更の影響調査に向けて

Investigation of the Effects of CI Tools' Changes in OSS Projects

鐘ヶ江 由佳* 崔 恩瀞† 飯田 元‡

あらまし 本研究は，OSS プロジェクトで Continuous Integration (CI) ツールの変更を支援するために，CI ツールを途中で変更した OSS プロジェクトの特徴および CI ツールの変更がプロジェクトに及ぼす影響を明らかにすることを目指す．本稿では，GitHub 上の OSS プロジェクトを対象に CI ツールを変更したプロジェクトを特定し，CI ツールの変更傾向を分析した結果について述べる．

1 はじめに

近年，OSS プロジェクトで Continuous Integration (CI) ツールが広く利用されている．CI ツールは，ソフトウェアのコンパイル，ビルド，テスト，およびデプロイといった統合作業を自動化し，定期的に行う．CI ツールを利用することによって，開発者は統合の失敗をソースコードの変更が少ない状態で発見でき，デバッグを容易に行える．また，Hilton らの調査によると，CI ツールは開発チームの活動を止める破壊的なビルドのリリースを防ぎ，他の開発者によるレビューにかかる時間を早める [1]．

CI ツールには，Jenkins や TeamCity などのオンプレミス型の製品から Travis CI や circleci といったクラウド型の製品まで，様々な種類が存在する．一般的に，OSS では自分の開発環境に適したツールを選択し，利用している [2]．保守や修正作業によるソフトウェアの進化に従って，OSS プロジェクトの開発環境も変化する．その際，OSS プロジェクトの開発効率の向上のために利用する CI ツールを別の CI ツールに変更する場合もある．

CI ツールを変更した OSS プロジェクトの特徴や利用した CI ツールの変更による影響を明らかにすることで，OSS プロジェクトの CI ツール変更作業の支援が期待できる．しかし，現在まで OSS プロジェクトにおいて利用した CI ツールへ変更した際に発生する利点・欠点や CI ツールの利用を変更したプロジェクトの特徴を明らかにした研究は我々が知る限り存在しない．

本研究は，OSS プロジェクトで CI ツールの変更を支援するために，CI ツールを変更した OSS プロジェクトの特徴および CI ツールの変更がプロジェクトに及ぼす影響を明らかにすることを目指す．本稿では，GitHub 上の OSS プロジェクトを対象に CI ツールを途中で変更したプロジェクトを特定し，CI ツールの変更傾向を分析した結果について述べる．

2 調査

本稿では，GitHub の Java プロジェクトの中で stars の数が上位 100 位までの OSS プロジェクトを対象とした．対象としたプロジェクトに対して，Pull Request 作成時に行われる CI ツールを使ったソースコードのチェック機能の情報を基に，OSS で利用されている CI ツールを特定した．また，CI ツールの変更方法に基づいて以下の 4 種類が CI ツール変更方法として分類された．

*Yuka Kanegae, 奈良先端科学技術大学院大学

†Eunjong Choi, 京都工芸繊維大学

‡Hajimu Iida, 奈良先端科学技術大学院大学

表 1　変更の種類ごとに確認された **OSS** プロジェクト数と変更前後の **CI** ツールの内訳

タイプ	数	変更前の CI ツール	変更後の CI ツール
完全変更	3	Travis CI	Bazel CI
		Travis CI	circleci
		Travis CI	Concourse
	4	Travis CI	Jenkins
追加	4	Travis CI	Travis CI, Appveyor
		Travis CI	Travis CI, Jenkins
		Jenkins	Travis CI, Jenkins
		Travis CI	Travis CI, circleci
中止	2	Travis CI	-
試用	1	Travis CI	(一時的に)Travis CI, circleci → Travis CI
変更なし	49	Travis CI	変更なし
	1	circleci	変更なし
	3	Jenkins	変更なし
	1	Semaphore CI	変更なし
利用していない	32	-	-

完全変更　CI ツール A の利用を中止し，CI ツール B に変更した
追加　CI ツール A の利用を中止せず，CI ツール B を追加した
中止　CI ツール A の利用を中止し，他のツールを追加しなかった
試用　CI ツール A の利用を中止せず，CI ツール B を追加後ツール B の利用を中止した

表 1 に，調査対象のプロジェクトにおいて CI ツールの変更の種類ごとに確認されたプロジェクト件数と変更前後の CI ツール情報を示す．表の通り，最初から CI ツールを利用していなかったプロジェクトは 32 件である．

CI ツールを利用していたプロジェクトは残りの 68 件で，その内，20.59% が CI ツールの利用を変更していることがわかった．このことから，一定の開発者が自身のプロジェクトに最適な CI ツールを採用しようとしていることがわかる．また，利用を中止したプロジェクト 2 件の内 1 件では，中止当初は新たな CI ツールの候補について，Pull Request と Issue のコメントにて開発者同士で議論が行われており，変更への関心が見られたが，もう 1 件のプロジェクトでは，3 年前に中止して以降，CI ツールについての議論が全くなかった．

3　今後の展望

完全変更・追加・中止プロジェクトについて，それぞれの変更への関心の違いを今後の調査に加えたい．また，調査対象を著名なコミュニティの OSS プロジェクトに絞り，CI ツール変更の影響を調査していく予定である．

謝辞　本研究は JSPS 科研費 JP18H04094, 19K20240 の助成を受けた．

参考文献

[1] M. Hilton，T. Tunnell, K. Huang, D. Marinov, D. Dig :Usage, costs, and benefits of continuous integration in open-source projects, *In Proc. of ASE*, pp. 426-437, 2016.
[2] GitHub welcomes all CI tools, *https://github.blog/2017-11-07-github-welcomes-all-ci-tools/*, Accessed: 2019/9/18.

行レベルバグ予測のためのWebアプリケーション

A Web Application for Line-wise Bug Prediction

金平 拓生 [*] 門田 暁人 [†] Zeynep Yücel [‡] 福谷 圭吾 [§]

あらまし 筆者らは，ソースコード中のバグをピンポイントで予測することを目的として，行レベルバグ予測を提案している．本稿では，そのWebアプリケーションとしての実装について述べる．

1 はじめに

ソフトウェアテストの効率化のためには，多数のモジュールの中からバグを含む可能性の高いモジュール（fault-prone モジュール）を特定し，それらにテスト工数を重点的に割り当てることが重要となる．そのために，従来，fault-prone モジュール予測に関する研究が盛んに行われてきた [5]．

ただし，fault-prone モジュール予測では，バグを含むソースファイルを特定できたとしても，具体的にどの行にバグが含まれているかまでは特定できず，開発者がソースコードを精読してバグを探す必要があった．この課題の解決のために，先行研究 [3] において，行レベルのバグ予測方法を提案している．本稿では，その Web アプリケーションとしての実装について述べる．

2 行レベルバグ予測

先行研究 [3] による行レベルのバグ予測では，テキストベースの予測方法である fault-prone フィルタリング [6] を採用し，予測モデルとして CRM114 [2] の識別器である Orthogonal Sparse Bigrams (OSB) モデルを用いている．

ソースコードに対して OSB モデルを適用する具体的な方法としては，移動窓を用いる方法 [3]，および，隣接する行を予測するモデルを組み合わせる方法 [4] が提案されている．Web アプリケーション化するにあたって，いずれの方法も採用可能であるが，本稿では，より予測精度が高いと思われる後者の方法を紹介する．この方法では，次の 3 つのモデルを構築する．

- 入力された行のバグ確率を出力するモデル
- 入力された行の次の行のバグ確率を出力するモデル
- 入力された行の前の行のバグ確率を出力するモデル

ソースコード中の各行について，これら 3 つのモデルの出力の加重平均を取ることで，バグの混入確率を求める．3 つのモデルを利用する理由は，ある行にバグがあるか否かを判断する際に，前後の行の情報が必要な場合があるためである．

モデルの学習にあたっては，Codeflaws [1] において公開されている，バグを含むソースコードとその修正コードが組になったデータセットを用いる．

3 行レベルバグ予測の Web アプリケーション化

本アプリケーションへの入力は任意のソースコードであり，出力は各行のバグ含有確率である．結果の視認性を向上させるため，ソースコードの各行についてバグ含有確率を棒グラフで表示するとともに，順位を数値で示すこととした．図 1 に示されるように，左側に予測対象のソースコードとその行番号を出力し, 右側には各

[*] Takumi Kanehira, 岡山大学工学部情報系学科

[†] Akito Monden, 岡山大学大学院自然科学研究科

[‡] Zeynep Yücel, 岡山大学大学院自然科学研究科

[§] Keigo Fukutani, previously with 岡山大学工学部情報系学科

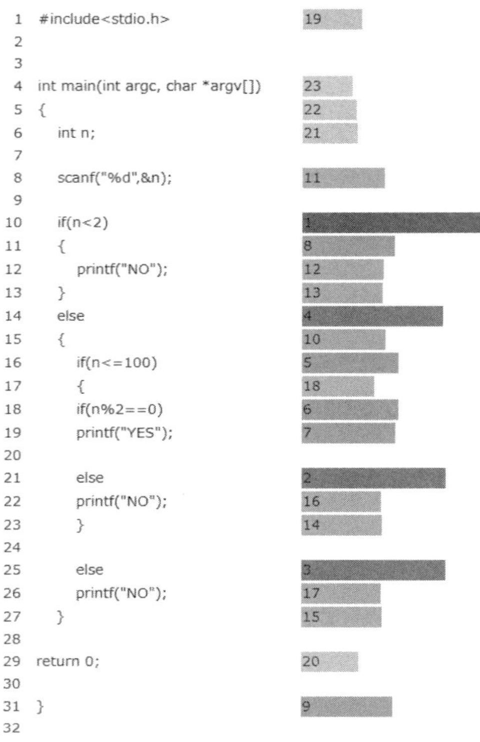

1 #include<stdio.h> 19
2
3
4 int main(int argc, char *argv[]) 23
5 { 22
6 int n; 21
7
8 scanf("%d",&n); 11
9
10 if(n<2) 1
11 { 8
12 printf("NO"); 12
13 } 13
14 else 4
15 { 10
16 if(n<=100) 5
17 { 18
18 if(n%2==0) 6
19 printf("YES"); 7
20
21 else 2
22 printf("NO"); 16
23 } 14
24
25 else 3
26 printf("NO"); 17
27 } 15
28
29 return 0; 20
30
31 } 9
32

図 1　可視化された結果の例

行のバグ含有確率の順位と棒グラフを出力している．

実装にあたっては，サーバサイドアプリケーションとして，Python およびマイクロウェブアプリケーションフレームワーク FLASK を用いた．クライアントサイドアプリケーションは JavaScript で実装した．ライブラリは jQuery を用いている．

サーバサイドでは，ソースコードからコメント文と空行を除去した上で各行を CRM114 に入力し，各行のバグ含有確率を案出している．クライアントサイドでは，各行のバグ含有確率の順位の計算，および，ソースファイル，順位，棒グラフの出力を行っている．

4　まとめ

本稿では，行レベルバグ予測の概要とその Web アプリケーション化について述べた．今後は，開発したアプリケーションを実際のデバッグに適用し，評価を行う予定である．

参考文献

[1] Codeflaws, https://codeflaws.github.io/

[2] CRM114 the Controllable Regex Mutilator, http://crm114.sourceforge.net/

[3] 福谷 圭吾, 門田 暁人, Zeynep Yücel, 畑 秀明, ”移動窓によるソフトウェアバグの行レベル予測の試み,” コンピュータソフトウェア, vol.35, no.4, pp.122-128, Oct. 2018.

[4] 福谷 圭吾, ”ソフトウェアバグの行レベル予測,” 岡山大学工学部情報系学科特別研究報告書, 2018.

[5] 畑秀明, 水野修, 菊野亨, “不具合予測に関するメトリクスについての研究論文の系統的レビュー”, コンピュータソフトウェア, vol.29, no.1, pp.106-117, Feb. 2012.

[6] 水野修, 菊野亨, “ Fault-prone フィルタリング：不具合を含むモジュールのスパムフィルタを利用した予測手法,” SEC journal, no.13, pp.6-15, Feb. 2008.

ソフトウェア開発実績データにおける欠損値補完への非負値行列因子分解の適用

Applying of Nonnegative Matrix Factorization for Missing Imputation in Software Development Data

川辺 裕貴 [*]　北村 大地 [†]　柿元 健 [‡]

あらまし　本稿では，ソフトウェア開発実績データに含まれる欠損値の補完手法に非負値行列因子分解を適用した結果を報告する．

1　はじめに

ソフトウェア開発プロジェクトの初期段階において，様々な指標を正確に予測することはプロジェクトを成功させる大きな要因のひとつである．各種予測の手法として，開発実績データに基づいた定量的手法が数多く提案されている．しかし，開発実績データには欠損値が含まれていることが多く，定量的手法では欠損値が含まれていると，モデル構築を行えない，もしくは，モデルが構築できても精度が低下してしまう．欠損値を含む開発実績データから欠損値を取り除くために，欠損値を削除，あるいは何らかの値で補完する欠損値処理 [1] が適用される．欠損値処理において，削除の過程では情報量の低下，補完の過程では誤差の含有を招き，欠損値の割合（欠損率）が高いデータにおいて顕著化することが懸念される．

本稿では，欠損値の補完処理として，教師なし学習で入力データの潜在パターンを抽出可能な非負値行列因子分解 (NMF) [2] に基づく手法を適用する．

2　NMF を用いた欠損値補完

NMF は，全成分が 0 以上の行列 (非負行列) を，別の 2 つの非負行列（係数行列及び基底行列）の行列積に分解する低ランク近似法である．この分解で得られる係数行列と基底行列は，観測行列中の潜在的な非負パターンとその係数をそれぞれ表す．欠損値を含む非負行列に対しては，欠損要素を NMF のコスト関数から除外する最適化手法 [3] が適用でき，欠損値を無視しつつ係数行列及び基底行列を推定できる．従って，欠損値を含む開発実績データに上記の手法を適用することで，欠損値の影響を受けずに潜在パターンと係数を抽出でき，さらに係数行列と基底行列の行列積により，欠損値が補完された「開発実績データの低ランク近似行列」が得られる．NMF を用いた欠損値補完の手順は以下のとおりである．

1. 開発実績データのメトリクスごとに最小値が 0，最大値が 1 となる正規化を行う
2. 開発実績データの非欠損値を 1，欠損値を 0 としたインデクス行列を作成する
3. インデクス行列が 0 の要素を除外する NMF の最適化法 [3] により，係数行列及び基底行列を得る
4. 係数行列と基底行列の行列積（低ランク近似行列）から欠損値の補完結果を得る

3　評価実験

NMF による欠損値補完の精度を確認するために評価実験を行った．実験には，プロジェクト数 499 件，メトリクス数 16 個で欠損値を含まない China データセットを使用し，MCAR，MAR，NM の各欠損メカニズム [4] により 10%～40%の欠損値

[*]Yuki Kawanabe, 香川高等専門学校電気情報工学科

[†]Daichi Kitamura, 香川高等専門学校電気情報工学科

[‡]Takeshi Kakimoto, 香川高等専門学校電気情報工学科

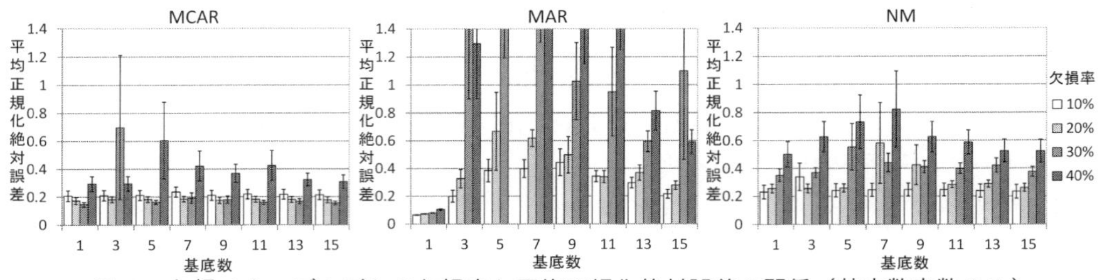

図 1　欠損メカニズムごとの欠損率と平均正規化絶対誤差の関係（基底数奇数のみ）

を与えた．欠損メカニズムにはランダム要素を含むため，MCAR と NM は各 10 回，MAR は欠損が依存するメトリクスを各メトリクスとした計 16 回与えたデータセットを作成した．欠損値を与えたデータセットに対して提案手法を適用し，補完値と実測値の誤差をメトリクスごとに正規化したうえで絶対誤差（MAE）の平均を算出した．提案手法の基底数（係数行列の列数かつ基底行列の行数）は 1〜15（メトリクス数 −1）で変化させた．

4　結果と考察

欠損メカニズム別に欠損率ごとの基底数と平均正規化絶対誤差の値を図 1 に示す．紙面の都合上，基底数が奇数の結果のみを示している．エラーバーは標準誤差を表す．図 1 より，欠損率 40%では欠損メカニズムに限らず精度が低下している．また，MCAR では欠損率 10%よりも 20%，30%の方が高い精度が得られているが，MCAR，NM では，欠損率が高くなるにつれて精度が低下する傾向がある．基底数に着目すると，MCAR は基底数に関わらず安定して精度が得られているが，MAR は欠損率 10%以外の精度は著しく低く，NM は基底数による差は小さいが欠損率増加による精度の低下が MCAR よりも大きくなっている．

MAR で，基底数が 1 の時のみ高い精度が得られている．基底数が 1 の場合は，各メトリクスの平均値とプロジェクトごとに求められた係数の積の行列となるため，平均値補完に近い補完となる．つまり，潜在パターンを求めない方が高い精度が得られており，MAR に対しては NMF を用いた欠損値補完は有効ではないことが考えられる．

5　まとめ

本稿では，非負値行列因子分解を用いてソフトウェア実績データの欠損値補完を行った．評価実験の結果，欠損メカニズムの特徴によって補完精度が大きく影響を受けることがわかった．他の欠損値処理との比較や，実際に工数等の予測を行って評価することが今後の課題である．

謝辞　本研究の一部は JSPS 科研費 JP19K11915，JP19K20306 の助成を受けた．

参考文献

[1] Myrtveit, I., et al. : Analyzing data sets with missing data: An Empirical Evaluation of Imputation Methods and Likelihood-Based Methods, IEEE Trans. Software Eng., vol. 27, no. 11, (2001), pp. 999–1013.

[2] Lee, D.D. and Seung, H.S., :Learning the parts of objects by non-negative matrix factorization, Nature, Vol. 401, (1999), pp. 788–791.

[3] Kitamura, D., et al. :Multichannel signal separation combining directional clustering and nonnegative matrix factorization with spectrogram restoration, IEEE/ACM Trans. Audio, Speech, Lang. Process., vol. 23, no. 4, (2015), pp. 654–669.

[4] Little, R.J.A., and Rubin, D.B., :Statistical analysis with missing data, 2nd edition, John Wiley and Sons, New York, (2002).

類似コード検出ツールを用いたテストコード再利用に向けた調査

Investigation for Test Code Reuse Using Similar Code Detection Tool

倉地 亮介* 崔 恩瀞† 飯田 元‡

あらまし 本研究では，既存のテストコードの再利用によるテストコード生成環境の実現に向けて，類似するプロダクトコードのペアを分類し，類似コードペア間とテストコードペア間の類似度の関係を調査した．

1 はじめに

テスト工程において，テスト作成コストを削減するために様々なテストコード自動生成ツールが提案されてきた．しかし，既存のツールによって生成されるテストコードはテスト対象コードの作成経緯や意図に基づいていないという性質から開発者の保守作業を困難にするという課題がある [1]．この課題の解決方法として既存テストの再利用によるテストコード生成を行う環境が有効であると考えられる．

提案環境では，類似コード検出ツールを用いてテスト生成対象のコード片 a に対して類似したコード片を検出する．そして，類似コード片に対応するテストコードを再利用することでコード片 a のテストコードを生成する．

既存テストの再利用は，命名規則に従った保守性の高いテストコードの生成が期待できる．一方で，類似コード間でのテスト再利用は，適用対象の類似コードペアが存在する必要があることや，テスト対象となる類似コードペア間の関係に依存するので困難な作業である．そのため, どのような類似コード間でテストコードが再利用できるのかを明らかにすることがテストコードの再利用支援において重要である．

本研究は，提案環境の実現に向けてプロジェクト内の類似コードペアをテストコードの有無によって分類し,「両方のコード片にテストコードが存在する類似コードペア」を対象に類似コードペア間とテストコードペア間の類似度の関係を調査した．

2 調査

2.1 調査方法

類似コードペアをテストコードの有無によって分類し，類似コードペア間とテストコードペア間の類似度の関係を調査する．調査手法はまず，OSS 上の有名な 3 つの Java プロジェクト内のテストコードとプロダクトコードをそれぞれ抽出し，類似コード検出ツール NICAD を用いて類似コードペアを検出した [2]．次に，類似コードペアのテストコードを特定し，テストコードの有無によって類似コードペアを分類した．そして「両方のコード片にテストコードが存在する類似コードペア」を対象にソースコードの類似度を差異の度合いを表すタイプによって計算した [3]．

表 1 既存 Java プロジェクト中の類似コードペアの分類結果

両方のコード片にテストコードが存在する類似コードペア		どちらか片方のコード片にテストコードが存在する類似コードペア		テストコードが存在しない類似コードペア		合計
数	割合 (%)	数	割合 (%)	数	割合 (%)	数
62	4.9	334	26.2	879	68.9	1275

*Ryosuke Kurachi, 奈良先端科学技術大学院大学

†Eunjong Choi, 京都工芸繊維大学

‡Hajimu Iida, 奈良先端科学技術大学院大学

表 2 類似コードペア間の類似度とテストコードペア間の類似度の関係

		テストコードペア間の類似度		
		タイプ 2	タイプ 3	Not Similar
類似コードペア間の類似度	タイプ 2	77	10	6
	タイプ 3	28	5	10
	Not Similar	0	0	17

2.2 調査結果

3 つの Java プロジェクトを対象にテストコードの有無によって類似コードペアの分類を行った結果を表 1 に示す．この表からプロジェクト中のテスト対象となる類似コードペアの内，26.2%が既存テストを再利用できる可能性があることが分かる．すなわち，類似コードペア内で片方のコード片にはテストコードがあるにもかかわらず，もう片方のコード片はテストされていない類似コードペアが全体の 4 分の 1 以上を占めており，提案環境の実現によって多くのコード片にテストコードを再利用できる可能性を示している．

類似度の関係調査では，類似コードペアの分類から得られた「両方のコード片にテストコードが存在する類似コードペア」62 個と対応するテストコードのペア 153 個の類似度の関係を表 2 に示した．調査の結果，テスト対象となる類似コードペアが類似していない (Not Similar) 場合は，類似するテストコードペアが存在しないことが分かる．また，類似コードペアの類似度がタイプ 2，3 の場合は，テストコードの類似度もタイプ 2，3 が多い結果となった．この結果は，テストコードペア間の類似度と対象の類似コードペア間の類似度には相関関係があり，類似コードペア間の類似度が高いほどテストコードを再利用できる可能性が高いことを示している．

一方で，類似コードペア間の類似度がタイプ 2 と高いにもかかわらず，テストコードペアが類似しない組み合わせが 6 件検出された．これらの類似コードペアのメソッドを確認したところ，同じ制御構造を持つが，最後に出力する数値の選択だけが異なっていることが分かった．検出された例として，Apache kafka では，同一の制御構造で特定のオブジェクトを取得した後，get メソッドでデータを取得する処理と，delete メソッドでデータを削除する処理が類似コードペアとなっていた．このように共通のデータを使用し，互いに関係した処理であっても，異なる処理を実行している場合は，テストコードを再利用することは難しいと考えられる．そのため，類似コードペア間の振る舞いに着目して分類を行い更なる調査をする必要がある．

3 まとめ

本研究では，類似コードペア間とテストコードペア間の類似度の関係を調査した．その結果，類似度の関係には相関があることを明らかにした．また，調査結果から類似コードペアの振る舞いに着目する必要があることが分かった．今後は，既存のメソッド呼び出しの差異に基づく類似コードペアの分類手法を用いて，類似コードペア間の振る舞いと対応するテストコードの関係を調査をする予定である．

謝辞 本研究は JSPS 科研費 JP18H04094, 19K20240 の助成を受けた．

参考文献

[1] S. Shamshiri, et al. How Do Automatically Generated Unit Tests Influence Software Maintenance?. *Proc. of ICST*, pp.239–249, 2018.
[2] C. K. Roy, et al. NICAD: Accurate Detection of Near-Miss Intentional Clones Using Flexible Pretty-Printing and Code Normalization. *Proc. of ICPC*, pp.172–181, 2008.
[3] C. K. Roy, et al. Comparison and evaluation of code clone detection techniques and tools: a qualitative approach. Science of Computer Programming, Vol. 74, No. 7, pp. 470–495, 2009.

ブロックの比較による機能的類似コードの検出手法の提案

A Method to Detect Functionally Similar Code based on Comparison between Variable Blocks

小泉 裕[*]　名倉 正剛[†]　高田 眞吾[‡]

あらまし 複数人でソフトウェアを開発する際，別々の開発者が意図せずに機能的に類似したコードを書くことがある．これらのコードがプロジェクト内に存在するとプログラムの修正コストが高くなるため，開発段階で検出されることが望ましい．本研究ではこのようなコードを機能的類似コードと呼び，ブロック単位で比較を行うことで様々な粒度の機能的類似コードを検出する手法を提案する．

1　はじめに

複数人でソフトウェアを開発する際，別々の開発者が意図せずに機能的に類似したコードを書くことがある．本研究ではこのようなコードを機能的類似コードと呼ぶ．これは，Bellon らの研究 [1] で言及される 3 つのタイプのコードクローンのコード片に加え，同じ入力に対して同じ出力が得られるようなコード片のことを指す．プロジェクト内に機能的類似コードが存在すると修正コストが高くなるため，それらを開発段階で検出することは保守性の向上に有効である．

Tajima らの研究 [2] では，ランダムテストによる入出力の比較とプログラム依存グラフによる構造の比較により，機能的類似コードをメソッド単位で検出することを提案した．しかし機能的類似コードは必ずしもメソッド単位であるとは限らず，メソッド内の一部分が類似している場合にメソッド単位での比較では検出することができない．本研究ではメソッドをブロック単位で分割し，ブロックごとに比較を行うことで様々な粒度の機能的類似コードを検出する手法を提案する．

2　提案手法

Java プログラムを対象に，新たに開発したコードに含まれるメソッドをブロックに分割し，既存のコードに含まれるブロック群との比較を行うことでブロック単位での機能的類似コードを検出する手法を提案する．

まずブロック単位での比較のために，新たに開発したコードに含まれるメソッドをブロックに分割する．Eclipse JDT [3] を用いて新たに開発したコードの抽象構文木を解析し，各メソッドに対して MethodBlock を頂点としたブロック木を生成する．ブロックの種類は，起点ブロックとなるメソッドを表す MethodBlock の他に，メソッド内に現れる Java の構文の if，else，for，拡張 for，do，while，switch，try，catch，finally に対応した 10 種類のブロックを扱う．ブロック分割の例を図 1 に示す．

ブロック分割を行なった後，ブロック同士の比較を行い機能的類似コードを検出する．比較の手法は Tajima らの研究 [2] で提案された手法をブロックに適用して，入出力の比較とプログラム依存グラフ（PDG）の比較を次のように行う．

- 入出力の比較 : 入力の型が一致したブロックについて，ランダムテストによって比較を行う．乱数やコンストラクタを用いて入力を生成し，キャストや equals メソッドを用いて出力を比較する．出力が同じであった回数と比較回数の割合

[*]Yu Koizumi, 慶應義塾大学

[†]Masataka Nagura, 南山大学

[‡]Shingo Takada, 慶應義塾大学

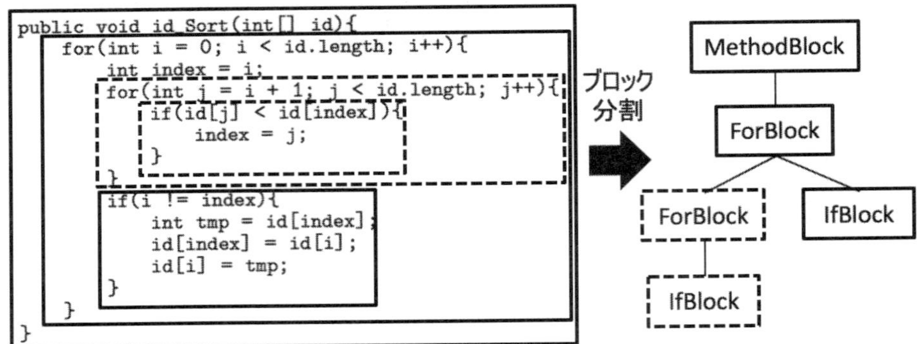

図 1　ブロック分割の例

から類似度を算出する．

- PDG の比較：データ依存と制御依存関係を表す PDG において，依存先または依存元のないノードを起点ノードとする．例えば依存先のないノードは return 文，依存元のないノードは入力変数であることが多い．起点ノードから辿ってノードとエッジを比較し，一致するものを部分グラフとする．部分グラフを構成するノード数と総ノード数との割合から類似度を算出する．

提案手法は入出力の比較と，PDG の生成や比較をブロック単位で行うが，Tajima らの手法ではメソッド単位で行なっていた．そこでブロックを 1 つのメソッドとみなすように実装を行った．その際，各ブロックの入出力は次のように定義する．

- 入力：ブロック内でアクセスされている変数のうち，そのブロックで宣言されていない変数（例えば，図 1 の 4〜8 行目の ForBlock において，変数 id，j，index）
- 出力：ブロック内でアクセスされている変数のうち，そのブロックで宣言されておらず，代入演算子 (=) の左辺にある変数（同様の例において，変数 index）

ブロック同士の比較を総当たりで行うと，組み合わせ爆発が起きる恐れがある．そこで本研究では PDG の比較，入出力の比較のそれぞれについて比較処理時間の削減を図る．PDG についてはボトムアップで比較を行うことで，内包するブロックが存在する場合に，そのブロックに対する PDG の比較結果を利用して比較時間を削減する．入出力についてはトップダウンで比較を行い，閾値を設定して類似度がその値を超えたら内包するブロックの比較を行わないことで比較時間を削減する．これはあるブロックが元のブロックと類似している場合，内包するブロックは提供している機能の一部でしかなく，それ以上比較する意味がないためである．

3　まとめ

本稿ではプログラムをブロックに分割し，ブロック単位でプログラムの入出力と構造の比較を行うことで機能的類似コードを検出する手法を提案した．今後は実装したツールを OSS などに適用して評価を行う予定である．

謝辞　本研究の成果の一部は，科研費基盤研究 (C)17K00110，2019 年度南山大学パッヘ研究奨励金 I-A-2 の助成による．

参考文献

[1] S. Bellon, R. Koschke, G. Antoniol, J. Krinke, and E. Merlo. Comparison and evaluation of clone detection tools. *IEEE Trans. on Software Eng.*, Vol. 33, No. 9, pp. 577-591, 2007.
[2] R. Tajima, M. Nagura, and S. Takada. Detecting functionally similar code within the same project. In *IEEE International Workshop on Software Clones*, pp. 51-57, 2018.
[3] Eclipse Java development tools (JDT). https://www.eclipse.org/jdt/

OSS開発者の活動量予測モデル

Predicting Developer Activities in Open Source Software Projects

小口 知希 [*]　伊原 彰紀 [†]　稲垣 智宏 [‡]

あらまし　本論文は，OSSの開発（不具合報告，プログラム提案など）に貢献を始める開発者が，貢献期間だけでなく活動量としても継続的に開発に貢献するか否かを予測する手法を提案する．

1　はじめに

オープンソースソフトウェア (OSS) プロジェクトは不特定多数の開発者が参加・離脱を繰り返し，高機能，高品質なソフトウェアへと進化を続けている．プロジェクトがソフトウェアの保守を継続的に行うためには，長期間にわたって積極的に貢献する開発者が必要である．従来研究では，1年以上プロジェクトに貢献する開発者（長期貢献者）の活動の特徴を明らかにする研究が多数行われている．Zhouらは，プロジェクト参加直後の1ヶ月間の活動が他の開発者よりも積極的な一方で，他の開発者との関わりがないと早期に離脱していることを明らかにした [1]．その他の従来研究においても，プロジェクト参加後の活動に基づき，長期貢献者を特定する手法を提案している．しかし，プロジェクトへ1回の貢献をした後に離脱する開発者（One-Time Contributor）が多数存在するため，従来手法は，わずかな貢献で離脱する開発者の特定には適していない．

本論文では，わずかな貢献で離脱する開発者の特定に向けて，プロジェクトに参加する前に他プロジェクトへ貢献した活動の記録に基づき，プロジェクト参加後に多数貢献する開発者を特定する手法を提案する．

2　実験方法

本論文では，開発者が特定のOSSの開発に初めて貢献する前に，他のOSSの開発へ貢献した活動量を計測し，その活動量に基づいて，当該OSSの開発に貢献する活動量を予測する手法を提案する．

データセット: 本論文では，開発者がOSSの開発に貢献した記録をGitHubのログから計測する．特に，Gousiosらが GitHubから収集したデータセット GHTorrent [1] から本論文が対象とするリポジトリ開発者の活動量を計測する．本論文で使用する GHTorrentには，2011年1月から2019年6月の GitHub上の活動が記録されており，本実験では2011年1月以降に GitHubで作成されたスター数上位10件のリポジトリを対象として，当該リポジトリへ貢献した開発者の活動量を予測する．ただし，2016年1月から2018年6月までに各リポジトリに初めて貢献した開発者を対象とする．

メトリクスの計測: 開発者がOSSの開発に参加する前に他のOSS開発へ貢献した活動量（予測モデルの説明変数）として，GHTorrentが公開する活動内容 [2] を全て計測する．ただし，開発者自身がOwnerとして管理するリポジトリでの活動は計測しない．また，本論文で予測するOSSの開発に貢献する活動量（予測モデルの目的変数）として，issue/pull requestの投稿数，issue/pull request/commitへのコメントの投稿数の合計を計測する．単一の活動量を予測することも検討したが，活動

[*]Tomoki Koguchi, 和歌山大学

[†]Akinori Ihara, 和歌山大学

[‡]Tomohiro Inagaki, 和歌山大学

[1]http://ghtorrent.org/

[2]http://ghtorrent.org/relational.html

量が極端に少ない開発者が多数存在するため，本論文では合計値を用いる．合計値では活動内容によって平均的な活動量に違いが生じるため，今後は活動内容による重み付けも検討する．

説明変数として使用する各メトリクスの計測期間は，OSS開発への初めての貢献から過去30日間から過去360日間まで30日ずつ増やし，それぞれの期間で計測した説明変数用データセットを12個用意する．また，目的変数も同様に，OSS開発への初めての貢献から30日間から360日間まで30日ずつ増やし，それぞれの期間で計測した目的変数用データセットを12個用意する．

予測モデルの構築と評価: 目的変数とする活動量は，パレートの法則より一部の開発者の活動量が多いため，学習データで参加後の活動量が多い上位20％の開発者の活動量を閾値とし，学習データとテストデータそれぞれに対して，閾値以上の活動量を有する開発者，閾値より活動量が少ない開発者の2クラス分類問題を解く．予測モデルは，12個の説明変数用データセットと12個の目的変数用データセットを組み合わせて，144個の予測モデルをロジスティック回帰モデルを用いて構築する．モデルの検証には10分割交差検証を行い，適合率，再現率，F1値で評価する．

3 結果と考察

本論文では紙面の都合上，atomリポジトリを対象に構築した予測モデルの評価結果を示す．図1は，予測モデルの評価結果をヒートマップにより可視化している．横軸は説明変数の計測期間（学習期間）を示し，縦軸は目的変数の計測期間（予測期間）を示す．ヒートマップ中の各セルの色の濃度は，適合率，再現率，F1値の精度を示し，色が薄いほど予測精度が高いことを示す．学習期間が30日，予測期間が90日のとき，最も高いF1値0.09（適合率が0.57，再現率が0.05）を得た．学習期間と予測期間を変動した場合に，学習期間が短いと貢献開始後の長期間の活動量を予測することは難しく，一方で，学習期間が長いと貢献開始後の長期間の活動量を比較的高い精度で予測可能であることがわかった．

再現率が適合率に比べて低い理由は，プロジェクト参加後に活動量が多い開発者の中に，プロジェクトに参加する以前の活動が少ない開発者が多数含まれているためであることがわかった．今後は，プロジェクト参加直後に活動量が多くなる開発者の特徴を調査する必要がある．

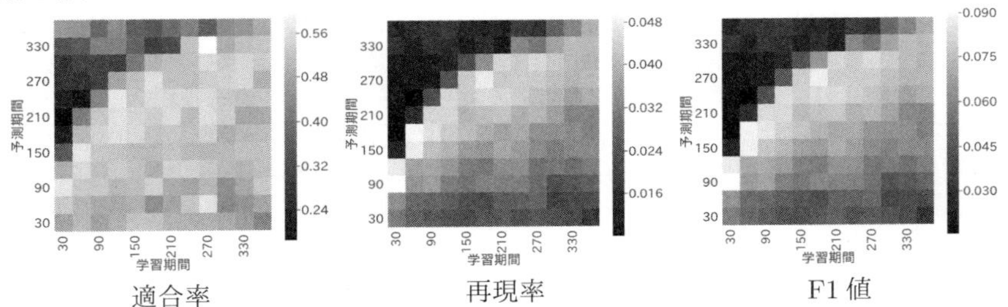

図1 OSS開発者の活動量予測モデルの評価結果

4 おわりに

本論文では，GitHubの10件のリポジトリに対して開発者の活動量の予測モデルを構築し，評価の可視化を行った．今後は，予測モデルの精度を向上させるだけでなく，プロジェクト参加直後に活動量が多くなる開発者の特徴を調査する．

謝辞 本研究は，JSPS科研費17H00731の助成を受けたものです．

参考文献

[1] Minghui Zhou, Audris Mockus, "What make long term contributors: willingness and opportunity in OSS community," *Proc. of the 34th International Conference on Software Engineering*, pp.518-528, 2012.

Edutainmentを指向したソフトウェア教育用フレームワークの提案

Proposal of a Framework for Software Education Oriented to Edutainment

杉野雄大 * 小形真平 † 新村正明 ‡ 岡野浩三 §

あらまし　近年，Edutainmentが教育分野で注目されている．Edutainmentとは，学習者の学習意欲・モチベーションをいかに高め，いかに持続させ得るという要求に応えるために登場した考え方であり，教育と娯楽を融合させ「楽しみながら学ぶ」ことに特徴付けられる．従来，ソフトウェアという分野に限らずなにかを学んだ結果というのは，学習者の学習結果には学習者の学習意欲に左右されると考えられてきた．そこで本研究では，従来のソフトウェア教育にEdutainmentとGamificationの考えを付与し，学習者の学習意欲を高めるようなフレームワークを提案する．

Summary. In recent years, Edutainment has attracted attention in the education field.Edutainment is a concept that has emerged to meet the demands of how students can be motivated and motivated to learn and how they can be sustained. It is characterized by "learning while having fun" by combining education and entertainment.Traditionally, the result of learning something, not limited to the software, is thought to depend on the learner's motivation. Therefore, in this study, we propose a framework that enhances learners' motivation by giving the idea of Edutainment and Gamification to conventional software education.

1　はじめに

近年，Edutainmentが教育分野で注目されている．Edutainmentとは，学習者の学習意欲・モチベーションをいかに高め，いかに持続指せうるという要求に応えるために登場した考え方であり，教育と娯楽を融合させ「楽しみながら学ぶ」ことに特徴付けられる[1]．従来，ソフトウェアの分野に限らずなにかを学んだ結果というのは学習者の学習意欲に左右されると考えられていた．そこで本研究では，従来のソフトウェア教育にEdutainmentとGaminificationの考えを付与し，学習者の学習意欲を高めるようなフレームワークを提案する．

2　関連研究

2.1　Edutainment

Edutainmentとは，ゲームや音楽などの娯楽と教育要素を融合させることである．教育(Education)と娯楽 (Entertainment)から生まれた造語であり，楽しみながら学ぶことに特徴付けられる．Edutainmentを用いると，学習者は楽しみながら学ぶことができるので，学習意欲や集中力の向上等の効果が期待できる．

2.2　Gamification

Gamificationとは，ゲーム化のことであり，元々ゲームではないものをゲームにすることである[2]．Werbach & Hunterによると，非ゲーム的文脈でゲーム要素や

*Yudai Sugino, 信州大学

†Shinpei Ogata, 信州大学

‡Masaaki Niimura, 信州大学

§Kozo Okano, 信州大学

ゲームデザイン技術を用いることである [3]．ここにおいてのゲームというのはゴール，ルール，フィードバックシステム，自発的参加の 4 要素を含むものを指す [4]．ゲーム化を行うと，自発的参加やモチベーションの向上，失敗を恐れずに取り組む等の効果が表れる．

3 フレームワークについて

提案フレームワークを図 1 に示す．フレームワークの要素としては大まかに学習環境と DataBase に分けられる．

学習環境として，Eclipse Che という統合開発環境を用いる．この Eclipse CHe は，Docker によって作成されたコンテナ型の仮想空間上で動作する．また，学習者の人数に合わせてコンテナを作成し，学習者ごとに学習環境を提供する．この学習環境にゲーム要素，ゲームデザイン技術を付与する．

DataBase は，プログラムファイルやテストケース，学習履歴などの学習者が学習したデータを保存する．保存されたデータには個人情報などが含まれないように匿名化の仕組みを有する必要がある．教育者は学習データを教材や指導案の作成に使用することを想定する．

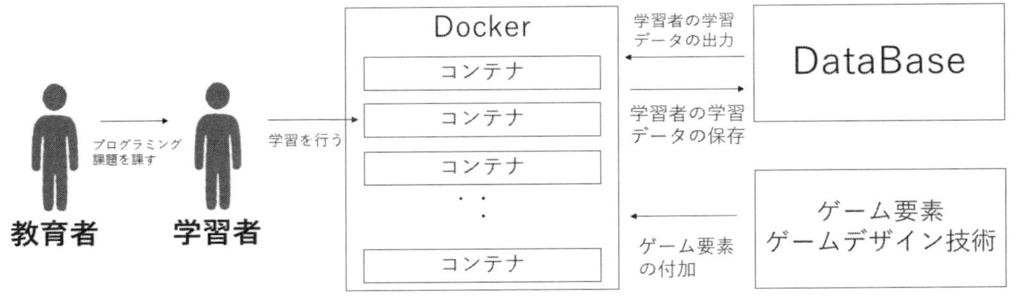

図 1 **Proposed Framework**

4 今後の展望

本稿では，学習者の学習意欲向上を目的に Edutainment 志向のソフトウェア教育用フレームワークを提案した．今後の展望として，ゲーム要素，ゲームデザイン技術の手法の詳細化とフレームワークの実装を今後行い，評価していきたい．

謝辞 本研究は文部科学省の「Society5.0 実現化研究拠点支援事業」に基づき大阪大学が運営している「ライフデザイン・イノベーション研究拠点（iLDi）事業 グランドチャレンジ研究」から研究資金の提供を受けている．

参考文献

[1] 山田暢子，娯楽化する教育，マス・コミュニケーション研究，64(0)，pp. 164-177，2004.

[2] 藤川大祐，ゲーミフィケーションを活用した「学びこむ」授業の活用，千葉大学教育学部研究紀要，第 64 章，pp. 143-149，2016.

[3] K. Werbach，D. Hunter，How Game Thinking can Revolutionize Your Business，Wharton Digital Press（三ツ松新監修，渡部典子訳,『ウォートン・スクール ゲーミフィケーション集中講義』，CCC メディアハウス，2013），2012.

[4] J. McGonigal，Reality is Broken: Why Games Make Us Better and How They Can Change the World，Penguin Books（妹尾堅一郎監修，武山政直・藤本徹・藤井清美,『幸せな未来は「ゲーム」が創る』，早川書房，2011），2011.

識別子の表記ゆれによるソースコード検索漏れ防止に向けた設計書を活用した識別子-自然言語変換技術

Normalize identifiers by utilizing specifications

曾我　遼* 是木　玄太† 井奥　章‡ 前岡　淳§

Summary. This paper introduces the technology to normalize identifiers to words in specifications. That technology support change impact analysis by reducing miss files to be modified.

1　序論

開発者は，様々な開発タスクにおいて，API 名や変数名といったコード内の識別子を検索する．例えば，影響範囲調査では，既存システムへの改修要求を実現するため，開発者がソースコード内の識別子を検索して，変更すべきコード片を特定している．そういった検索では，従来，開発者が開発経験に基づいて検索語を決めているが，識別子の表記ゆれにより検索語を洗い出しきれず，検索漏れの恐れがあった．

識別子の表記ゆれによる検索漏れを防ぐため，Alatawi らは英語辞書を活用し，識別子を自然言語へ変換している．同手法では，識別子内の部分文字列は英単語の略語を表すと仮定し，識別子から略語の元となった英単語の組み合わせを回復する技術を提案し，オープンソースプロジェクトを対象に検証している [1]．しかし，業務システム開発プロジェクトでは，辞書にはない固有語句を使用することが多く，表記ゆれを十分に防げないと考えられる．

本研究では，業務システム開発プロジェクトを対象に，設計書に基づき，表記ゆれの多い識別子を表記ゆれの少ない自然言語へ変換し，表記ゆれを防ぐ技術を提案する．ソースコード中の識別子には，設計書に説明文とともに定義されているもの (定義済識別子) と設計書に定義されていないもの (未定義識別子) の二種類がある．我々は，開発者が未定義識別子を記述する際，辞書中の単語ではなく，定義識別子に基づいて記述すると仮定し，未定義識別子の元となった定義済識別子の組み合わせを回復し，回復された定義済識別子に対応した説明文へ変換する技術を開発した．提案技術を検証するため，実際の改修案件にて，未定義識別子先行技術と同等の変換精度を達成できるか及び，影響範囲調査において検索漏れを防げるか評価した．

2　提案手法

図 1 に，手法の概要を示す．まず，設計書やコメントから定義済識別子と対応した説明文を抽出し，定義表を作成する (図 1(i))．識別子は，複数の意味のある字句 (トークン) を，”-”結合や CamelNotation といったルールに従って結合している．

続いて，未定義識別子について，トークン毎に定義済識別子を回復し，自然言語へ変換する (図 1(ii))．トークンには，定義済識別子のいずれかに含まれる定義済トークンと未定義識別子のみに含まれる未定義トークンがある．そこで，未定義識別子内の各トークンのうち，①定義済トークンでは，定義識別子を全文検索して回復し，②未定義トークンでは，定義済識別子を分散表現検索して回復した．例えば，未定義識別子 gengo-disp では，2 トークン gengo 及び disp 共に定義済トークンであり，①を適用して各々 gengo-ymd 及び lang-disp へ回復した後，説明文「元号年月日，言

*Ryo Soga, 日立製作所 研究開発グループ システムイノベーションセンタ

†Genta Koreki, 日立製作所 研究開発グループ システムイノベーションセンタ

‡Akira Ioku, 日立製作所 研究開発グループ システムイノベーションセンタ

§Jun Maeoka, 日立製作所 研究開発グループ システムイノベーションセンタ

語表示」へ変換する．一方，未定義識別子 ggh では，1 トークン ggh は未定義トークンであり，②を適用して lang-disp へ回復した後，説明文「言語表示」へ変換する．

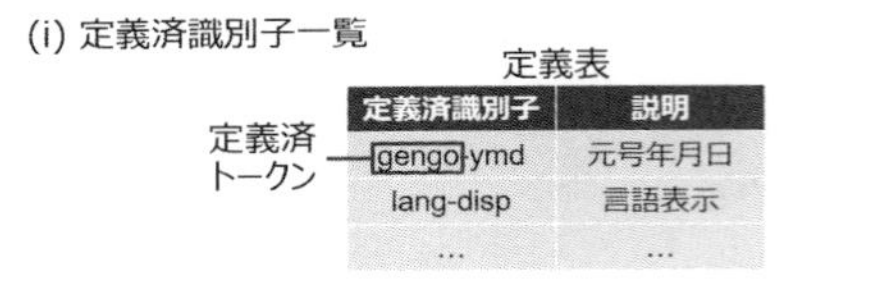

(ii) 回復・変換

回復・変換

未定義識別子		元定義済識別子	変換結果
gengo-disp	①	gengo-ymd, lang-disp	元号年月日，言語表示
ggh	②	lang-disp	言語表示
…		…	…

未定義トークン

①定義済トークンの回復：定義済識別子の全文検索
②未定義トークンの回復：定義済識別子の分散表現検索

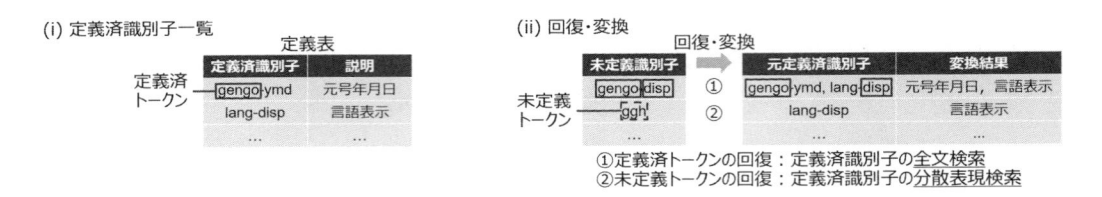

図 1　提案手法の概要

3　検証

図 2 に，検証結果を示す．まず，提案手法の変換精度が先行技術と同等か評価した (図 2(i))．対象システム内の識別子 128 万個のうち，69%を占める未定義識別子から 100 個をランダムに抽出し，変換結果が正しいかを 1 名にて評価したところ，精度は 76%であり，既存手法と同等の精度 (78%) を達成できた．

続いて，提案技術での識別子変換結果を用いて，検索漏れを防げるか評価した (図 2(ii))．同改修案件では，元号の切り替えに伴って元号判定箇所を変更するため，開発者が経験に基づいて「元号」を表す 15 トークンを洗い出してコードを検索し，条件判定文を含むファイルを取得していた．識別子変換結果を用いて，「元号」に対する識別子を自動で洗い出してコードを検索したところ，実際に変更された 13 ファイルを漏らすことなく全て取得できた．さらに，条件判定文のみを対象に，経験に基づくトークンによる検索結果と自動で洗い出した識別子による検索結果とを比較したところ，経験に基づくトークンでは 1 ファイルを漏らした一方で，自動で洗い出した識別子ではもれなく取得できた．この結果は，提案技術によって，表記ゆれによる検索漏れを防げることを示唆する．

(i) 回復の精度

	結果		合計
	正解	不正解	
未定義トークン含まない	71	18	**89**
未定義トークン含む	5	6	**11**
合計	**76**	**24**	**100**

(ii) 影響範囲調査での評価

	条件判定文絞り込みなし		条件判定文絞り込みあり	
	人手	提案	人手	提案
キーワード数	15	1	15	1
検索結果ファイル数	3097	4144	173	**227**
検索漏れファイル数	0	**0**	1	**0**

図 2　検証結果

4　結論

本研究では，業務システム開発プロジェクトにて，識別子の表記ゆれによる検索漏れを防ぐため，設計書内に定義された定義済識別子を活用して，識別子を自然言語へ変換する技術を提案した．提案技術を 1 改修案件に対して検証したところ，既存技術と同等の変換精度を達成でき，表記ゆれによる検索漏れを防げることを確認した．今後は，他案件に対する効果を検証する．

参考文献

[1] Abdulrahman Alatawi, Weifeng Xu, and Jie Yan. The Expansion of Source Code Abbreviations Using a Language Model. In *2018 IEEE 42nd Annual Computer Software and Applications Conference (COMPSAC)*, Vol. 42, pp. 370–375. IEEE, 2018.

コード変更の意図推測のための変更要約ツールの利用

Using a change summary tool to assist in estimating code change intent

近久 創一郎* 大森 隆行† 大西 淳‡

あらまし ソースコードの編集履歴を分析することで, 変更の詳細な内容や開発者の意図をより正確に理解できる. しかし, 編集履歴は膨大であり, そこから変更の詳細な内容や開発者の意図を理解することは困難である. そこで本研究では, 編集途中のソースコード状態を復元し, それに対して既存のコード変更要約ツールを適用することで, 編集の意図をどの程度推測可能かを検証した. 結果として, 多数の変更を含む場合, 要約に検出漏れが発生することが多くなることを確認した.

1 はじめに

ソフトウェア保守において, プログラムの変更理解が重要である [1]. 現在はプログラムの変更理解のために, 履歴の研究が進んでおり, 統合開発環境上で開発者が行った履歴を記録するツール (OperationRecorder) が開発されている [2]. これにより, 開発者が行った変更が詳細にわかり, 開発者がどのような意図でソースコードを編集したかを推測することが可能となる. しかし, [2] で記録される履歴は膨大であり, 人間が履歴を一つひとつ理解するには時間が掛かりすぎてしまい困難である. 本研究では, コード変更意図の推測を支援するため, 編集履歴の要約生成を考える. 先行研究 [3] で行われている版間差分からの要約生成では, 変更の粒度が粗いと考えた. そのため, より細かい変更間からの要約生成を採用した.

2 関連研究

プログラムの変更理解のために, ソースコードの変更内容の要約の研究が進められている [3]. [3] のツール (ChangeScribe) では, ソースコードの変更内容だけでなく, 変更の背景を含めた要約を自動生成する. しかし, [3] はコミット単位で要約文を生成するため, 変更の詳細を知ることは困難である. たとえば, 同一箇所を複数回修正した場合, 記録された編集の流れを見ることで開発者の意図を推測することが可能であるが, コミット単位ではこのような情報は得ることができない. 本研究で採用する編集履歴を用いることで, より正確に編集を解析することができると考えられる.

3 調査手順

本研究では, 3 つのソフトウェア開発プロジェクトにおいて OperationRecorder により記録された編集履歴を使用した. 編集履歴のフォーマットは [4] を参照されたい.

コード状態の抽出：デバッグ操作までが 1 つの意図 (機能開発や機能修正) による変更であると仮定し, デバッグ操作時のコード状態を抽出する. 3 つのプロジェクトの合計で 120 個のコード状態を得た.

ChangeScribe の適用：得たコード状態から本調査に使用するサンプルをランダムに選択し, ChangeScribe に入力する. 本実験では 40 個の状態を採用した.

*Soichiro Chikahisa, 立命館大学

†Takayuki Omori, 立命館大学

‡Atsushi Ohnishi, 立命館大学

出力結果の確認：ChangeScribe の出力は，全体を表す要約文と，変更されたクラス・メソッド・フィールドの変更に対する要約文からなる．確認作業は手作業で行い，変更要約とコード差分を見て図 1 に定めた誤りの分類に従って行った．図 1 中の 4 つ目の，「変更箇所が誤り」は，編集された箇所がメソッド A() の中であるのに，B() と検出してしまうようなことを指す．

要約文の間違い
①検出された変更の種類(Remove,Add,Modification等)が誤り
②検出された変更の対象(クラス名、メソッド名等)が誤り
③重要な変更(クラス・メソッド・フィールドの追加・削除、クラス・メソッドの移動・改名)の検出漏れ

AST差分の間違い
④変更箇所が誤り

図 1　誤りの分類

4　調査結果

40 個のサンプル数のうち，55%の 22 個が正しい内容を出力しており，45%の 18 個が誤った内容を出力していた．また，18 個の誤った内容が図 1 のどの分類に該当したかについてもデータを得た．ここで，各誤りの分類の該当数の合計値が 18 とならないのは，1 つのサンプルに複数種類の間違いが含まれることがあるためである．

正しい内容が出力されているものは機能修正の要約が主であった．そのため，開発者がどのような修正をしたかを要約文で確認することができ，意図を推測する助けになるのではないかと考えられる．しかし，機能開発の要約では，変更が大きいため，多くの場合，要約文が上手く生成されなかった．

誤った内容と判断した要因のうち最も大きな割合 (61%, 15 個) を占めているのは，「重要な変更の検出漏れ」であった．これは，メソッドやフィールドの追加や削除等の検出漏れに加えて，内部クラスの追加や削除，またその内部で行われた編集を一切検出できていない事例があった．次に大きな割合 (25%, 6 個) を占める，「検出された変更の対象が誤り」では，主にクラスやメソッド名を誤検出する事例が多かった．その次に大きな割合 (8%, 2 個) を占める，「検出された変更の種類が誤り」では，Modification を Remove とする誤りや，変更が行われていないものを Modification と出力する事例があった．最後に，一番小さい割合 (4%, 1 個) を占める，「変更箇所の誤り」では，対応する else if 文を誤検出する事例があった．

5　おわりに

本調査では，編集履歴から復元したコードにコード変更要約ツールを適用し，特に多数の変更を含む機能開発の要約の正確さに問題があることを確認した．今回は要約を行うタイミングにデバッグ操作が行われた時点を採用したが，デバッガが立ち上がっていない状態でもデバッグが行われる可能性があることも含め，正確に意図の境界を検出できない可能性がある．今後の課題として，編集履歴を用いて要約の正確さを向上する手法を考案する必要がある．

参考文献

[1] 大森 隆行, 林 晋平, 丸山 勝久：統合開発環境における細粒度な操作履歴の収集および応用に関する調査, コンピュータソフトウェア, vol.32, no.1, pp.60-80, 2015.

[2] 大森隆行, 丸山勝久：開発者による編集操作に基づくソースコード変更抽出, 情報処理学会論文誌, Vol.49, No.7, pp.2349-2359(2008).

[3] Cortés-Coy, L. F., Linares-Vásquez, M., Aponte, J., and Poshyvanyk, D., "On Automatically Generating Commit Messages via Summarization of Source Code Changes." in Proceedings of 14th IEEE International Working Conference on Software Code Analysis and Manipulation (SCAM '14), pp.275-284, 2014.

[4] http://www.ritsumei.ac.jp/~tomori/operec.html

AIビジネスリスク軽減への価値共創アプローチ

Mitigating AI Business Risks with Co-creation of Value

中島 震* 高梨 千賀子†

あらまし 深層ニューラル・ネットワークに基づくソフトウェアの機能は学習に用いた訓練データセットで規定される．データ依存性が強く，開発物の検査基準が明らかでない．従来の取引モデルで実施する納品検査が難しく，受発注のリスクが大きい．本稿は，S-D ロジックを参照して，AI ビジネスリスクを軽減する考え方を論じる．

1 機械学習ソフトウェアの特徴

深層ニューラル・ネットワーク（DNN）による教師あり分類学習を念頭に説明する．機械学習は，与えられた訓練データセット（LS）に隠された入出力関係（多次元データと教師タグの関係）を帰納的な方法で獲得すること．入出力関係を学習モデル（パラメータで識別される非線形関数の集まり）で表す．学習は，LS の経験分布 ρ^{EMP} 下でリスク関数を最小化するパラメータ値を求める数値最適化問題になる．求めた訓練済み学習モデル（以下，モデルと呼ぶ）は LS に過適合かもしれない．ρ^{EMP} に従うが LS とは異なる試験データセット TS を用いてモデルの汎化能力を評価する．目標汎化能力を予め設定することは難しく，チューニング作業を通して，妥当な予測性能を示すかを試行錯誤的に確認する．LS が（入出力関係の）機能ならびに汎化性能を決めることから，LS を開発対象の仕様と考えることが多い．

期待する予測性能の阻害要因は多様である．LS が期待した ρ^{EMP} に対して偏る（標本選択バイアス），運用時の入力データが ρ^{EMP} に対して外れ値となる，時間経過と共に運用時データの特徴が変化し分布が変わる，などのデータセット・シフト問題がある．また，目視結果（イメージ空間内の距離）が近くても期待と異なる分類結果を導く敵対擾乱データが存在する．敵対擾乱が生じる原因は学習方式ではなく，高次元訓練データの特徴に帰する [1]．仕様としてのデータセット（LS）が暗に脆弱性を持つと云える．

2 受発注の納品検査

2.1 交換価値

受発注から製品の価値を考える．一般に，請負者は発注者が与えた仕様を満たす製品を構築し，その開発労力や提供機能から製品価値を決める．発注者は納品物が仕様を満たすことを確認し請負者に対価を支払う．つまり，製品価値は交換価値として理解される．その前提は，納品検査（検収作業）が可能なことである．

ソフトウェアでは運用保守作業などのサービス群（services）が不可欠である．サービス請負者が提供する無形の製品と見做せば交換価値の枠組みを適用することができる．また，計算センターやクラウドは，コンピュータ利用の時間貸しであって，計算（効果）を請け負うサービス群である．計算結果がもたらす効果を無形の製品とし，その交換価値によって，受発注を取り決めている．

2.2 DNN ソフトウェア納品検査の難しさ

訓練データセットを仕様とする場合，請負者に提供する LS や TS とは別に納品検査用データセット AS を準備する．発注者は AS を内部で保持し公開しない．請負

*Shin Nakajima, 国立情報学研究所 情報社会相関研究系

†Chikako Takanashi, 立命館アジア太平洋大学 国際経営学部

者に公開すると，AS を LS（の一部）として訓練学習できる．容易に納品検査に合格する．検査の役割を果たせない．

データ中心という特徴が納品検査を難しくする．(1) LS に標本選択バイアスがあると AS に合格しない．(2) 敵対擾乱の原因は LS にあり [1]，請負者に瑕疵がなくても攻撃を避けられない．(3) データセット・シフト問題により完璧な AS 構築は不可能である．不十分な AS で検収すると発注者が納品後のリスクを全て被る.(4) 敵対擾乱を防御する技術は未確立であり，敵対擾乱データを含む AS に合格しない．請負者は未検収の状態が続くというリスクを被る．(1) と (2) のケースは，LS が仕様なので発注者の瑕疵とも考えられる．

まとめると，データを中心とした取り決め（仕様ならびに納品条件）は技術的な観点から困難であるといえる．なお，文献 [2] は AI ソフトウェアに特有な権利対象（データ，モデル）とアジャイル開発の重要性に言及する．一方で，交換価値を基本とし，納品検査が可能なことを暗黙の前提としている．

3 サービスとしての DNN ソフトウェア開発・運用

製品ならびに製品に付随した無形のサービス群の交換価値という従来の捉え方に対し，S-D ロジック [3] が提案された．サービス（Service）を「関係者の便益実現を目的として資源を適用すること」とし，顧客（消費者）の生涯価値向上への寄与を第一義とする．米国におけるサービスサイエンスへの関心の高まりと共に，2004 年に Vargo と Lusch が既存概念を体系化した．以降，マーケティング，SCM，イノベーション等で知識蓄積が進み，価値共創に向けたエコシステム形成や組織機能の議論が活発化している [6]．本稿は，DNN ソフトウェア開発・運用を，S-D ロジックのサービスと見做す．

DNN ソフトウェア開発には，概念的に多様なアクターが関わる．発注者，データの所有者，開発請負者，運用者，予測性能劣化時の判断者（再学習判断など）等が互いに密に連携し協力することで，顧客の便益を高める．また，DNN の機能・性能は LS に強く依存する．期待性能を天下り的に合意することが難しく，試行錯誤的な開発と運用（DevOps）を避けられない．DNN ソフトウェア開発・運用ライフサイクル全般を通して，多様なアクターが互いの資源を統合する [4]．その価値共創によって顧客の生涯価値を高めるとする S-D ロジックの考え方と相性が良い．

DNN ソフトウェア開発・運用は特定の製品ターゲットに特化する．開発・運用は，特定用途向けカスタマイズそのものである．このサービスに関わるアクター群は価値共創のエコシステムを形成し，技術（オペラント資源）を提供するテクノロジー・プラットフォームとビジネス・プラットフォームを統合する [5]．得られた技術的・非技術的な知見（新たな資源）を他に展開可能であれば，さらなる便益を享受できる．DNN ソフトウェアに関わる契約では，このネットワーク効果を阻害する取り決めを避けるべきである．強いインセンティブとなり，イノベーションを推し進めることが可能になる．

参考文献

[1] Ilyas, A. et al: Adversarial Examples are not Bugs, They are Features, arXiv 1905.02175, 2019.

[2] 経済産業省: AI・データの利用に関する契約ガイドライン，2019 年 6 月.

[3] Lusch, R.F.and Vargo, S.L. : Service-Dominant Logic: Premises, Perspectives, Possibilities, Cambridge University Press, 2014.

[4] Nakajima, S.: Quality Assurance of Machine Learning Software, Proc. 7th GCCE, pp.601-604, 2018.

[5] 高梨 千賀子，福本 勲，中島 震 編著: デジタル・プラットフォーム解体新書, 近代科学社, 2019.

[6] Vargo, S. L. and Lusch, R.F.: Service-dominant logic 2025, International Journal of Research in Marketing 34,pp. 46—67, 2017.

ソフトウェアレビューのシミュレーション

A Simulation of Software Review

中原 寛人* 門田 暁人†

あらまし 本稿では，ソフトウェアレビューの効果の理解促進を目的として，レビューのシミュレーションのモデル式，および，想定しているシミュレーションの例を示す．

1 はじめに

ソフトウェア開発における工数増大や進捗遅延の原因は，上流工程で見逃したバグや要件・仕様の考慮不足によるものが大半であり，上流工程でのソフトウェアレビューが工数削減や進捗遅延の回避に有効であることが経験的に知られている [2]．また，開発プロセス改善の第一歩は，レビューの重点化が有効であることも指摘されている [1]．しかし，現実のソフトウェア開発では,「レビュー自体に時間を要することによる目先の進捗遅延の回避」や「レビュー会議の場で自らの誤りを指摘されることの忌避」などにより，レビューが軽視されたり，レビューの実施に消極的となることが少なくない．

そこで本研究では，ソフトウェアレビューの効果を容易に理解できるようにすることを目的として，レビューのシミュレーションシステムの開発を目指す．本システムにより，上流工程のレビューにより多くの工数を費やすことで達成できる下流工程の品質向上，および，テスト工数と手戻り工数の削減量を示すことが可能となる．また，各開発工程にどの程度のレビュー工数を投入すべきかを本システムにより検討することが可能となる．

以降では，シミュレーションのベースとなるモデル式，および，想定しているシミュレーションの例を示す．

2 レビューのモデル

本稿では，先行研究 [3] に基づいてレビューのモデルを構築する．モデルのベースとなるのは，投入する検証工数（レビューまたはテスト工数）に対する検出バグ数を算出するソフトウェア信頼度成長モデルである．本稿では，(1) 式に示す指数型信頼度成長モデルを用いる．

開発工程 $i(i=1...n)$ の混入バグ数を D_i とする．$i=1$ を最下流工程とし $i=n$ を最上流工程とする．また，工程 i の検証工数を t_i とすると，工程 i における期待発見バグ数 $E_i(t_i)$ は，次式で与えられる．

$$E_i(t_i) = a_i(1 - e^{-b_i t_i}) \tag{1}$$

$\mathrm{E}_i(t_i)$: 工程 i の期待検出バグ数
t_i : 検証工数
a_i: 工程 i で検出可能な最大バグ数
b_i : 工程 i の単位工数あたりのバグ検出率

本モデルにおいて，工程 i における検出可能な最大バグ数 a_i は，工程 i までに混入したバグのうち，まだ検出されていないバグの総和として与えられる．具体的には，$a_i = \sum_{k=1}^{i} D_k - \sum_{k=1}^{i-1} E_k(t_k)$ である．また，工程 i における単位工数あたりの

*Hiroto Nakahara, 岡山大学工学部情報系学科

†Akito Monden, 岡山大学大学院自然科学研究科

バグ検出率 b_i は，過去のプロジェクトの実績値に基づいて与える．

3 シミュレーションの例

シミュレーションの一例として，ある開発プロジェクトにおいてコードレビュー工数を 2 倍にした場合にどの程度テスト工数を削減できるかを示す．図 1 が元の開発プロジェクトの事例を示し，図 2 はコードレビュー工数を 2 倍にした場合のシミュレーション結果を示す．図中，棒グラフは各工程のレビューまたはテスト工数，折れ線グラフは各工程終了時点での開発全体における残存バグ数を表している．図 1 のプロジェクトの数値は，文献 [4] の開発実績データを参考に設定した．図 2 では，開発終了時に図 1 のプロジェクトと同等の残存バグ数を達成するようにテスト工数を調整している．つまり，コードレビュー工数を 2 倍にすることでより多くのバグをテスト前に検出できているので，その分だけテスト工数を削減している．

図 1 と図 2 を比較すると，図 2 ではコードレビュー工数が 2 倍となっているにも関わらず，トータルの工数は約 10.6%削減されることとなった．

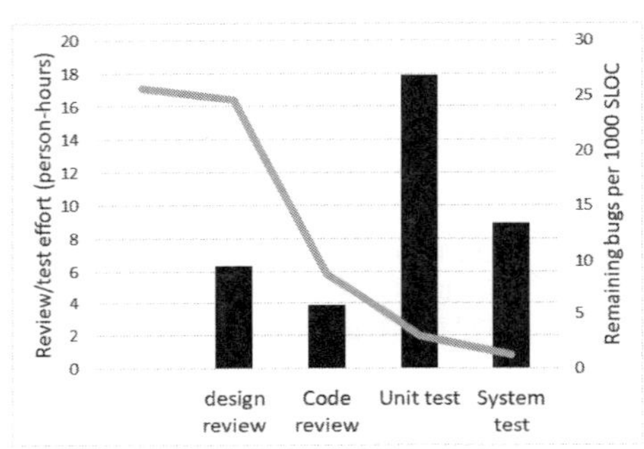

図 1: 元の開発プロセス

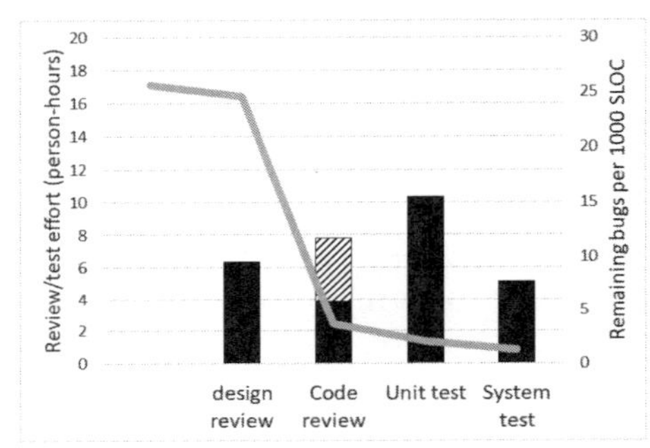

図 2: コードレビュー工数を 2 倍にした場合の開発プロセス

4 おわりに

本稿では，現実のソフトウェア開発データに基づいてレビューおよびテスト工数と残存バグ数の関係を可視化するとともに，レビュー工数やテスト工数を変化させたときの残存バグ数の変化をシミュレーションによって示した．今後は，バグ検出工数を含めたシミュレーションを行うことのできるシステムを開発していく予定である．また，与えられた条件に合うようにレビューおよびテスト工数の最適な配分を自動計算することも検討していきたい．

参考文献

[1] L. Harjumaa, I. Tervonen, P. Vuorio, "Using software inspection as a catalyst for SPI in a small company," 5th International Conference on Product Focused Software Process Improvement (Profes2004), Lecture Notes in Computer Science, pp.62-75, Springer, 2004.

[2] A. Monden, M. Tsunoda, M. Barker, K. Matsumoto, "Examining software engineering beliefs about system testing defects," IT Professional, Vol.19, No.2, pp.58-64, 2017.

[3] 門田暁人, "あとどのくらいレビューすればよいのか?", ウインターワークショップ 2012・イン・琵琶湖論文集, pp.59-60, 2012.

[4] G. Tassey, "The economic impacts of inadequate infrastructure for software testing," National Institute of Standards and Technology, 2002.

機能的類似コード検出手法に対する実開発データを利用した評価に関する一考察

A study for evaluation of the method detecting functionally similar code using enterprise development data

名倉 正剛* 高田 眞吾†

あらまし ソフトウェアを複数人で並行開発する場合，別々の開発者によって似た機能を提供する異なるコード（機能的類似コード）を作り込むことがある．本研究では，メソッドを単位に入出力の比較やプログラム依存グラフの比較に基づく機能的類似コードの検出手法に対する，企業での実開発データを利用した評価の実施について述べる．

1 機能的類似コード検出手法

ソフトウェアを複数人で並行開発する場合，別々の開発者によって似た機能を提供する異なるコードを作り込むことがある．このようなコードの存在はメソッドの肥大化や変更コストの増大を招くため，減らすことが保守性向上のために有効である．本研究ではこのような似た機能を提供する異なるコードを機能的に類似したコード（機能的類似コード）と呼ぶ．これは，Bellon らの研究 [1] で言及される 3 つのタイプのコードクローンのコード片に加え，同じ入力に対して同じ出力が得られるようなコード片のことを指す．

我々は以前の研究で， Java プログラムを対象に開発者がメソッドを作成した際に，開発中のソースコードや，そのソースコードが含まれるプロジェクトのバージョン管理システム (VCS) に含まれるプロジェクト全体の最新のソースコード群から，開発中のコードに対するメソッド単位での機能的類似コードを検出し，開発者に提示する手法を提案した [2]．提案手法の構成と処理の流れを，図 1 に示す．提案手法は，メソッド解析部と類似コード検出部からなる．メソッド解析部は，開発中のソースコードやプロジェクト全体のソースコードから抽出したメソッドのインタフェース情報と，構造を示すプログラム依存グラフ (PDG) を取得する．類似コード検出部は，既存ソースコードに含まれるメソッド群と新たに作成したメソッドについて，メソッド解析部によって抽出した情報を比較し，機能的類似コードを検出する．この類似コード検出は，比較対象のメソッドに対する同一入力への出力の類似性と，構造の類似性によって行う．そして開発中のコードに対する類似コードを，開発者が類似性を理解できるように提示する．

開発者が入出力の類似性と構造の類似性のそれぞれの評価尺度についてどの程度類似しているかを確認できるように，検出結果を 2 次元平面上に表示する．表示例を図 2 に示す．X 軸に構造の類似度を，Y 軸に入出力の類似度をそれぞれパーセント表示で表している．図 2 は，test パッケージの Sandbox クラスの getID3 メソッドに対する機能的類似メソッドの検出結果である．三角のプロットはそれぞれ検出された類似メソッドを表している．

2 実開発データを利用した評価

2.1 対象プロジェクト

提案手法により実際に機能的類似コードを検出できるかどうかを評価するため，実際の企業での開発データを利用した評価実験を実施した．

*Masataka Nagura, 南山大学

†Shingo Takada, 慶應義塾大学

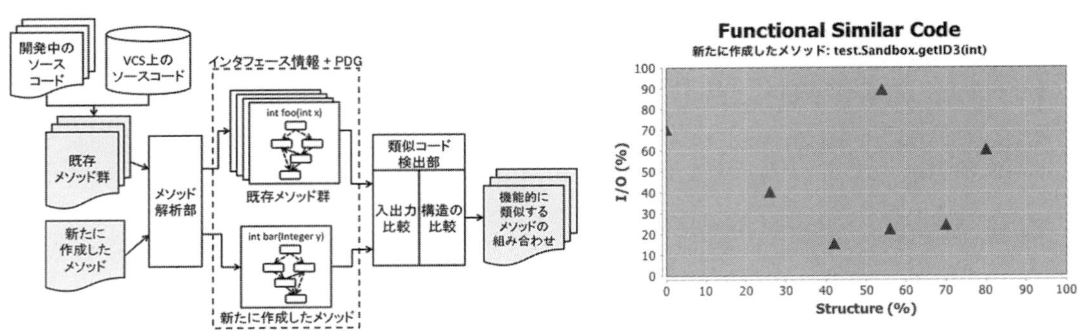

図 1　提案手法の処理の流れ

図 2　検出結果の出力

評価実験に利用したプロジェクトには，コード行数 5,912 行，104 クラスからなる Java のプロジェクトを利用した．

2.2　実行環境のプラットフォームの相違の吸収

既存研究 [2] では，提案手法を Eclipse プラグインとして実装していた．しかし評価実験に利用したプロジェクトは，Android Studio 上で実装された Android プロジェクトであり，Android プラットフォーム（実際のスマートフォンやエミュレータ）で動作する．Eclipse 上でプロジェクトを読み込むことは可能だが，コンパイルや実行ができないため，そのままでは入出力の類似性比較ができない状況であった．

提案手法自体は Eclipse とは関係がない．従って提案手法のロジックを分離し，Eclipse 上で動作する一般的な Java アプリケーションに対するアダプタと，Android プラットフォームで動作する Java アプリケーションに対するアダプタをプラグインとして実装しなおすことにより，実行プラットフォームの相違を吸収できる．しかし，そのためには大幅な実装が必要となる．

そこで，評価対象アプリケーションのクラスに対して，インスタンス生成とメソッド実行を実施するためのプロキシを，Android プラットフォーム上に Android アプリケーションとして実装した．そしてこのプロキシ経由で，評価対象アプリケーションを実行することとした．Eclipse 上で実行される提案手法はプロキシを呼び出すことにより，評価対象アプリケーションのインスタンスの生成と実行を行う．このプロキシは提案手法から呼び出せるように簡易的な Web サーバとして実装した．そのため，提案手法の実装からのメソッド呼び出しとそれに対する戻り値を，HTTP 上のメッセージとして表現しやり取りする．

3　まとめ

本稿では，まず機能的類似コード検出方法を示し，実開発データを利用した評価を実施する際に，提案手法の実装と対象プロジェクトとの動作プラットフォームの相違を吸収するための方針を示した．

謝辞　本研究で利用した開発データは，株式会社レコチョクの協力により提供されたものである．また，本研究の成果の一部は，科研費基盤研究 (C)17K00110，2019 年度南山大学パッヘ研究奨励金 I-A-2 の助成による．

参考文献

[1] S. Bellon, R. Koschke, G. Antoniol, J. Krinke, and E. Merlo. Comparison and evaluation of clone detection tools. *IEEE Trans. on Software Eng.*, Vol. 33, No. 9, pp. 577–591, 2007.

[2] R. Tajima, M. Nagura, and S. Takada. Detecting functionally similar code within the same project. In *IEEE International Workshop on Software Clones*, pp. 51–57, 2018.

バンディットアルゴリズムに基づくソフトウェア欠陥予測の最適化

Optimization of software defect prediction based on Bandit Algorithms

早川 央起* 角田 雅照† 戸田 航史‡

あらまし 本研究では，バンディットアルゴリズムに基づくソフトウェア欠陥予測の最適化をシミュレーションにより評価した．

1 はじめに

これまで，ソフトウェアのテスト効率を高めるために，ソフトウェア欠陥予測モデルが広く研究されてきた．ソフトウェアテストでは，モデルによる予測の結果，欠陥が含まれると予測されたモジュールから順にテストする．従来の研究では，予測モデルの新たな提案とともに，どのモデルの予測精度が高いかの比較もしばしば行われてきた[1]．これらの評価実験では，データセットにより予測モデルの精度が異なり，特定のモデルが（平均的に高精度であっても）常に高精度とは限らないことがほとんどである．

これまでのソフトウェア欠陥予測では，用いる予測モデルを事前に 1 つ決めることが前提となっていた．これに対し本研究では，モデルを 1 つに絞らずに，テスト中に最適な予測モデルを決めていくアプローチを取る．これは，ソフトウェアテストにおける予測モデルが以下の特徴を持つがゆえに可能なアプローチである．

- 予測モデルが，ソフトウェアテストの期間中に変化しない（テスト対象のソフトウェアが，テスト期間中に大きく変化しないため）．
- 予測結果が正しかったかどうかの評価が，予測モデルの利用中に可能である（テスト結果がバグトラッキングシステムなどに順次入力されるため）．

そのためのアプローチとして，本研究ではバンディットアルゴリズムをベースとしたアルゴリズムを提案する．例えば，当たり確率の異なる複数のスロットマシンがあり，10 万コインを掛けるとする．従来の予測モデルを 1 つだけ用いるというアプローチは，10 万コイン全てを一括で特定のスロットに掛けることと同様である．これに対しバンディットアルゴリズムでは，1,000 コインずつどれかのスロットに掛け，もしそのスロットが外れた場合，別のスロットを選ぶことを繰り返す．どのスロットの期待報酬が高いかを確かめることを探索，スロットを用いることを活用と呼ぶ．バンディットアルゴリズムでは，探索と活用を繰り返すことにより，累積報酬の最大化を目指す．複数のアルゴリズムで提案されており，例えば Epsilon-Greedy 法では，割合 ε で新マシンに掛け（探索），それ以外はこれまでのものに掛ける（活用）ことを行う．その他に Thompson Sampling, UCB など，いくつかの方式が存在する．

* Teruki Hayakawa，近畿大学
† Masateru Tsunoda，近畿大学
‡ Koji Toda，福岡工業大学

1回目

Model1			Model2		
ID	bug	報酬	ID	bug	報酬
ID0001	1	1	ID0001	1	1
ID0005	1		ID0002	1	
ID0006	1		ID0003	1	
ID0002	0		ID0004	0	
ID0003	0		ID0005	0	
ID0004	0		ID0006	0	
	合計	1			1

2回目

Model1			Model2		
ID	bug	報酬	ID	bug	報酬
ID0001	1	1	ID0001	1	1
ID0005	1	-1	ID0002	1	
ID0006	1		ID0003	1	
ID0002	0		ID0004	0	
ID0003	0		ID0005	0	1
ID0004	0		ID0006	0	
	合計	0			1

3回目

Model1			Model2		
ID	bug	報酬	ID	bug	報酬
ID0001	1	1	ID0001	1	1
ID0005	1	-1	ID0002	1	
ID0006	1		ID0003	1	
ID0002	0		ID0004	0	
ID0003	0		ID0005	0	1
ID0004	0		ID0006	0	
	合計	0			1

図 1 モデルの選択例

バンディットアルゴリズムに基づく最適モデル選択方法について図 1 を用いて説明する．ここではモジュール ID0001 から ID0006 が存在し，うち ID0001 から 0003 までにバグが含まれており，残りのモジュールにはバグが含まれていないとする．表の bug が 1 とは，バグが含まれると予想されたことを示しており，その順にテストが行われる．予測が正しい場合は報酬が 1，外れている場合は報酬が-1 となり，モデルごとに平均報酬が計算されるとする．

(1 回目) ランダムでモデル 1 が選ばれ，ID0001 がテストされる．テストの結果，モデル 1 の予測は正しかったため，モデル 1 の平均報酬は 1 となる．同時に，モデル 2 についても評価され，予測が正しかったために，同じく平均報酬は 1 となる．(2 回目) モデル 1 が選択され，ID0005 がテストされるが，予測が正しくないため報酬は-1，平均報酬は 0 となる．モデル 2 の場合は予測が正しいため，平均報酬は 1 となる．(3 回目) 平均報酬の大きなモデル 2 が選ばれ，ID0002 がテストされる．

2　　分析

バンディットアルゴリズムの性能を評価するために，人工的なデータセットとモデルを作成した．データセットは 100 件のモジュールがあり，うち 15 件がバグあり，残りがバグなしとした．4 つの予測モデルの予測精度を表 1 に示す．これに対してバンディットアルゴリズムを適用した結果の一部を表 2 に示す．表に示すように，最適なモデルよりはやや精度が低いが，UCB により比較的高い精度を得られる（最悪な精度のモデル選択を避けることができる）ことがわかった．

3　　参考文献

表 1 選択対象の予測モデル

	適合率	再現率	F1値
モデル1	75%	80%	77%
モデル2	58%	73%	65%
モデル3	53%	67%	59%
モデル4	42%	53%	47%

表 2 バンディットアルゴリズムによる予測精度

	適合率	再現率	F1値
TS	53%	100%	69%
UCB	67%	80%	73%
Epsilon=0.3	42%	99%	59%

[1] M. D'Ambros, M., Lanza, and R. Robbes, "Evaluating defect prediction approaches: a benchmark and an extensive comparison," Empirical Software Engineering, vol.17, no4-5, pp.531-577, 2012.

ソフトウェア工学ツールとしての総合シミュレータ

Comprehensive Simulator as Software Engineering Tool

宮永 照二 *

あらまし ソフトウェア開発はものづくりであり、知的作業でもある。昨今、ものづくりに際して科学的な方法を適用することが行われているが、その一つとして、シミュレーションによる設計評価があげられる。

ソフトウェア開発においても、ものづくりにおけるシミュレーションのように、理論を現実問題に適用するプロセスを導入することは、大きな効果があると考える。

本稿では、ソフトウェア工学ツールとしての総合シミュレータについて紹介する。

Summary. Software Development is synthesis and intellectual task as well. Recently in synthesis process, scientific approaches are adapted, and one of them is design evaluation using computer simulation.

For software development, as simulation in synthesis, introducing process adapting theory to actual problems is thought sufficiently effective.

This paper presents comprehensive simlator as software engineering tool.

1 はじめに

情報技術が普及している現況は、あらゆるものの構成要素としてソフトウェアが組み込まれている。さらに、ソフトウェアの適用範囲はますます広がっており、社会基盤の大きな構成要素の1つとみなされている [1]。そのような状況においては、ソフトウェアはますます品質を維持向上しつつ、生産性を高める必要がある。

ハードウェアとしてのものづくりにおいては、従来から CAD/CAM/CAE に代表されるように、シミュレーションにより、実際の製品を作ることなく満たされるべき性質を事前に検証し、そのデータをディジタル化して管理・運用・流用する試みがなされてきた。さらにシミュレーションはシステムの特徴的な性質を検出したり特定したりもできる [2] [3] [4]。

ソフトウェア開発においては、要求管理・設計管理・製造・品質管理において様々なツールを導入し、生産性を向上させる試みがなされているが、品質に関連して多くの工数を要し、そのためプロジェクトの計画や実行の監視において、現実にそぐわない計画を実施している可能性があると考えられる。

筆者は、このような状況において、様々な性質を検証するための総合シミュレータの開発を行っている。本稿では、本総合シミュレータについて紹介する。

2 シミュレータ概要

総合シミュレータの主な特徴は以下の通りである。

1. 自律動作する機能部品と接続部品によるコネくティッドシステムのモデル化
2. 機能部品の階層的構成と振る舞いのモデル化
3. 機能部品の振舞いの独自カスタマイズ
4. 派生シミュレータの開発容易性

総合シミュレータの派生として IoT Simulator を作成し、その概観を図1に示した。この図は、ユーザ、クライアント、サーバが存在して、ユーザがあるパターンでクライアントにリクエストを投げるようすをシミュレーションする、モデルの作

*Shoji Miyanaga, 株式会社テクノネット

成例を示している。

この図では、モデル化対象を矩形のコンポーネントとそれらを接続するコネクターで表現している。実際にはこれらコンポーネントは階層的に記述することができて、上位層から下位層へトップダウン的にモデル化することも、下位層から上位層へボトムアップ的にモデル化することもできる。

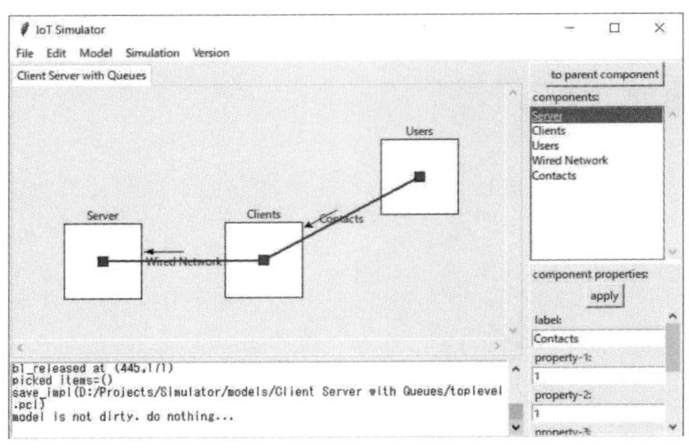

図 1　シミュレータ概観

本稿ではスペースの関係上記載を割愛したが、このモデルを実際にソルバーにより解析するための物理モデルを記述し、それをもとに連立方程式を立て、それを数値的に解き、近似解を算出した。その結果を図 2 に可視化した。この結果は、ユーザリクエストがクライアントとサーバでそれぞれ遅延時間を経て処理されるために、波形にひずみがみられる様子を示している。

この図における波形のひずみは、クライアントとサーバのリクエスト処理性能に起因する。この波形のある時間区間に占める面積は、リクエスト数を表すため、システム構成によりどのようなリクエスト処理遅延が発生するかを定量的に予測することができる。

本稿執筆時点では、この解析を行うソルバーはシミュレータに組み込んでおらず、独立に実装したソルバーを実行した結果を示した。個別プログラムとして作成したソルバープログラムをシミュレータ環境から利用できるように機能拡張していく予定である。

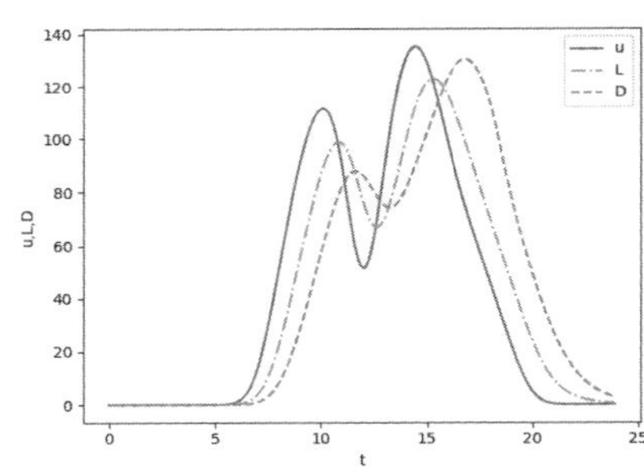

図 2　リクエストプールの時間分布

3　今後の予定・展望

今後は、プリプロセッサ、ソルバー、ポストプロセッサの各機能の充実と、IoT のドメインに特化した派生開発を同時に進める予定である。

参考文献

[1] Information-technology Promotion Agency : *IoT Safety/Security Development Guidelines (Second Edition)*, Download enabled from IPA website (2016).

[2] Koji Igako: Real-Time High-Brid Simulation, Information Processing Society Japan (Mar. 2016)

[3] Tatsuya Onoguchi, Ayane Hayashi, Katsuyuki Udaka, Yuichi Matsushima, Keiji Kimura, Horonori Kasahara: Hierarchical Interconnection Network Extention of Gem5 Simulator for Large Scale System, IPSJ SIG Technical Report (Mar. 2017)

[4] Kazuki Uehara, Yuhei Akamine, Naruaki Toma, Moeko Nerome, Satoshi Endo: Evaluation of Hierarchical Collaborative Traffic System Using Micro Traffic Simulation, Information Processing Society Japan (Mar. 2016)

要求分析モデルからの状態遷移抽出による振る舞いフローの妥当性確認支援

Validation Support of Behavioral Flows on Requirements Analysis Model by Extracting the State Transitions

森田 光 * 松浦 佐江子 †

あらまし　要求分析工程におけるユースケース分析では，システムを使用するユーザやサブシステムの連携に着目し，システムの機能とその連携によるサービス手順を分析する．分析結果の妥当性を確認する際，システムが要求を満たす状態を遷移しているかの確認は困難であり，要求分析の欠陥を見落とす恐れがある．そこで本研究では，分析結果をUML（Unified Modeling Language）を用いて作成し，システム内のサブシステム或いはオブジェクトの状態遷移という観点から，手順として分析したUMLモデルが適切であるかの評価手法を提案する．

1　はじめに

近年のシステムはIoTに見られるように，複数システムやハードウェアの連携でサービスを提供することが多い．このようなシステムの要求分析では，システムの連携状況やハードウェア構成を考慮して，初期要求の手順を明らかにすることが望ましい．我々は，このサービス手順を各サブシステムの境界であるユーザやサブシステム間の情報のやり取りに着目したユースケース分析に基づき，これらのユースケースの連携がサービスのゴールを満たす手順をワークフローとしてモデル化する．ワークフローによって，初期要求およびゴールを満たすことを確認した後，各サブシステムのユースケースを定義し，要求仕様としての要求分モデルを確定する，本稿では，UMLを用いてワークフロー，データモデル，ユースケースを定義し，これを要求分析モデルと呼ぶ．初期段階の要求分析モデルの品質が全体の開発に影響することから，要求分析モデルを定義する段階でその妥当性を確認する必要がある．

そこで，テストケースとして各サブシステムの状態遷移モデルを定義し，要求分析モデルから自動抽出した状態遷移モデルと比較するツールを開発する．これにより要求分析モデルにおけるユースケースの連携とユースケースの振る舞い手順に対し，特定のオブジェクトが要求されていることを満たすための振る舞いとシステムが識別すべき状態の観点から手順が十分妥当であるかを確認する支援を目的とする．

2　提案手法

2.1　アクティビティ図によるワークフロー記述

本研究では，ワークフローをアクティビティ図を用いて作成する．初期要求に現れる各サブシステムのユースケースの境界をパーティションによって明確にし，ユーザやサブシステム間の情報のやり取りをシグナル送受信やタイマーを使って明らかにする．また，システムのデータ構造はクラス図として定義し，アクティビティ図ではオブジェクトノードとして記述できる．アクションノードから続けて対象データのオブジェクトノードを記述することにより，データに対するアクションであることを明確にする．

*Hikaru Morita, 芝浦工業大学

†Saeko Matsuura, 芝浦工業大学

2.2 状態遷移モデルの抽出

状態を区別する観点として「外部の影響による変化」と「自身の動作による変化」の2点が考えられる．ワークフロー上における外部からの影響は，他のサブシステムからのデータ送信であるため，シグナル受信アクションが状態遷移のトリガーと解釈でき，その前後で状態が分かれていると識別する．識別した状態の中でもシステム外から見て取れるアクションやデータ更新などの内部状態を変更するアクションも存在するため，そのアクションも状態の分かれ目として識別する．シグナル送信アクションは前の2つのアクションに当てはまらないため状態の入場動作として解釈する．デシジョンマージノードは分岐条件によって遷移が異なるため，状態の分かれ目として識別し，分岐条件を状態遷移のガードとして解釈する．このように状態の分かれ目を識別することで，状態の分かれ目間に含まれるノードをまとめて1つの状態として解釈する．　上記のような抽出規則を用いて状態遷移モデルの抽出を自動的に行う．また抽出した状態遷移モデルに，同等の状態が既に存在する，または意味を成していない状態・状態遷移であると判定できるならば，その状態・状態遷移を縮退する．抽出した状態遷移モデルは比較までツールで行うため，図としてではなくデータとして保持する．

2.3 状態遷移モデルの比較

抽出した状態遷移モデルとテストケースとして作成した状態遷移図の比較をツールによって行う．作成する状態遷移図は，要求分析を行った開発者の観点を引きずらない為に他の開発者が作成し，抽出した状態遷移図との内容比較を文字列で行うために，要求分析モデルのデータ構造とワークフローのアクションを参考に自然言語の形式をそろえて作成する．下記に比較方法を示す．

- 抽出した状態遷移モデルに対して，遷移内容・遷移元・遷移先・状態の動作を基に親状態の区別を行い，区別した状態数と遷移数を比較する．区別した状態に子状態が存在するならば，上記と同様に状態を区別し比較する．
- 作成した状態遷移図は，要求分析モデルの記述を用いて作成されているため，状態遷移や状態の動作に同じ記述が存在するかどうかで比較する．

上記の比較方法を用いてツールによる比較を行い，同等であると判定されなかった箇所を画面に表示する．表示された箇所は，要求分析モデルがシステムの初期仕様を満たさない可能性があるため開発者間で議論を行うことで適切であるかないかの判断を行う．例えば，表示された箇所がガードやトリガー等の記述要素ならばその条件や動作が考慮されていないのではないか，状態や状態遷移ならば本来考慮すべき手順が分析できていないのではないかといった議論ができる．

3 まとめ

本稿では要求分析段階で得られたワークフローから状態遷移モデルを抽出し，テストケースとして作成した状態遷移図と比較することによる要求分析の妥当性確認の支援方法を提案した．これにより，システムの処理手順だけでなく状態遷移という観点から評価できるようなり，要求分析モデルで考慮されていなかった仕様の発見が容易になると考える．今後は開発したツールの適用実験を様々なワークフローで行い，現在定義している抽出規則が適切であるかの確認を課題とする．また，本ツールはastah* Professional[1] 内のプラグインとして実装する予定のため，ツールの未完成部分の完成を目指す．

参考文献

[1] astah* Professional, http://astah.change-vision.com/ja/product/astah-professional.html, (参照 2019-09-10).

Haskell処理系HiTSを用いたスペースリーク検出手法

A method of detecting space leak

山田 航* 大久保 弘崇† 粕谷 英人‡ 山本 晋一郎§

あらまし 遅延評価のデメリットであるスペースリークはコンパイル時に検出することができないため，発生の抑制と特定が難しい．本論文は，スペースリークの検出手法を提案し，提案手法を実現するための処理系HiTSを紹介する．本手法では，初めにプログラムに対し正格評価と遅延評価の両方でプロファイリングを行い，結果の比較によりスペースリークの発生を検出する．次に，計算途中で遅延評価により一時的に大きくなっている式の形から原因箇所を特定する．処理系HiTSは同一の構文に両方の評価戦略を適用できるため，これを利用して提案手法を実現する．

1 はじめに

プログラミング言語において，主な評価戦略は正格評価と遅延評価の二つである．正格評価とは，引数を関数に適用する際にその引数を必ず評価する評価戦略であり，C言語やJavaのように，多くのプログラミング言語が採用している．一方，遅延評価は値が必要になるまで式を評価しない評価戦略であり，Haskellが採用している．遅延評価のメリットとして，不要な計算を減らすことが可能な点や無限リストを扱うことができる点などが挙げられる．しかし，デメリットとして未評価の値が長い間式の形のまま保持されることにより，メモリが逼迫してしまう問題が存在する．この問題はスペースリークと呼ばれる．

スペースリークはプログラム実行時に発生する問題であり，コンパイル時に検出することはできない．スペースリークに関する研究は盛んに行われており，ツールも開発されている．Haskellの最も有名な処理系であるGlasgow Haskell Compiler(GHC)は，時間と空間のプロファイルを取る機能があり，時間ごとのメモリ使用量の推移が確認できる．この機能によりスペースリークが発生していることの推測は可能である．

評価順序の変更による計算結果やステップ数の変化は無いため，長い間式の形のまま保持されてしまう未評価の値を強制的に評価することでスペースリークは解消される．Haskellにおける値を強制的に評価する手段として，関数呼び出しに関して，正格評価と同様に引数を評価してから渡すように引数の一部に注釈をつける機能や，代数的データ型の構成子に関しても同様に，値を構築する際に与えられる属性値の評価を強制するように注釈づける機能，式を明示的に評価するためのライブラリ関数 `seq`, `force`, `deepseq` などを使用する機能が利用できる [1]．このように，スペースリークに対処するには未評価の式が積み重なる原因箇所を特定し，妥当な評価順序になるような修正を手作業で行う必要がある．

2 スペーリークの検出

スペースリークの原因箇所の特定やプログラムの修正は直観的ではなく難しい作業である．実行プロファイルの比較に基づいてこれらの作業を支援する手法を提案

*Wataru Yamada, 愛知県立大学大学院 情報科学研究科

†Hirotaka Ohkubo, 愛知県立大学情報科学部

‡Hideto Kasuya, 愛知県立大学情報科学部

§Shin'ichiro Yamamoto, 愛知県立大学情報科学部

する．

2.1 スペースリークの検出手法

正格評価は引数を関数呼び出しに先行して評価する評価戦略である．したがって，プログラム全体を正格評価した場合のメモリ使用量はスペースリーク発生時のメモリ使用量よりも少ないと考えられる．そこで，スペースリークの検出を行うために，正格評価と遅延評価のプロファイル結果の違いに着目する．

スペースリークが発生していることが判明したならば，スペースリークの原因である箇所を特定する必要がある．原因箇所の特定は評価途中の値のメモリを検査し，プログラム内で使用している関数の引数や構成子に与えられる属性値などから未評価の式が溜まっている箇所を特定しなければならない．そこで，本研究では遅延評価でステップ実行を行い，メモリ使用量の多い時点の式の形を確認することで原因の特定を行う．

これらの点を踏まえ，本論文で提案する手法は次のようになる．はじめに，正格評価と遅延評価の両方でプログラムのプロファイリングを行う．次に，プロファイル結果の比較により利用者はスペースリークが起きていることを検出する．そして，メモリ使用量の多い時点の式を選択し，式の形から原因を特定する．

2.2 処理系 HiTS

HiTS [2] は筆者らが TypeScript で実装した Haskell サブセット言語の処理系であり，構文解析を行うパーサ，構文木を表すデータ構造，構文木の評価を行う評価器で構成されている．パーサ及び構文木は Haskell の代表的な構文に対応している．評価器は正格評価と遅延評価の両方を行うことが可能であり，遅延評価器はステップ実行を行うことができる．

このように，正格評価と遅延評価の両方を持つ点と，遅延評価器がステップ実行可能である点から，HiTS を利用することで，GHC という大規模で複雑な処理系を拡張せずに提案手法が実現可能である．

3 おわりに

今後の課題として，プロファイル機能の実装や，遅延評価におけるメモリ使用量推移のグラフによる表示，グラフから選択したステップの式の形の可視化が挙げられる．さらに，正格評価と遅延評価のプロファイル結果を比較することが妥当であることを示すために，プログラムの正格評価が評価戦略の部分的な正格化と同様にメモリ使用量を削減することを検証する必要がある．

謝辞 本研究は JSPS 科研費 JP15K00488 の助成を受けたものである．

参考文献

[1] Neil Mitchell, ‘Leaking Space’, Queue, vol.11, no.9, pp.10–23, ACM, 2013.
[2] 山田航, Web ブラウザ上で動作する拡張可能な Haskell 処理系, 卒業研究, 愛知県立大学, 2019 年.

レクチャーノート／ソフトウェア学45
ソフトウェア工学の基礎 XXVI

2019年11月30日　初版発行

編　者　森　崎　修　司
　　　　大　平　雅　雄

発行者　井　芹　昌　信

発行所　株式会社 近代科学社

〒162-0843　東京都新宿区市谷田町2-7-15
電話 03-3260-6161　振替 00160-5-7625
https://www.kindaikagaku.co.jp

ISBN978-4-7649-0605-1

定価はカバーに表示してあります.

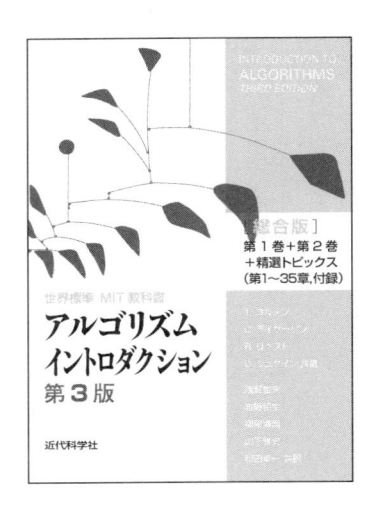

セジウィック：アルゴリズムC 第1〜4部

— 基礎・データ構造・整列・探索 —

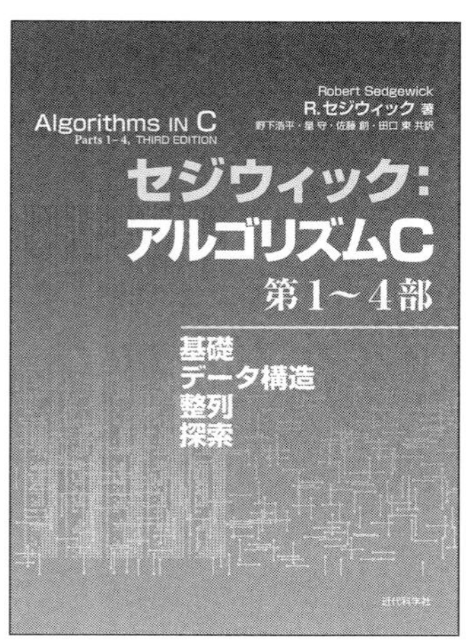

■原書：
Algorithms in C Parts 1-4
Third Edition

■著者：
R.セジウィック

■訳者：
野下浩平, 星 守, 佐藤 創, 田口 東

■B5判・上製・656頁

■定価9,000円＋税

アルゴリズムの世界的名著　復活 !!

2004年に刊行した『アルゴリズムC 新版』の復刊である.

本書は, 世界の標準教科書として大変高い評価を得ている. 直感的でわかりやすい説明, アルゴリズムの振舞いを示す数多くの見事な図, 簡潔で具体的なコード, 最新の研究成果に基づく実用的アルゴリズムの選択, 難解な理論的結果のほどよい説明などがその特長である.

アルゴリズムに関わる研究者, 技術者, 大学院生, 学生必携必読の書！

■主要目次

第1部 基礎
　第1章 はじめに
　第2章 アルゴリズム解析の原理

第2部 データ構造
　第3章 基本データ構造
　第4章 抽象データ型
　第5章 再帰と木

第3部 整列
　第6章 初等的な整列法
　第7章 クイックソート
　第8章 併合とマージソート
　第9章 順位キューとヒープソート
　第10章 基数整列
　第11章 特殊目的の整列法

第4部 探索
　第12章 記号表と2分探索木
　第13章 平衡木
　第14章 ハッシュ法
　第15章 基数探索
　第16章 外部探索

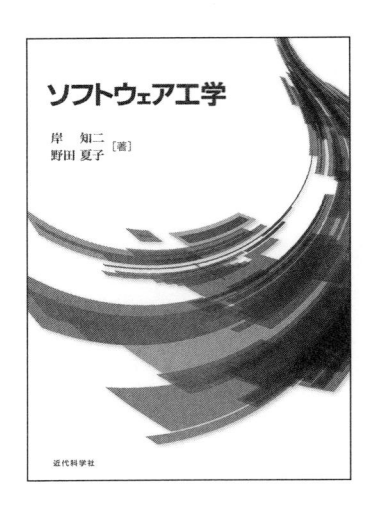